미용 생화학

이근광 박상진
이향우 정인경
공저

정 문 각

머리말

현대 산업사회의 급속한 경제 성장으로 인한 소득의 증대와 물질적 풍요는 인간들의 의식주는 물론 생활에 더 많은 여유로움을 가져다 주었다. 또한 교육 기회의 확대와 대중매체의 발달은 사람들의 다양한 욕구를 분출하게 하였다. 이에 사람들은 개성화, 다양화, 차별화와 더불어 물질적 만족 지향에서 정신적 만족 지향이라는 가치관의 변화를 인지하고 있다. 더불어 잡지, 광고, 영화, 음악 등은 시청각을 통해 이상적인 신체의 미와 특징을 투사시켜 아름다움에 대한 전문적인 지식과 정보를 제공함으로써 현재의 유행스타일을 선도하고 있다.

따라서 현대사회는 더 이상 특정한 꽃미남과 꽃미녀들의 시대가 아니며, 누구나 자신의 이미지에 걸맞는 연출과 분위기로 보다 시각적이고 개성적인 요소를 중요시하는 이미지 시대가 되었다. 때문에 많은 대학에서는 앞다투어 미와 관련된 학과를 개설하여 사람들의 욕구를 충족시키려고 노력을 하고 있다. 하지만 많은 대학의 관련 학과 구성 교과목들은 대부분 실기 위주의 교과목으로 구성되어 있어 사실상 이론과 실기의 상호관계에 아쉬움이 있는 것이 또한 사실이다.

사실 인체를 아름답게 꾸미기 위해서는 무엇보다도 화가에게 깨끗하고 매끈한 캔버스가 있어야 하는 것처럼 깨끗하고 윤기 나는 피부가 있어야 하는 것이다. 따라서 이를 이해하고 실현하기 위해서는 먼저 인체의 대사와 생리를 이해하고 이를 바탕으로 아름답게 꾸미기 위한 예술이 가미되어야 할 것이다. 하지만 아직까지 이 분야를 적절하게 설명하는 교재가 부족하여 교수들의 강의뿐만 아니라 학생들도 이 분야를 공부하는 데 많은 어려움이 있었다. 때문에 이참에 저자들은 지난 수년간 이 분야를 연구하고 가르쳤던 자료들을 바탕으로 부족하나마 이 책을 꾸미게 되었다.

이 책은 총 12장으로 구성했다. 1장에서는 생명체의 물리화학에 대해서 가급적 자세히 설명하려 노력하였고, 2장에서는 세포의 구조와 기능 및 조직에 대해서 설명하였으며, 3장에서는 탄수화물과 탄수화물의 대사, 4장에서는 지방 및 지질 대사, 5장에서는 단백질의 구조와 기능에 대해서 설명하였다. 6장에서는 핵산, 7장에서는 효소, 8장에서는 비타민과 무기질, 9장에서는 생체의 전자 전달과 산화적 인산화, 10장에서는 호르몬, 11장에서는 분자생물학에 대해서 설명하였다. 마지막으로 12장에서는 유전공학에 이르기까지 가

급적 상세히 기술하려고 노력하였다.

그러나 구성하고 보니 미비하고 아쉬운 점이 남는다. 이 점은 보완 수정해 나갈 것을 약속하며, 이 책을 공부하시는 여러분에게 미용생화학을 이해하는 데 조금이라도 보탬이 되었으면 한다.

마지막으로 이 책을 발간할 수 있도록 도움을 주신 도서출판 정문각의 김시동 사장님을 비롯한 전 직원들의 노고에 심심한 사의를 표하는 바이다.

2007년 5월

복암골 서실에서

저자 대표 이근광 씀

차 례

Chapter 01 생명체의 물리화학 / 9

1. 물질 / 9
2. 원자론과 화학결합 / 16
3. 산과 염기 / 24
4. 수소이온 농도지수 / 25
5. 유기화합물 / 26

Chapter 02 세포의 구조와 기능 및 조직 / 33

1. 세포란? / 33
2. 세포의 발견 / 33
3. 세포의 구조 / 34
4. 세포의 기능 / 41

Chapter 03 탄수화물, 탄수화물 대사 / 43

1. 탄수화물(carbohydrates) / 43
2. 탄수화물 대사 / 51

Chapter 04 지방, 지질 대사 / 59

1. 분류 / 59
2. 지방산(fatty acid) / 60

3. Eicosanoid / 62
4. Acyl glycerol / 63
5. Phospholipid / 64
6. Glycolipid / 66
7. Polyprenoid 화합물 / 66
8. 왁스 / 68

Chapter 05 단백질 / 71

1. 아미노산 / 71
2. 아미노산의 물리화학적 특성 / 77
3. 펩티드 결합 / 81
4. 단백질의 구조 / 83
5. 산소운반 단백질 / 90
6. 단백질과 아미노산의 대사 / 98

Chapter 06 핵산 / 107

1. 핵산의 구성 / 107
2. 핵산의 종류와 구조 / 110
3. 핵산의 물리 · 화학적 성질 / 120
4. 핵산의 대사 / 124

Chapter 07 효소 / 141

1. 총론 141
2. 효소의 분류 / 143
3. 효소의 성질 / 144
4. 효소의 작용 기전 / 147
5. 효소반응의 억제 / 149

6. 효소와 질병의 진단 / 150

Chapter 08 비타민 및 무기질 / 153

1. 비타민 / 153
2. 무기질 / 156

Chapter 09 생체의 전자전달과 산화적 인산화 / 167

1. 미토콘드리아 내막의 구조 / 167
2. 산화 · 환원 반응 / 168
3. 전자전달계 / 169
4. 전자전달체의 산화 환원 전위와 자유에너지 / 170
5. 산화적 인산화 / 170
6. 미토콘드리아의 수송계 / 173

Chapter 10 호르몬 / 177

1. 총론 / 177
2. 내분비선과 호르몬의 종류 / 178

Chapter 11 분자생물학 / 191

1. DNA의 복제 / 193
2. RNA의 전사(transcription)와 가공(splicing) / 200
3. 유전자의 구조 및 발현 / 207
4. 단백질 합성 / 212
5. 단백질 생합성 / 214
6. 단백질 합성의 조절 / 215

Chapter 12 유전공학 / 223

1. 유전자의 구조 / 224
2. 유전자 조작 효소의 종류 및 특성 / 225
3. 유전자 조작 및 재조합 / 229
4. 유전인자의 클로닝 기술 / 233
5. DNA 염기 배열의 결정 / 234
6. 유전공학(genetic engineering) / 235
7. 유전자 조작의 산업적 이용 및 문제점 / 238

▶ 참고문헌 / 241
▶ 찾아보기 / 243

CHAPTER 01

생명체의 물리화학

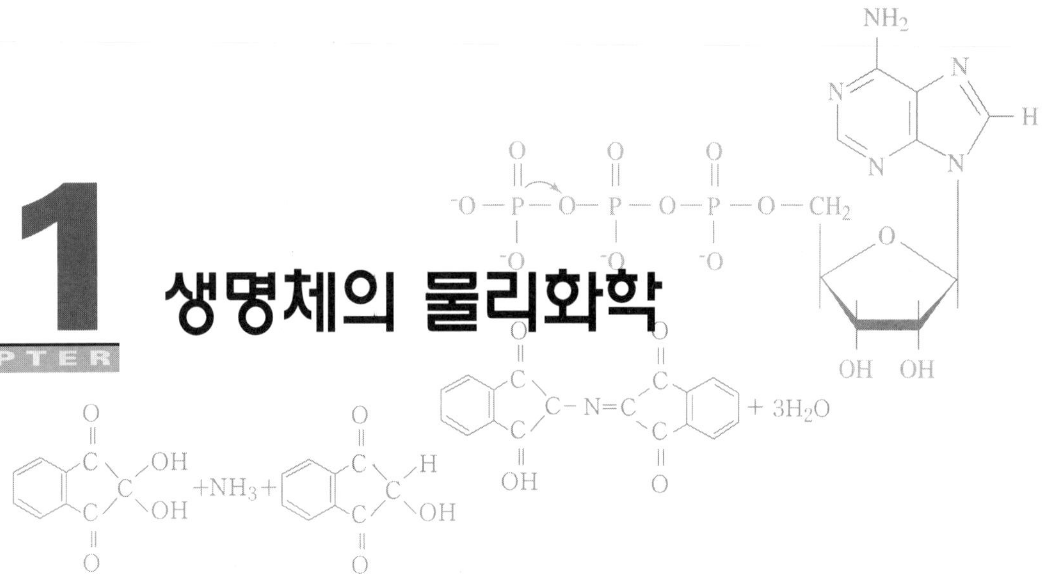

학/습/목/표

생명체 구성의 근본을 연구하는 생화학의 이해를 위해서는 기본 물리 · 화학의 학습이 필수적이다. 따라서 물질, 화학결합, 유기화합물에 대한 기본이론을 이해한다.

1. 물질

화학은 물질의 조성과 구조 및 물질의 변화를 연구하는 기초과학의 한 분야이다. 물질이란 우주를 구성하는 재료이기 때문에 우리가 보거나 사용하는 모든 대상물은 화학에서 다루는 물질의 일부분이다.

화학은 모든 물질을 취급하기 때문에 어떠한 재료를 다루거나 연구하더라도 그 밑바탕에는 항상 화학적 지식이 필요하다. 그러므로 화학은 우리의 거의 모든 일상생활에 영향을 미치고 있는 가장 중요한 과학이라고 할 수 있다. 특히, 인체를 아름답게 하고 건강하게 유지하기 위한 산업인 미용산업의 최일선에서 업무에 종사하게 될 피부미용 및 뷰티디자인을 전공하는 학생들에게 있어서는 풍부한 화학적 지식을 밑바탕으로 하여, 인체에 응용되는 화장품의 성분 및 화학적 성질을 충분히 이해함으로써 미용산업에 있어 효율적인 응용이 될 수 있도록 하여야 한다.

화학이란 물질적인 세계와 접하고 있는 우리의 모든 생활에 아주 밀접하게 관련이 있기 때문에 물질에 관한 호기심으로부터 출발하여야 한다.

왜 어떤 물질은 딱딱하고 어떤 물질은 부드러운가? 왜 어떤 물질은 액체 상태이고 어떤 물질은 고체 상태로 존재하는가? 왜 어떤 물질은 서로 섞이고 어떤 물질은 서로 섞이지 않는가? 이와 같은 호기심을 풀기 위해 물질의 성질을 체계적이고 과학적으로 관찰하면 화학 및 과학에 관한 기초적 이론이 확립되고, 여기에 실제로 우리가 사용하는 여러 가지의 화장품, 즉 액체 상태, 반죽 상태, 고체 상태 또한 피부용 화장품, 모발용 화장품 등 다양한 형태 및 물성을 갖는 화장품에 대한 이해의 폭이 넓어질 것이다.

1) 물질의 분류

화학의 모든 정의에 있어서 '물질' 이란 말이 자주 사용된다. 이 때 물질(matter)이란 우리의 주위에 있는 모든 것으로 세계를 구성하고 있고, 공간을 차지하고 있으며, 기체를 제외하고는 볼 수도 있고, 만질 수도 있다. 따라서 물질은 다음과 같이 나누어진다(그림 1.1).

- **순물질**(pure substance) : 물리적 방법에 의하여 다른 물질로 분리할 수 없는 물질을 말하며, 원소와 원소의 화학적 결합에 의해 이루어진 화합물이 있다.
- **원소**(element) : 더 이상 간단한 물질로 나누어질 수 없는 물질이다.
- **화합물**(compound) : 두 개 이상의 원자들이 화학적으로 결합하여 만든 물질을 말하며, 대부분의 순물질들은 화합물이다. 즉, 이들은 제조방법이나 상태에 관계없이 각기 고유의 성질을 갖는다. 예를 들면 물은 100℃에서 끓고, 0℃에서 얼며, 4℃에서 1g/*ml*의 밀도를 갖는다. 이것은 물의 고유한 성질이다. 순물질은 독특한 물리적 성질과 화학적 성질을 가지고 있다.
- **혼합물**(mixture) : 두 가지 이상의 순물질이 그들 각각의 성질을 유지한 채 섞여 있는 물질이다. 분리하면 쉽게 나누어진다. 균일 혼합물(homogeneous mixture), 불균일 혼합물(heterogeneous mixture)로 나눌 수 있다.
- **균일 혼합물**(homogeneous mixture) : 완전히 균일하게 섞인 혼합물(예; 용액, 즉 알코

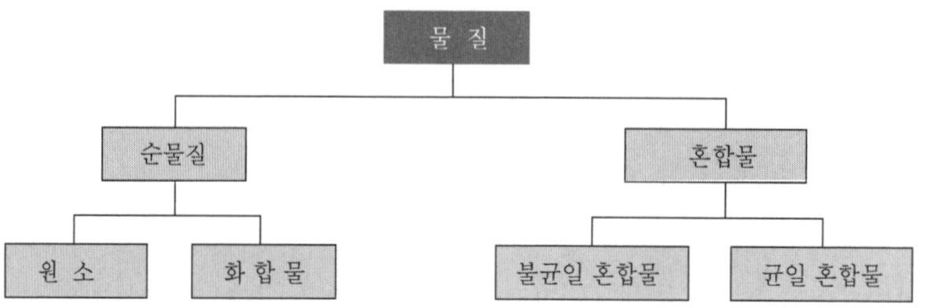

그림 1.1 화학적 성분에 의한 물질의 분류

원소(elements)란?

원자번호에 의해서 구별되는 한 종류만의 원자(原子)로 만들어진 물질 및 그 홑원소물질의 구성요소. 그 종류는 원자번호의 존재 가능한 수치의 수 만큼이다. 현재까지 지구상에 100종 정도가 인정되어 있으며, 특히 화학원소(化學元素)라고 하여 다른 용어와 구별하기도 한다.

예전에는 순수물질로서 어떠한 방법에 의해서도 두 종류 이상의 물질로 쪼갤 수 없고, 또한 어떠한 둘 이상의 물질의 화합(化合)에 의해서도 그 순수물질을 만들 수 없을 때, 그 순수물질을 구성하고 있는 종(種)을 원소라고 정의하였다. 그러나 원자의 인공변환(人工變換), 또는 많은 종류의 동위원소의 발견으로 이 정의는 애매하게 되었다. 더구나 물질을 구성하고 있는 최소단위의 입자로서의 원자를 생각하게 되고, 원자가 갖는 속성에 주목할 때에 원소라는 개념이 생겨나게 된 뒤부터는 원자번호가 원소의 성질을 규정하는 가장 기본적인 것이 되었다. 또한 한 종류의 원소의 원자로 된 물질을 홑원소 물질이라고 하며 화합물과 구별하여 홑원소 물질을 원소와 같은 뜻으로 사용하는 경우도 있으나, 정확하게는 구별해야 한다.

즉, 홑원소 물질은 기술적으로 분리될 수 있는 실제로 존재하는 물질이지만, 그 성분인 원소를 인식하는 것은 사고에 불과한 것이다. 다시 말하면 홑원소 물질은 한 종류의 성분으로 이루어진 것이며, 그 성분이 바로 원소인 것이다.

올+물)

- **불균일 혼합물**(heterogeneous mixture) : 균일하게 섞이지 않고 각 성분들이 분리되어 있는 혼합물(예; 혼탁용액, 즉 흙+물(흙탕물))

물질은 세 가지의 상태, 즉 기체, 액체 및 고체 상태로 존재할 수 있다. 흔히 물질은 조건이 달라지면 물리적 형태가 달라진다. 물을 예로 들면, 얼음(고체), 물(액체)과 증기(기체)의 세 가지 물리적 상태를 가질 수 있다.

고체를 확인할 수 있는 특성은 고체의 경직성이다. 고체는 외부의 힘이 작용하였을 때 자신의 형태를 유지하려는 경향이 있다. 상식적으로는 단단한 것, 즉 일정한 형태와 부피를 가지고 있는 물체를 고체라고 한다.

목재, 상아와 같은 생물의 유물(遺物), 모래 · 흙 등 금속의 가루도 고체라고 할 수 있다. 그러나 물엿이나 고무 등과 같이 어떤 조건 하에서는 쉽게 변형하고 유동성을 나타내는 물체도 있다. 그러나 이들은 고체라고도 액체라고도 할 수 없으므로 고체의 뜻이 애매해진다. 따라서 학문상으로는 물체의 역학적인 성질과는 별도로 그 물체를 구성하는 원자나 분자가 규칙적으로 배열되어 있는 것, 그러니까 결정성을 갖는가 그렇지 않은가에 따라서 고체와 액체를 구별한다.

예를 들면, 유리와 같은 무기물질이나 고무와 같은 유기고분자 물질의 대부분은 비결정성 물질이므로, 물리학적으로는 무정형 고체로서 오히려 액체에 가까운 것으로 다루고 있다. 분자론적으로 보면 고체는 원자(분자)끼리의 결합이 매우 강하고, 개개의 원자(분자)는 자유운동을 할 수 없으며, 서로 구속되어 어떤 정해진 위치에 머물고 있는 것을 말한다. 따라서 어떤 물질이라도 고압 · 저온으로 분자운동을 저하시키면 고체로 변하게 되며, 반대로 어떤 고체라도 어느 온도 이상으로 가열하면 분자의 배열이 흐트러져서 액체로 변한다. 이것이 응고 및 융해 현상이다.

이 현상이 일어나는 온도(녹는점)는 결정성 물질의 경우, 똑같은 압력 하에서는 일정하지만 비결정성 물질의 경우에는 온도가 올라감에 따라 끈적끈적한 상태를 거쳐 점차 액체로 변한다. 물질에 따라서는 액체상태를 거치지 않고 고체에서 바로 기체로 변하는 경우도 있다. 이 현상을 승화(昇華)라고 한다. 나프탈렌, 드라이아이스(고체이산화탄소) 등은 상온 · 상압 하에서 승화하는 물질로서 일상생활에서 흔히 볼 수 있는 것들이다. 고체는 기체나 액체와는 다르게 유동성이 없다. 이것은 고체를 형성하는 수많은 원자 또는 분자가 서로 힘껏 당기고 있기 때문인 것으로 알려져 있다. 실제로 고체 내부에서는 원자나 분자 사이에 힘껏 당기고 있는 힘인 응집력 또는 결합력이 작용하고 있다. 또 원자나 분자는 어느 정도의 크기를 가지고 있으므로 가깝게 접근할 수 없다. 원자나 분자가 서로 너무 가깝게 접근하면 갑자기 큰 반발하는 힘(반발력)이 생긴다. 또 결합력과 반발력에 의하여 어떤 공간을 두고 원자나 분자가 서로 힘을 미치고 있기 때문에 외부에서 힘을 가해도 잘 신축하지 않는다. 고체는 외부에서 가해진 힘에 저항하는 성질, 즉 굳기(硬度)를 가지고 있다. 또 고유한 탄성(彈性)과 가소성(可塑性)을 가지며, 어느 범위 안의 외부 힘에 대해서는 탄성체로서의 성질을 나타낸다. 하지만 그보다 더 큰 힘 또는 작은 힘이라도 장시간 동안 받게 되면 소성변형을 일으켜 힘을 제거해도 변형된 채 원상태의 모양으로 되돌아가지 않는다. 보통 물체의 굳기 · 탄성률 · 취약도 또는 점성도 등은 이와 같은 역학적 성질의 정도를 나타내는 말이다. 이들 굳기, 탄성률, 가소성의 값은 고체의 종류에 따라 넓은 범위에 걸쳐 있다. 역학적 성질 외에 전기적 · 열적 · 광학적 성질 등도 고체의 종류에 따라서 다양하다.

이들은 첫째, 그 고체를 구성하는 물질 분자의 성질에 따라 둘째, 그들 분자의 결합양식에 따라 결정된다. 예를 들면, 흑연과 다이아몬드는 둘 다 같은 탄소원자의 결정이지만, 흑연은 다이아몬드에 비해 원자간의 간격이 크기 때문에 비중이 작고 연필심으로 사용될 정도로 무르다. 순수한 금속은 소량의 다른 물질을 섞어줌으로써 그 굳기가 증가하는데, 이것은 이 물질의 분자가 들어감으로써 결정 내의 원자배열이 흐트러져 결정면에 따라 일어나는 미끄럼 현상이 줄어들기 때문인 것으로 알려져 있다.

액체는 물이나 기름과 같이 자유로이 유동하여 용기의 모양에 따라 그 모양이 변하며 일정한 형태를 가지지 않고 압축해도 거의 부피가 변하지 않는 물질이며 정확히는 액체상태라고 한다. 수많은 물질 가운데 상온, 상압에서 이와 같은 상태를 가지는 것은 비교적 적으나, 적당한 온도와 압력의 조건이 갖추어지면 거의 모든 물질이 액체로 변할 수 있으며, 반대로 액체도 다시 기체나 고체로 변할 수 있다. 즉, 액체라는 것은 물질의 고유한 성질이 아니라 조건에 따라서 기체 또는 고체로도 변할 수 있는 물질의 존재상태의 하나에 불과하다. 이런 뜻에서 고체 상, 기체 상에 대해서 액체 상이라고 하는 경우도 있다. 기체는 고체와 달리 일정한 모양과 부피를 갖지 않으며, 액체처럼 유동성(流動性)은 있으나 용기 전체에 확산되고, 액체보다 훨씬 압축되기 쉬운 상태에 있는 물체의 상태를 가리킨다. 어떤 물질도 고온·저압으로 하면 기체로 변한다. 액체는 기화에 의해 기체로 변하고, 고체는 승화에 의해서 바로 기체로 변한다. 또한 이 반대의 변화도 일어난다. 기체와 액체를 총칭해서 유체(流體)라고도 한다. 한편, 액체와 기체는 유체이기 때문에 쉽게 흐르고 약간의 외부 힘에도 쉽게 형태가 변화한다.

기체가 액체와 구별되는 것은 압축성(또는 팽창성)이다. 기체는 쉽게 압축할 수 있으나 액체는 쉽게 압축할 수 없다. 기체로는 어떤 크기의 용기라도 채울 수 있다. 적은 양은 팽창하여 용기를 채울 것이고 양이 많은 경우에는 압축하여 채울 수가 있을 것이다. 이와는 대조적으로 이미 물이 가득 채워진 병에 더 많은 물을 강제로 채우려고 하면 병은 터질 것이다. 물질의 세 가지 형태, 즉 기체, 액체 및 고체를 물질의 상태(state)라고 한다. 물질의 세 가지 상태의 일반적인 성질을 표 1.1에 나타냈다

한편 이와 같은 물질의 세 가지의 상태는 조건에 따라 다른 상태로 바뀔 수가 있다. 즉, 형태의 변화가 가능하다.

고체에서 액체로 변하는 것을 융해, 그 반대를 응고라 하고, 융해하는 온도(녹는점)는

표 1.1 기체, 액체 및 고체 상태의 일반적 성질

구분	기체	액체	고체
압축성	무한	약간	거의 무시
팽창성	무한	약간	거의 무시
모양	유동성	유동성	고정

압축성은 압력의 증가에 따른 부피의 감소
팽창성은 온도의 증가에 따른 부피의 증가

응고하는 온도(응고점)와 같다. 녹는점은 결정질에 대해서는 압력에 따라 일정하지만, 유리 같은 무정형물질(비결정질)은 온도가 상승함에 따라 연화(軟化)하여 얼마 후 액체화하므로 일정한 녹는점을 보이지 않는다. 따라서 고체라는 말은 결정질에 대해서만 사용하고, 비결정질인 것은 액체로 취급하는 경우가 있다. 액체에서 기체로의 변화를 기화(氣化)라 하며, 이것에는 증발과 비등이 있고, 그 반대는 액화이다.

비등하는 온도를 끓는점이라 하는데, 각 물질의 끓는점은 압력에 따라 일정하다. 기체와 액체 사이에는 임계(臨界) 상태가 있어, 아무리 압력을 가해도 물질에 특정한 온도 이상에서는 액화하지 않는다. 이 극한의 온도와 그때의 압력을 임계온도 및 임계압력이라고 한다. 물은 374.2, 218.5atm이다. 얼음은 녹지 않아도 증발하며, 또 그 반대 현상도 일어나는데, 이와 같은 고체와 기체 사이의 변화를 승화라 한다.

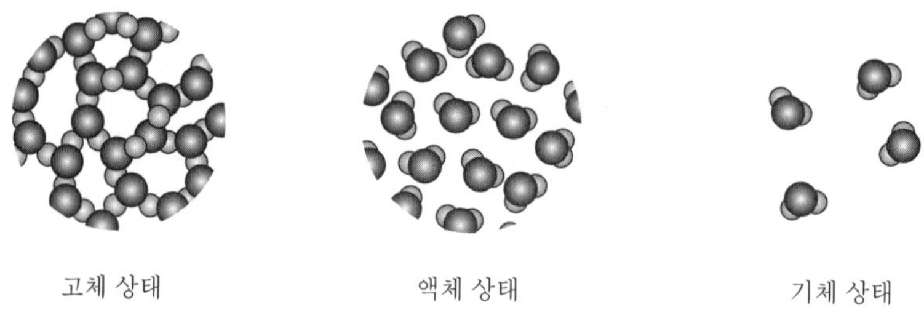

그림 1.2 물질의 상태에 따른 입자배열

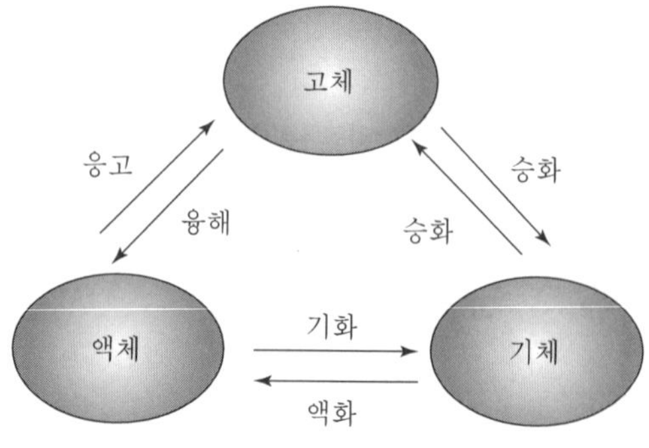

그림 1.3 물질의 상태변화

표 1.2 물리적 변화와 화학적 변화

구분	성분	화학적 성질	물리적 성질	예
물리적 변화	불변	불변	변화	· 버터가 녹았다. · 나무를 톱으로 잘랐다. · 화장품의 물과 기름 성분이 분리되었다.
화학적 변화	변화	변화	변화	· 쇠가 녹슬었다. · 음식이 소화되었다. · 퍼머넌트 웨이브를 하였다.

2) 물질의 변화

물질의 변화 과정은 크게 두 가지로 나누어 볼 수 있다. 첫째로 물질 그 자체는 그대로 유지되면서 물리적 조건이 변하는 과정이다. 이와 같은 변화는 물리적 변화(physical change)이므로 이때 관찰되는 성질은 그 물질의 물리적 성질이 된다.

예를 들면, 얼음이 녹는 과정은 물이 고체 상태에서 액체 상태로 바뀌는 것이다. 따라서 이 과정은 물리적 변화이며 얼음이 녹는 온도는 물의 물리적 성질이 된다. 또 하나의 변화 과정은 한 물질이 다른 물질로 바뀌는 과정이다. 이 과정은 화학적 변화(chemical change), 즉 우리가 말하는 화학반응(chemical reaction)을 말하며, 이 때 관찰되는 성질은 그 물질의 화학적 성질이 된다. 예를 들면, 쇠가 녹스는 것은 철이 산소와 반응하여 산화철이라는 물질로 변화하는 과정이므로 화학적 변화이고 쇠가 쉽게 녹스는 성질을 화학적 성질이라고 한다.

(1) 물리적 성질과 화학적 성질

물리적 성질(physical property)은 물질의 조성이나 동일성을 변화시키지 않는 물리적 변화 과정에서 측정되거나 관찰되는 성질을 말하며, 화학적 성질(chemical property)은 최소한 어느 한 가지 물질의 조성이나 동일성이 변하게 되는 화학적 변화 과정에서 관찰되는 성질을 말한다.

(2) 세기성질과 크기성질

물질의 양과는 관계없는 성질을 세기성질(intensive property)이라고 한다. 예를 들어 밀도, 녹는점, 온도는 세기성질이다. 목욕탕에서 떠낸 한 순갈의 물의 온도는 목욕탕에 들어 있는 물의 온도와 같다. 세기성질은 물질을 확인하는 데 유용하게 쓰인다. 크기성질(extensive property)은 계를 구성하고 있는 물질의 양에 비례하는 성질을 말한다. 예를 들어 시료의 질량과 부피는 크기성질이다.

2. 원자론과 화학결합

사람들은 오랫동안 물질의 구조에 관하여 호기심을 가져왔다. 현대 원자이론의 바탕은 고대 그리스 철학자들이 마련했었다. 기원전 약 440년경에 Empedocles는 모든 물질은 4가지의 원소, 즉 흙, 물, 공기 및 불로 구성되어 있다고 제안하였다. 원자에 관한 초창기의 철학자 중에 한 사람인 Democritus(기원전 470~370년경)는 모든 물질은 눈에 보이지 않는 입자로 나눌 수 있다고 생각했으며, 이 입자를 더 이상 쪼갤 수 없다는 뜻의 그리스어 atomos에서 유래한 '원자(atom)'라고 불렀다. 그리고 원자는 일정하게 움직이고 있으며 다른 원자들과 다양한 방법으로 결합한다고 주장하였다.

그러나 이것은 단순한 추론적 가정이었으며 과학적인 관측에 바탕을 둔 것은 아니었다. 그 이후 곧바로 Aristole(기원전 384~322)가 Democritus의 이론을 반박하였고 그 대신 Empedocles의 이론을 인정하고 진보시켰다. Aristole의 영향이 워낙 강하였기 때문에 그의 이론이 17세기 초엽까지 그 시대의 과학자나 철학자들의 사고를 지배하였다. 이후 1800년대 초 영국의 초등학교 교사인 John Dalton이 원소에 대한 개념과 이들의 화학적인 조합을 기초로 원자이론을 제안하였다. 달톤은 구조를 갖고 있지 않은 공에서 그의 원자개념을 제안하였으며, 그것을 원자라고 불렀다. 달톤의 원자론에서는 모든 물질이 원자 또는 분자 또는 이온들로 구성되어 있다고 보았다. 여기서 분자라 함은 원자가 결합되어 있는 것을 뜻하고, 이온이라 함은 원자나 분자가 양(+) 전하나 음(−) 전하를 갖고 있는 것을 뜻한다.

1) 원자의 구조

원자는 중성자(neutron), 양성자(proton) 그리고 전자(electron)로 이루어져 있다. 중성자는 전하(electron charge)를 갖지 않으며, 양성자는 양(+)의 전하를 그리고 전자는 음(−)의 전하를 갖고 있다. 어떤 원자의 경우, 양성자와 중성자의 수가 같으므로 원자들은 전기적으로 중성이다. 원자에서 양성자와 중성자는 중심의 핵(nucleus)을 이루고, 전자들은 원자핵 주위의 궤도(orbital)를 돌고 있다. 전자 궤도들은 3차원 공간을 이루며, 많은

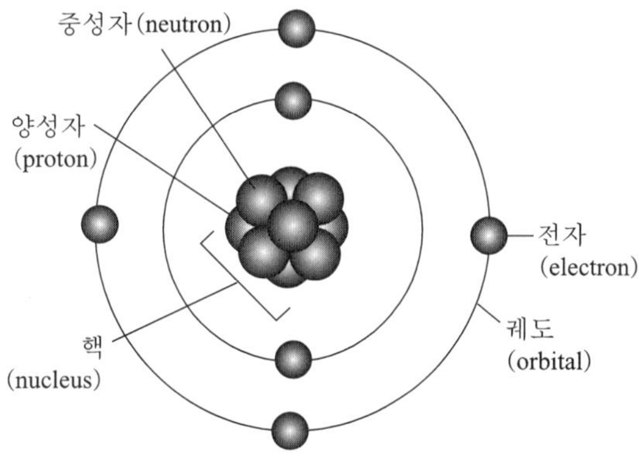

그림 1.4 원자의 모델

궤도들이 원자핵을 중심으로 동심원의 모양으로 배열하고 있다(그림 1.4). 다른 원소들은 다른 수의 양성자를 갖고 있다. 인체에서 발견할 수 있는 주요 원소를 표 1.3에 정리하였다. 표에 나타난 원소기호는 원소 혹은 원소를 구성하는 원자를 의미한다.

2) 분자의 구조

분자는 서로 결합된 원자들의 집합체이다. 달톤의 원자론에 대한 초기의 표현에서 원소는 동일한 원자들로 구성된 물질이며, 화합물은 동일한 분자로 구성된 물질이라고 가정하였다. 그 당시 달톤이 이해하지 못한 몇 가지의 원소는 같은 종류의 원자를 포함하는 분자로 구성되어 있다. 즉, 수소(H_2), 질소(N_2), 산소(O_2), 불소(F_2), 브롬(Br_2) 그리고 요오드(I_2)는 동일한 종류의 원자로 구성된 이원자분자 형태로 존재한다.

결국 이러한 분자는 원소로 분류된다. 반면에 화합물은 서로 다른 종류의 원자를 포함하는 분자로 만들어져 있으며 그러한 분자들 중 몇 가지는 다음과 같다.

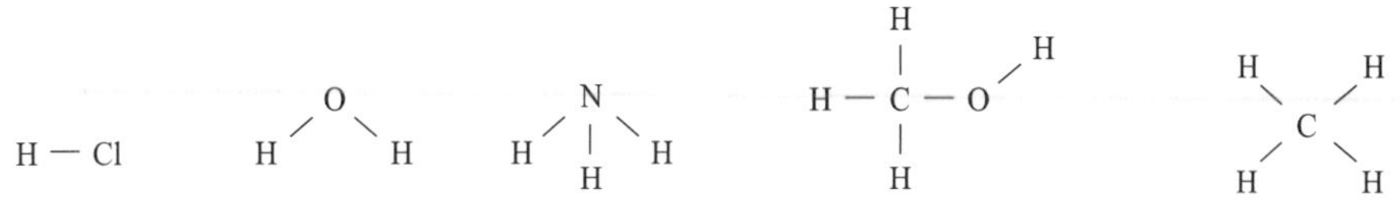

HCl　　H_2O　　NH_3　　CH_3OH　　CH_4

달톤의 원자론은 화학반응을 그림으로 보여줄 수 있게 해준다. 화학반응에서 반응물 분

표 1.3 인체에서 발견할 수 있는 일반적인 원소

원소	기호	양성자 수	인체 내의 중량비
수소	H	1	9.5
탄소	C	6	18.5
질소	N	7	3.3
산소	O	8	65.0
나트륨	Na	11	0.2
인	P	15	1.0
황	S	16	0.3
염소	Cl	17	0.2
칼륨	K	19	0.4
칼슘	Ca	20	1.5
철	Fe	26	미량
요오드	I	53	미량

자에 속해 있는 원자들은 분리된 다음 생성물 분자들로 재배열한다는 달톤의 제안을 다시 생각해 보면 수소와 산소가 반응하여 물이 되는 화학반응은 다음 그림과 같이 재배열할 수 있다.

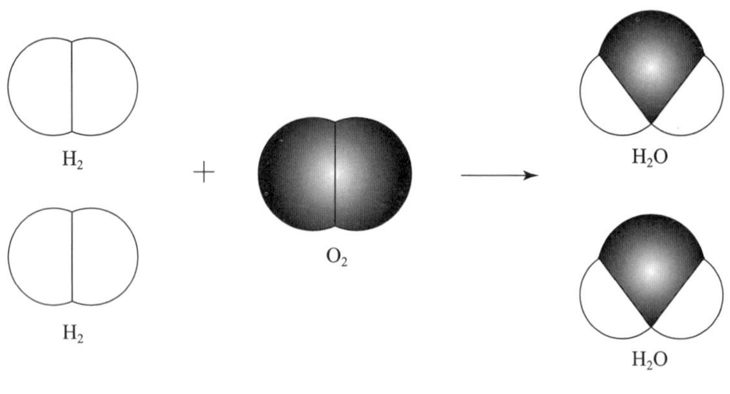

화학반응으로 완전히 다른 분자, 즉 전혀 다른 물질이 만들어진다. 수소와 산소는 기체이지만 이들이 반응하여 만들어지는 물은 액체이다. 다른 예로서 산소 중에서 탄소가 연소하면 이산화탄소가 만들어진다.

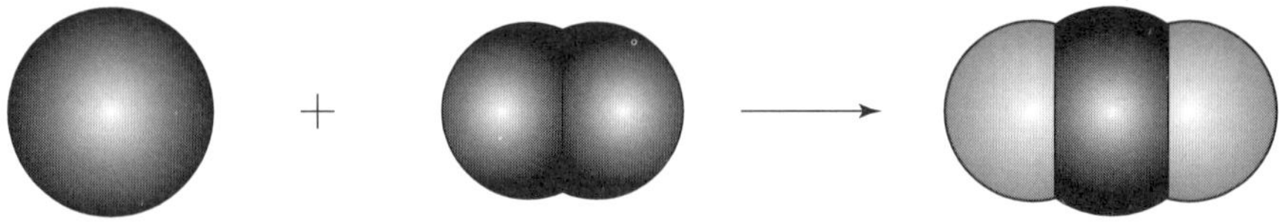

여기서도 완전히 다른 물질이 만들어진다. 즉, 탄소는 검정색 고체이지만 생성물인 이산화탄소는 무색의 기체이다.

마지막 예로서 뜨거운 수증기와 빨갛게 가열된 탄소가 수소와 일산화탄소로 되는 반응은 아래 그림과 같다.

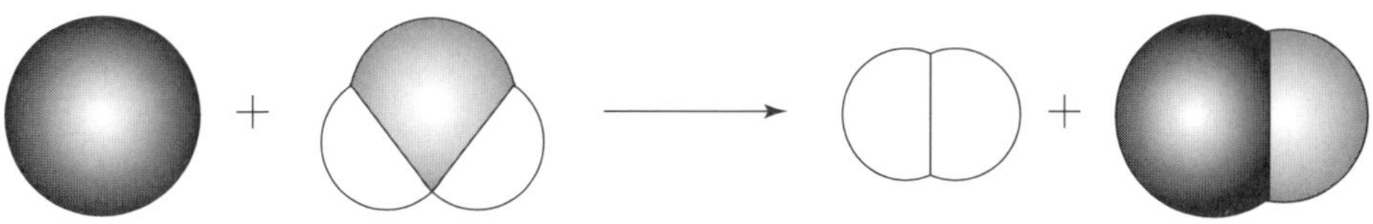

지금까지 나타낸 세 가지의 예에서 보면 반응에 참가한 모든 원자의 수는 변하지 않았다. 즉, 원자는 화학반응이 일어나는 동안 만들어지지도 않고 사라지지도 않으며, 단지 새로운 분자로 재배열할 따름이다.

3) 전자와 화학결합

원자의 화학적 성질은 그 원자의 최외각 전자들에 의해 결정된다. 원자간의 화학결합은 원자의 최외각 전자가 다른 원자로 이동하거나 공유될 때 형성된다. 이러한 화학결합에 의하여 생성되는 물질을 분자라고 한다. 분자가 두 개 이상의 원소로 구성되어 있을 때 이 물질을 화합물이라고 부른다. 분자는 화학식으로 표시할 수 있으며, 화학식은 원소기호와 그 원소의 갯수로 표시한다. 예를 들면, 포도당은 $C_6H_{12}O_6$로 표시되며, 포도당 한 분자에 탄소 6개, 수소 12개, 산소 6개가 결합되어 있다는 뜻이다.

(1) 이온결합

이온결합(ionic bond)은 하나의 원자가 전자를 잃어버리고 다른 원자가 그 전자를 받아들일 때 형성된다. 예를 들면, 염화나트륨(NaCl)이 만들어지는 과정을 보면 나트륨(Na)은 전자를 쉽게 잃어버리는 성질이 있으며, 염소(Cl)는 전자를 쉽게 받아들이는 성질이 있으므로 이들이 가까이 있으면 NaCl, 즉 소금이 만들어진다. 그림 1.5에 이를 나타내었다.

원자들은 양성자와 전자의 수가 같으므로 전기적으로 중성이다. 그러나 위의 나트륨과 같이 전자를 하나 잃어버리면 양성자의 수가 많아지므로 양(+)의 전하를 갖게 되고, 염소처럼 하나의 전자를 받아들이면 전자의 수가 더 많아지게 되므로 음(−)의 전하를 갖게 된다. 이렇게 만들어진 양이온과 음이온은 서로 가까이 있게 되는데 반대의 전하들은 서로 잡아당기는 인력이 작용하기 때문이다. 이렇게 상호인력에 의하여 만들어지는 화학결합을 이온결합(ionic bond)이라고 한다.

이온은 이온들이 만들어진 원소기호를 이용하여 표기하며, 전하는 원소기호에 + 혹은 −의 윗첨자(superscript)를 사용하여 표기한다. 예를 들면, 위에 언급한 나트륨 이온은 Na^{+}, 그리고 염소이온은 Cl^{-}로 표기된다. 만약, 하나 이상의 전자를 잃거나 얻으면, +와 −의 기호 옆에 숫자를 기입한다. 즉, Ca^{2+}는 칼슘이온이 전자 2개를 잃어서 만들어졌음을 의미한다.

표 1.4에 인체에서 발견되는 중요한 이온을 정리하였다. 용해되어 이온을 형성하는 물질을 전해질(electrolytes)이라 하는데 이온은 용액상태에서 전기를 전도할 수 있기 때문이다.

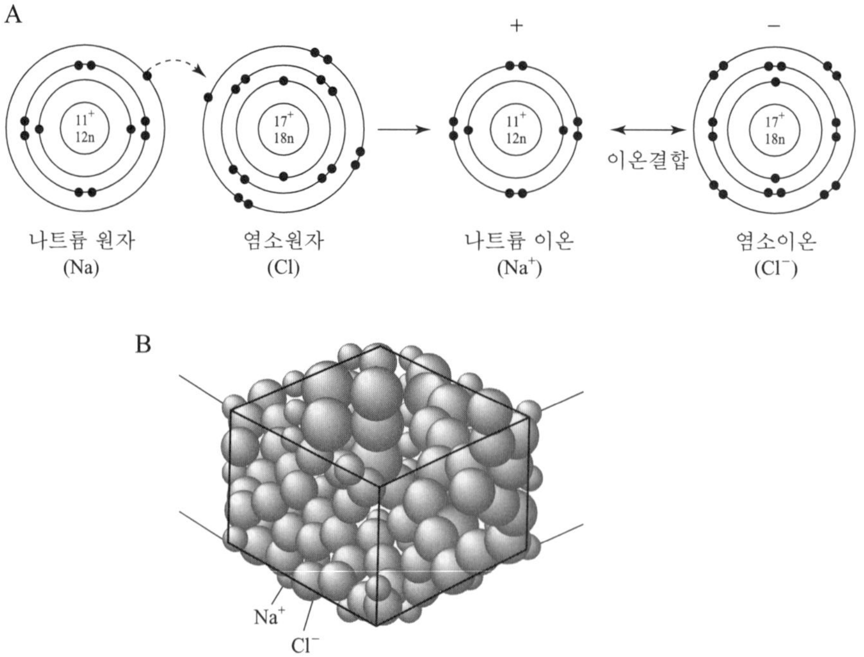

그림 1.5 이온결합

표 1.4 인체에서 발견되는 중요한 이온

이온명	기호
칼슘(calcium) 이온	Ca^{2+}
나트륨(sodium) 이온	Na^{+}
칼륨(potassium) 이온	K^{+}
수소(hydrogen) 이온	H^{+}
수산화(hydroxide) 이온	OH^{-}
염소(chloride) 이온	Cl^{-}
중탄산(bicarbonate) 이온	HCO_3^{-}
암모늄(ammonium) 이온	NH_4^{+}
인산(phosphate) 이온	PO_4^{3-}
철(iron) 이온	Fe^{3+}
마그네슘(magnesium) 이온	Mg^{2+}

(2) 공유결합

공유결합(covalent bond)은 두 원자가 하나 혹은 두 쌍의 전자쌍을 공유할 때 만들어진다.

예를 들면 두 개의 수소원자는 그들의 전자를 공유하여 수소분자를 만들 수 있다(그림 1.7, A). 수소원자는 또한 산소원자와 전자를 공유하여 물분자를 만든다(그림 1.7, B). 탄소원자는 4개의 최외각 전자를 주위의 원자와 공유하여 4개의 공유결합을 만들 수 있다(그림 1.7, C). 따라서 탄소원자는 인체 내 대부분의 분자들에서 가장 중요한 구성요소이다. 탄소를 포함하고 있는 많은 분자들은 탄소-탄소 간, 그리고 탄소와 수소, 산소, 질소 간의 공유결합으로 이루어져 있다.

4) 화학반응

화학반응(chemical reaction)이란 원자나 분자가 새로운 화학결합을 형성하거나 그들 사이의 화학결합이 깨지는 과정을 말한다. 화학반응이 일어나기 이전에 존재하는 원자나 분자를 반응물(reactants)이라 하고, 화학반응에 의해 생성되는 물질을 생성물(products)이라 한다. 예를 들면 나트륨과 염소라는 반응물은 서로 합쳐져서 염화나트륨이라는 생성물을 만든다.

화학반응은 반응결과 생기는 생성물과 함께 반응 과정에서 에너지의 변화를 초래하기

번호	기호
원자량	
한글이름	

1A	2A	3A	4A	5A	6A	7A	8			1B	2B	3B	4B	5B	6B	7B	8B
1 H 1.008 수소																	2 He 4.003 헬륨
3 Li 6.941 리튬	4 Be 9.012 베릴륨											5 B 10.81 붕소	6 C 12.01 탄소	7 N 14.01 질소	8 O 16.00 산소	9 F 19.00 불소	10 Ne 20.18 네온
11 Na 22.99 나트륨	12 Mg 24.31 마그네슘											13 Al 26.98 알루미늄	14 Si 28.09 규소	15 P 30.97 인	16 S 32.06 황	17 Cl 35.45 염소	18 Ar 39.95 아르곤
19 K 39.10 칼륨	20 Ca 40.08 칼슘	21 Sc 44.96 스칸듐	22 Ti 47.90 티타늄	23 V 50.94 바나듐	24 Cr 52.00 크롬	25 Mn 54.94 망간	26 Fe 55.85 철	27 Co 58.93 코발트	28 Ni 58.70 니켈	29 Cu 63.55 구리	30 Zn 65.38 아연	31 Ga 69.72 갈륨	32 Ge 72.59 게르마늄	33 As 74.92 비소	34 Se 78.96 셀렌	35 Br 79.90 브롬	36 Kr 83.80 크립톤
37 Rb 85.47 루비듐	38 Sr 87.62 스트론튬	39 Y 88.91 이트늄	40 Zr 91.22 지르코늄	41 Nb 92.91 니오브	42 Mo 95.94 몰리브덴	43 Tc (98) 테크바듐	44 Ru 101.1 루테늄	45 Rh 102.9 로듐	46 Pd 106.4 팔라듐	47 Ag 107.9 은	48 Cd 112.4 카드뮴	49 In 114.8 인듐	50 Sn 118.7 주석	51 Sb 121.8 안티몬	52 Te 127.6 텔루트	53 I 126.9 요오드	54 Xe 131.3 크세논
55 Cs 132.9 세슘	56 Ba 137.3 바륨	57 La 138.9 란탄	72 Hf 178.5 하프늄	73 Ta 180.9 탄탈	74 W 183.9 텅스텐	75 Re 186.2 레늄	76 Os 190.2 오스뮴	77 Ir 192.2 이리듐	78 Pt 195.1 백금	79 Au 197.0 금	80 Hg 200.6 수은	81 Ti 204.4 탈륨	82 Pb 207.2 납	83 Bi 209.0 비스무트	84 Po (209) 폴로늄	85 At (210) 아스탄틴	86 Rn (222) 라돈
87 Fr (223) 프란슘	88 Ra 226.0 라듐	89 Ac 227.0 악티늄															

A : 고체원소 A : 기체원소 A : 액체원소 A : 합성원소

란탄계열	58 Ce 140.1 세슘	59 Pr 140.9 프라세오디뮴	60 Nd 144.2 네오디뮴	61 PM (145) 프로메튬	62 Sm 150.4 사마륨	63 Eu 152.0 유로퓸	64 Gd 157.3 가돌리뮴	65 Tb 158.9 테르뮴	66 Dy 162.5 디스프로슘	67 Ho 164.9 홀뮴	68 Er 167.3 에로븀	69 Tm 168.9 툴륨	70 Yb 173.0 이테르븀	71 Lu 175.0 루테븀
악티늄계열	90 Th 232.0 토륨	91 Pa 231.0 프로트악타늄	92 U 238.0 우라늄	93 Np (237.0) 넵루늄	94 Pu (244) 플루토늄	95 Am (243) 아메리슘	96 Cm (247) 퀴륨	97 Bk (247) 버클륨	98 Cf (251) 칼리포르늄	99 Es (252) 아인스타인늄	100 Fm (257) 페르뮴	101 Md (268) 엔델레븀	102 No (259) 노벨륨	103 Lw (260) 로렌슘

그림 1.6 원소주기율표

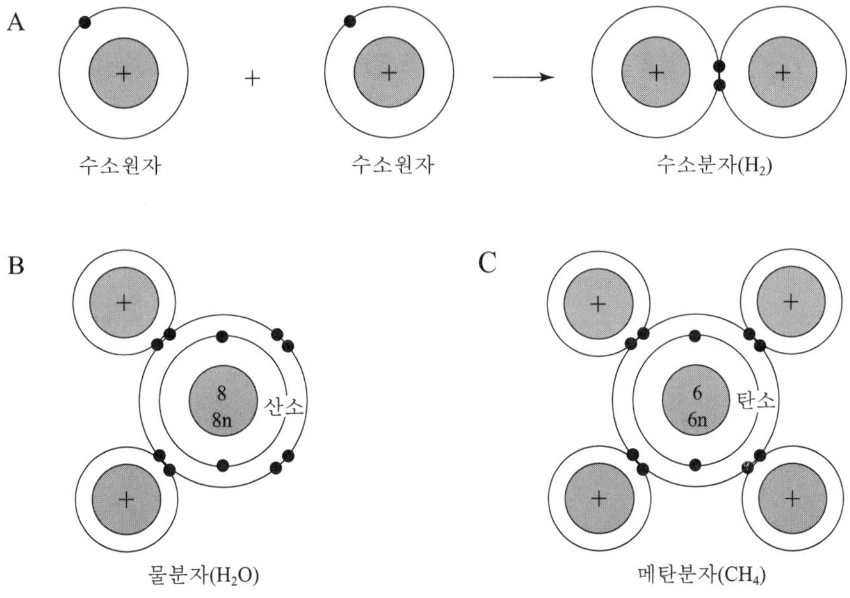

그림 1.7 공유결합

때문에 중요하다. 화학결합에는 에너지가 저장된 상태로 존재한다. 만약 화학반응의 생성물이 반응물에 비하여 더 적은 에너지를 저장하게 된다면 그 차이에 해당되는 에너지가 화학반응을 통하여 방출된다.

대부분의 에너지는 열로써 방출된다. 사람의 체온은 이러한 화학반응으로 생성된 열에 의하여 일정한 온도를 유지할 수 있다. 인체에서 일어나는 화학반응에 의하여 생성된 에너지는 이 밖에도 새로운 화합물을 만들거나 근육수축 등의 운동을 위하여 사용한다.

에너지를 방출하는 반응의 예는 아데노신 3인산 분자가 아데노신 2인산 분자와 인산기로 분해되는 과정이다. 인산기는 ADP에 인산에스테르 결합으로 부착되어 있는데(에너지의 저장), ADP와 인산의 결합이 끊어지면서 저장되었던 에너지가 열로서 방출된다. 방출된 에너지의 일부는 피부를 통하여 열로서 손실되고 일부는 세포들에 의해 사용된다.

화학반응의 생성물이 반응물에 비하여 많은 에너지를 가지고 있다면 그 화학반응은 외부로부터 에너지가 공급되어야만 일어날 수 있다. 인체에서 음식물이 분해되면서 방출되는 에너지가 바로 세포들이 이러한 화학반응에 이용되기 위하여 쓰인다.

ATP ⇨ ADP + 열 + 에너지(생체분자의 합성과 근육수축 등에 사용)

즉, 음식물이 분해되면서 나오는 에너지를 이용하여 세포들은 ATP, 지방, 단백질 등 세포의 생존을 위하여 필요한 물질을 합성하는 것이다. 예를 들면, 음식물의 분해에서 나오는 에너지를 이용하여 세포는 아데노신 2인산과 인산기를 결합하여 아데노신 3인산을 만든다.

ADP + P + 에너지(음식물의 분해에서 생성) ⇨ ATP

ATP 분자가 저장한 에너지는 ATP와 인산기가 분리될 때 방출된다. ATP는 에너지를 저장하거나 방출하는 데 유용하게 사용된다. 세포 내에서 에너지가 필요한 거의 모든 화학반응에서 ATP가 에너지원으로 사용된다.

3. 산과 염기

산(acid)은 양성자를 제공한다. 양성자란 전자를 잃어버린 수소원자, 즉 수소이온이기 때문에 물에서 수소이온을 방출하는 모든 물질은 산이라고 정의할 수 있다. 예를 들면 위(stomach) 안에서 염산(HCl)은 수소이온(H^+)과 염소이온(Cl^-)으로 분해된다.

$$HCl \rightarrow H^+ + Cl^-$$

염기(base)는 양성자를 받아들인다. 예를 들면, 수산화나트륨(NaOH)은 나트륨이온(Na^+)과 수산화이온(OH^-)으로 분리된다.

$$NaOH \rightarrow Na^+ + OH^-$$

이때 분리된 수산화이온은 수소이온과 결합하여 물(H_2O)을 만드는 양성자 수용체이다. 그러므로 수산화나트륨은 염기이다.

$$OH^- + H^+ \rightarrow H_2O$$

산과 염기 사이의 반응은 염(salt)을 형성한다. 예를 들면, 염산과 수산화나트륨이 결합하면 염화나트륨이라는 염을 만든다.

$$HCl + NaOH \rightarrow NaCl + H_2O$$

4. 수소이온 농도지수

pH는 수소이온(H^+) 농도의 지수(power)를 의미한다. 지수는 10의 계수이다. 이것은 용액의 산성도를 간단하고 편리하게 숫자로 나타낸 것이다. 즉, pH의 값은 H^+ 이온의 농도를 다음과 같이 수학적으로 표시한다.

$$pH = -\log_{10}[H^+]$$

여기서 알아두어야 할 점은 pH3과 pH4의 차이는 단순히 숫자로는 1 차이이지만 pH3 용액을 pH4 용액으로 만들려면 10배로 희석시켜 주어야 한다는 것이다. 따라서 pH3 용액을 pH5 용액으로 만들려면 100배 희석시켜 주어야 한다. 즉, pH를 변화시키는 데 있어서는 많은 양의 용액이 첨가되므로 pH 변화는 쉽지 않다는 것이다.

수소이온 농도지수(pH)의 범위는 0~14이며, 순수한 물은 중성으로 정의된다. 중성의 정의는 수소이온의 농도와 수산화이온의 농도가 같고 pH7로 표시한다. 7 이하의 pH를 가지는 용액을 산성이라 하고 수산화이온의 농도보다 수소이온의 농도가 크다. pH가 7보다 크면 염기성 또는 알칼리성이라 하며 수산화이온의 수가 수소이온의 수보다 많은 상태의 수용액을 말한다. pH가 작아질수록 용액은 산성이 강해지고, pH가 커질수록 용액은 염기성이 강해진다(그림 1.8).

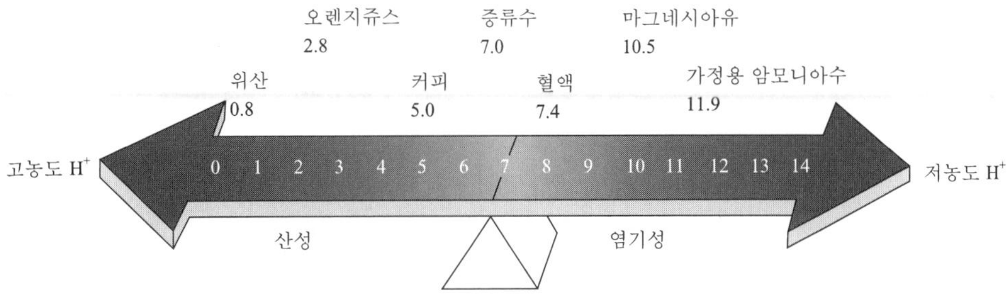

그림 1.8 각종 물질의 수소이온 농도지수

5. 유기화합물

원래 유기란 생물에 관계되는 것을 의미하였고, 광물체로부터 얻어지는 무기화합물에 대하여 생물체의 구성 성분을 이루는 화합물, 또는 생물에 의하여 만들어지는 화합물로 분류되었다. 이와 같은 분류는 생명현상에 관련되어 만들어지는 화합물은 모두 탄소화합물이므로, 무기물로부터는 만들 수가 없다는 생각에서 유래된 것이다.

그러나 1828년 F. 뵐러가 무기물로 알려져 있던 시안산암모늄으로부터 요소를 만든 이래 많은 유기화합물이 합성되었다. 기본골격은 탄화수소로, 탄소－탄소와 탄소－수소의 공유결합으로 구성되어 있다. 이 기본골격에 산소·질소·황 등의 헤테로(hetero)원자를 포함하는 작용기가 치환되어 많은 유도체를 만들 수 있다. 성질은 종류에 따라 다르지만 보통 가연성이며, 녹는점이 무기화합물보다 낮고, 물보다는 유기용매에 잘 녹는다. 응용화학연합에 의해 정해져 있다.

1) 유기화합물의 분류

(1) 탄소원자의 결합 형태에 따른 분류

① 사슬화합물(chain compounds)

㉮ 포화탄화수소(saturated compounds): 단일 결합만으로 이루어진 사슬 화합물로 알칸(alkane)이라고 부른다.

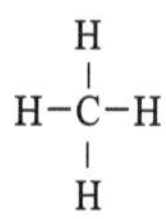
메탄(methane)

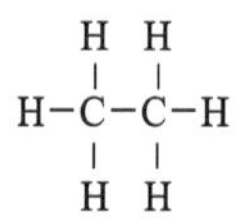
에탄(ethane)

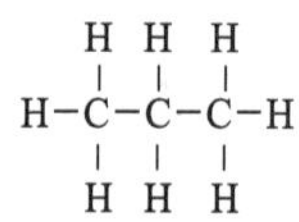
프로판(propane)

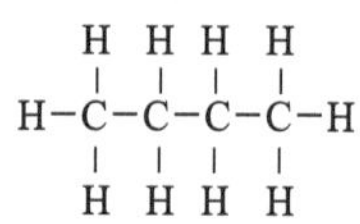
부탄(butane)

㉯ 불포화탄화수소(unsaturated compounds): 이중 결합 또는 삼중 결합이 포함되어 있는 사슬화합물로 알켄(alkene) 또는 알킨(alkyne)이라고 부른다.

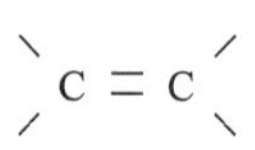
알켄(alkene)

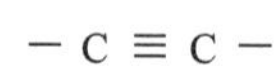
알킨(alkyne)

② 고리화합물(cyclic compounds)

㉮ **탄소고리화합물**(carbocyclic compounds) : 탄소와 탄소끼리 서로 고리를 이루며 연결되는 화합물. 지환족화합물(alicyclic compounds)

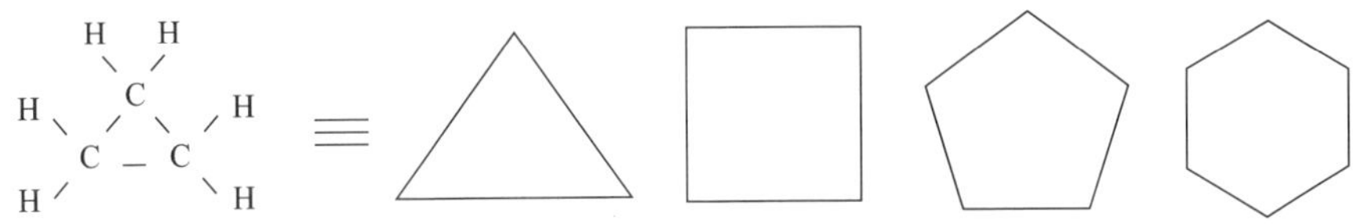

씨클로프로판(cyclopropane)　　cyclobutane　　cyclopentane　　cyclohexane

㉯ **방향족화합물**(aromatic compounds) : 고리를 이루면서 이중결합이 하나씩 건너뛰어 있는 화합물로서, 벤젠이 대표적이며 화학식은 C_6H_6이다. 벤젠을 기호로 나타내기 위해서는 C와 H를 생략하고 간략한 형태로 표시해 왔다. 그러나 더 간략하게 표시하기 위하여 6각형의 안쪽에 원을 그림으로서 표시하기도 한다.

a　　b

benzene

6각의 각에는 1개의 탄소원자가 있고, 거기에 1개의 수소원자가 결합되어 있어 이중결합이 하나 건너 하나씩 존재하는 것을 이해해야 한다. 벤젠은 6개의 탄소에 결합하고 있는 수소원자는 여러 가지 다른 원소의 원자나 원자단과 치환하여 벤젠 유도체를 형성한다.

㉰ **헤테로고리화합물**(heterocyclic compounds) : 고리화합물에 다른 원소가 들어가 있는 화합물

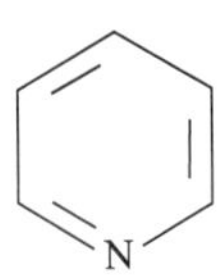

pyridine

(2) 관능기에 의한 분류

- ▶ 알코올(alcohol) : $R - OH$
- ▶ 알데히드(aldehyde) : $R - C(=O) - H$
- ▶ 케톤(ketone) : $R - C(=O) - R'$
- ▶ 유기산(carboxylic acid) : $R - C(=O) - OH$
- ▶ 에스테르(ester) : $R - C(=O) - O - R'$
- ▶ 아민(amine) : $R - NH_2$
- ▶ 아미드(amide) : $R - C(=O) - NH_2$
- ▶ 에테르(ether) : $R - O - R'$

2) 유기화합물의 종류별 특성

유기화합물의 주요 성질 및 용도는 표 1.5에 나타냈으며, 그들의 일부 특성은 다음과 같다.

(1) 알칸

알칸은 탄소수가 증가함에 따라 끓는점이나 녹는점이 상승한다. 그러므로 탄소수가 적을 때는 상온에서 기체이지만, 탄소수가 증가함에 따라 상온에서 액체에서 고체로 변한다. 그러므로 탄소수가 적은 메탄에서 부탄까지는 알칸이 연소하는 성질을 이용하여 연료로 사용하고 알칸의 탄소수가 많은 바셀린 같은 경우는 화장품이나 의약품의 연고에서 피부 연화제 및 기제로 사용한다.

(2) 알켄 및 알킨

알켄 및 알킨 종류는 수소 첨가, 할로겐 첨가 및 다양한 반응성을 가진다. 이러한 성질을 이용하여 불포화 지방산을 포화 지방산으로 바꾸어 경화유를 만들기도 한다. 또한 알켄 및 알킨은 고분자 물질을 만드는 원료이며, 이러한 반응을 중합반응이라 한다. 합성되어진 고분자 물질들은 화장품 원료뿐만 아니라 우리 실생활에도 널리 이용된다.

$$nCH_2=CH_2 \longrightarrow (CH_2-CH_2)_n$$

에칠렌(ethylene) → 폴리에칠렌(polyethylene)

(3) 알코올

탄소수 1부터 3까지의 저급 알코올은 물과 잘 혼합된다. 그러나 그 이상의 탄소수가 함유된 알코올은 물에는 잘 녹지 않고 유기용매에 녹는다.

대표적인 저급 알코올인 에탄올의 경우에는 화장품에서 수렴 효과를 내기 위하여 또는 용제로 사용하고 살균·소독제로서도 사용한다. 에탄올은 농도가 70%일 때 이러한 효과가 가장 큰 것으로 알려져 있다. 또한 다가 알코올인 경우는 알코올의 −OH기에 의해 보습작용을 하므로 화장품에 있어서도 보습제로서 사용한다. 페놀은 벤젠고리에 −OH기가 붙어 있는 알코올로서 산성도가 높고, 살균작용이 있어 소독제로 사용되는 물질이다.

(4) 알데히드와 케톤

대표적인 알데히드와 케톤 몇 가지를 살펴보면 포름알데히드(formaldehyde)는 방부·소독제나 염료, 의약품, 화장품, 합성수지 등의 원료로 사용한다.

케톤에서 아세톤(acetone)은 고무, 합성수지, 셀룰로이드를 잘 용해하는 성질이 있으므로 이들을 녹이는 용매로 사용하기 때문에 특히, 화장품에서는 네일 에나멜을 지우는 리무버로 사용한다. 벤즈알데히드(benzaldehyde)의 경우는 산화되어 안식향산(benzoic acid)이 되며, 이는 방부제로도 사용되고 또한 방향성이 강해 향수 제조에 있어 향료로도 사용된다.

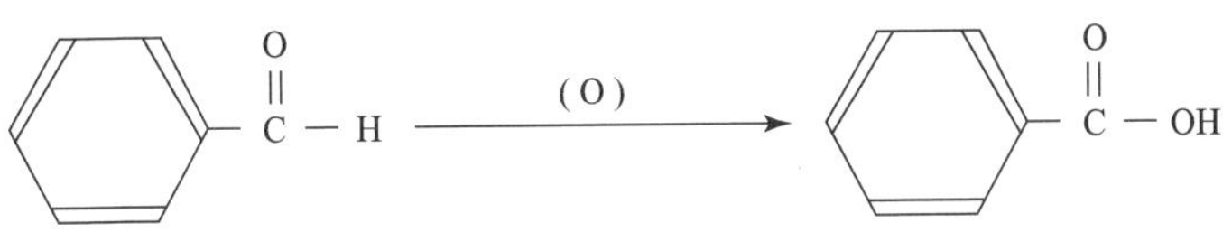

벤즈알데히드(benzaldehyde) 안식향산(benzoic acid)

(5) 유기산

유기산 중 가장 간단한 것이 포름산(formic acid, H−COOH)이다. 포름산은 산으로서의 성질(−COOH)과 알데히드(−CHO)의 성질을 모두 나타내며, 강한 살균작용을 한다. 아세트산(acetic acid)은 물에 잘 용해되며 식품원료로도 사용된다.

표 1.5 유기화합물의 주요 성질 및 용도

종류	특성 및 용도	이름
알칸	– 탄소수 1~4 : 실온에서 기체 – 탄소수 5~16 : 실온에서 액체 – 탄소수 16 이상 : 실온에서 고체 – 연소하면서 열 발생 : 연료로 사용(프로판, 부탄가스) – 에몰리엔트(emollient)제로 사용 : 바셀린(vaseline, petrolatum)	~ane
알켄 및 알킨	– 첨가반응 : 알켄의 첨가 반응으로 경화유 생성 – 고분자 물질의 원료	~ene, ~yne
알코올	– 메탄올 : 연료 – 에탄올 : 화장품, 식품(술) 원료 – 다가알코올 : 보습제 – 살균방부제 : 페놀	~ol
알데히드와 케톤	– 아세톤 : 네일에나멜 리무버 – 포름알데히드 : 방부제 – 향료의 원료	~al, ~one
유기산	– 안식향산 : 방부제 – 아세트산 : 실험용 및 식품 – AHAs(글리콜산, 락트산, 구연산 등) : 피부 각질 제거제	~ic acid
에스테르 아민과 아미드	– 붉을 때 달콤한 과일향 : 향수 원료 – 생체 구성 물질 – 섬유(모발, 나일론, 실크, 모직물 등)의 기본 물질 – 유기산의 탄소와 아민 질소사이 결합 형성 : 펩타이드(peptide) 결합 형성	~ate ~ine, ~amine
에테르	– 추출 용매 – 디에칠에테르 : 마취제	~ether

$$CH_3COOH \rightarrow CH_3COO^- + H^+$$

또 말레산(maleic acid)이나 푸마르산(fumaric acid)은 둘 다 같은 화학식을 가졌으나 탄소와 탄소의 이중결합 부분에 붙어 있는 치환기의 위치가 다른 기하이성질체(geometric isomer)이다. 이들은 폴리에스테르 수지의 원료가 되는 물질이다. 그 외에 AHA(α-hydroxy acid)는 화장품에서 피부의 각질을 벗겨내는 필링제로 사용한다.

말레산
(cis형)

푸마르산
(trans형)

(6) 아민 및 아미드

생체의 근원이 되는 물질인 단백질은 모두 폴리아미드이다. 이들이 펩티드 결합에 의해 생체의 근원인 단백질을 만든다. 아미노산은 이러한 아민과 유기산의 구조로 이루어져 있으며, 이러한 아미노산이 탈수반응에 의한 펩티드 결합으로 단백질을 형성한다. 반대로 단백질의 가수분해 반응에 의해 아미노산으로 된다. 이를 단백질의 가수분해라 하며, 우리가 영양소인 단백질을 섭취하여 소화시키는 과정도 그 한 예이다.

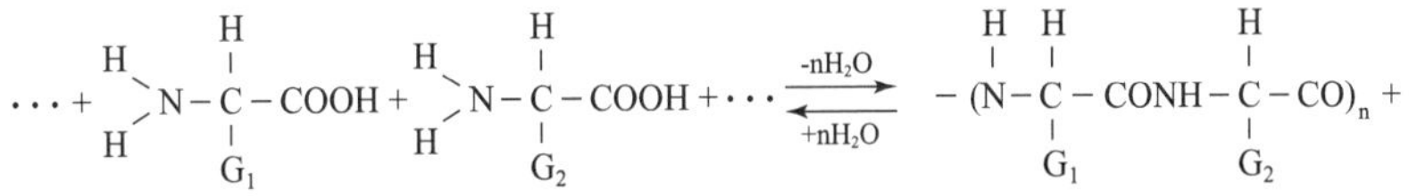

아미노산-1 아미노산-2 단백질

(7) 에테르

디메칠에테르(dimethyl ether)는 화학적으로 안정하고 유기화합물에서 용해성이 좋다. 이 물질은 에어로졸 분사제나 냉각제로서 사용한다. 디에칠에테르(diethyl ether)는 물에 잘 녹지 않고 유지에는 잘 녹는 성질이 있으며, 전신 마취제로 사용되는 물질이다.

요 약

화학은 물질의 조성과 구조 및 물질의 변화를 연구하는 기초과학의 한 분야이다. 물질이란 우주를 구성하는 재료이기 때문에 우리가 보거나 사용하는 모든 대상물은 화학에서 다루는 물질의 일부분이다. 물질은 세 가지의 상태, 즉 기체, 액체 및 고체 상태로 존재할 수 있다. 흔히 물질은 조건이 달라지면 물리적 형태가 달라진다. 물을 예로 들면, 얼음(고체), 물(액체)과 증기(기체)의 세 가지 물리적 상태를 가질 수 있다.

물질의 기본이 되는 원자는 중성자(neutron), 양성자(proton) 그리고 전자(electron)로 이루어져 있다. 중성자는 전하(electron charge)를 갖지 않으며, 양성자는 양(+)의 전하를 그리고 전자는 음(-)의 전하를 갖고 있다.

원자의 화학적 성질은 그 원자의 최외각 전자들에 의해 결정된다. 원자간의 화학결합은 원자의 최외각 전자가 다른 원자로 이동하거나 공유될 때 형성된다. 이러한 화학결합에 의하여 생성되는 물질을 분자라고 한다. 분자가 두 개 이상의 원소로 구성되어 있을 때 이 물질을 화합물이라고 부른다.

화학반응(chemical reaction)이란 원자나 분자가 새로운 화학결합을 형성하거나 그들 사이의 화학결합이 깨지는 과정을 말한다. 화학반응이 일어나기 이전에 존재하는 원자나 분자를 반응물(reactants)이라 하고, 화학반응에 의해 생성되는 물질을 생성물(products)이라 한다. 이와 같은 기본적인 화학적 개념을 이해한 후, 생화학을 학습하면서 가장 먼저 이해해야만 하는 것이 유기화합물이다.

원래 유기란 생물에 관계되는 것을 의미하였고, 광물체로부터 얻어지는 무기화합물에 대하여 생물체의 구성 성분을 이루는 화합물, 또는 생물에 의하여 만들어지는 화합물로 분류되었다. 이와 같은 분류는 생명현상에 관련되어 만들어지는 화합물은 모두 탄소화합물이므로, 무기물로부터는 만들 수가 없다는 생각에서 유래된 것이다.

그러나 1828년 F. 뵐러가 무기물로 알려져 있던 시안산암모늄으로부터 요소를 만든 이래 많은 유기화합물이 합성되었다. 기본골격은 탄화수소로, 탄소-탄소와 탄소-수소의 공유결합으로 구성되어 있다. 이 기본골격에 산소, 질소, 황 등의 헤테로원자를 포함하는 작용기가 치환되어 많은 유도체를 만들 수 있다. 성질은 종류에 따라 다르지만 보통 가연성이며, 녹는점이 무기화합물보다 낮고, 물보다는 유기용매에 잘 녹는다.

02 CHAPTER 세포의 구조와 기능 및 조직

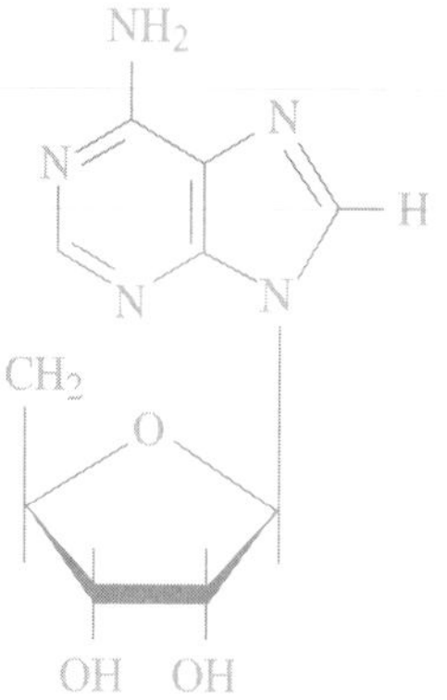

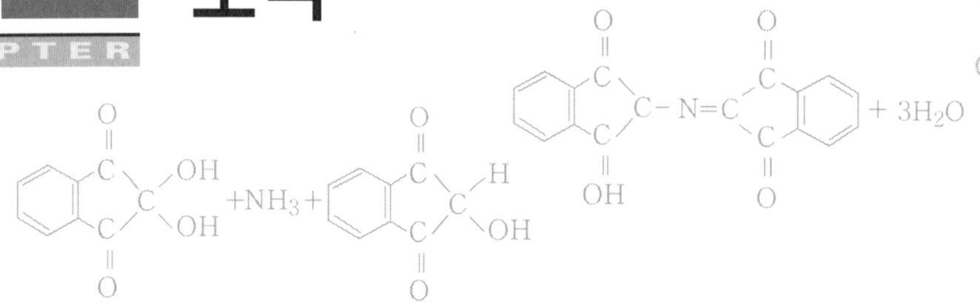

학/습/목/표

생물의 몸을 구성하는 최소의 단위인 세포의 구조 및 특징, 생체 내에서 세포의 기능 등을 이해한다.

1. 세포란?

생물의 몸을 구성하는 최소의 단위이다. 많은 생물은 다수의 세포(cell)로 이루어져 있기 때문에 다세포생물이라고 하지만, 어떤 종에서는 그 자체가 하나의 세포로 되어 있기 때문에 단세포생물이라 한다. 세균, 규조 · 반달말 · 클로렐라와 같은 간단한 조류, 아메바 · 짚신벌레와 같은 원생동물 등은 단세포생물이다. 보통 동물의 난자는 발생 초기에는 단세포이지만, 곧 분열하여 다세포로 된다. 눈으로 보이는 것에는 발생 초기의 동물의 난자, 신경세포(길이 1m), 목화의 섬유세포(길이 5cm), 마황의 섬유세포(길이 22cm) 등이 있다. 세포의 모양은 공 모양 · 실 모양 · 통 모양 · 백혈구같이 부정형의 것 등 여러 가지가 있다. 인체를 형성하는 세포의 평균 크기는 17μm 정도이며 신경세포를 제외한 가장 큰 세포는 난세포로 지름 230μm인 구형이다.

2. 세포의 발견

1665년 영국의 R. Hook(1635~1703)이 처음으로 발견하였다. 그는 현미경으로 코르크나 목탄이 작은 상자 모양의 집합체라는 것을 처음 관찰하고 이 작은 상자에 'cell' 이라는 이름을 붙였다. 그러나 사실 훅이 본 것은 세포막이었고, 세포막에 싸인 구조를 세포라고 불렀다. 훅에 의하여 생물체의 미세구조가 알려지기 시작한 후 1838년에 이르러서야 독일의 M. J. 슐라이덴(Schliden)에 의하여 식물체가 세포로 되어 있다는 사실이 명확해졌고, 1939년에는 독일의 T. 슈반(Schwann)에 의하여 동물체도 세포로 이루어져 있다는 사실이 밝혀졌다.

이들 두 사람의 사고를 세포설이라고 하며, 이 이론에 의하여 생물체의 구조가 알려지게 되고 세포에 대한 연구가 차차 진행되면서 세포를 대상으로 연구하는 학문이 생겨 세포학이라고 하게 되었다. 1930년 전후에는 세포의 구조가 잇달아 밝혀지고 세포 내의 소체에 대한 연구도 진척되어 염색체, 미토콘드리아, 색소체, 핵분열, 세포분열 등의 연구가 차차 진행되었다. 이 때부터 세포의 내용, 즉 원형질의 연구도 진행되어 원형질의 구조와 함께 기능에 대해서도 밝히려는 노력이 계속되었다.

3. 세포의 구조

세포는 원형질로 된 작은 상자 모양으로 핵이라는 구형의 소체를 가지고 있다. 핵의 모양은 구형이 많으나 때로는 거대한 끈 모양이기도 하며 알로에 점액 속의 핵처럼 부정형인 것도 있다. 핵의 크기도 작은 것은 물곰팡이의 핵처럼 지름 1μm 크기에서부터 소철의 일종에서 볼 수 있는 난세포의 핵과 같이 지름 600μm의 것까지 있다. 핵 속의 염색사는 DNA로 되어 있는 유전자를 품고 있다. 또한, 핵 속에는 하나 이상의 인이라고 하는 소체가 있는데 RNA를 많이 함유하고 있다.

세포질 속에는 색소체, 미토콘드리아, 골지체 등이 있으며, 색소체는 식물세포에만 있는 것으로 크기가 4~6μm이다. 색소체에는 엽록체 · 백색체 · 잡색체 등이 있는데, 엽록체 · 잡색체 속에는 엽록소를 함유하고 있어 이들 색소체를 가지고 있는 생물은 광합성을 할 수 있다. 미토콘드리아는 지름 0.5~1μm, 길이 7μm로, DNA와 RNA를 가지고 있다. 이것은 호흡효소를 비롯한 여러 효소를 가지고 있어 효소활동의 중심이 된다.

종전에는 식물세포와 동물세포의 관찰법이 달랐기 때문에 골지체는 동물세포에만 있는 것으로 생각되었으나 전자현미경에 의하여 식물세포에도 있다는 것을 알게 되었다. 동물의 세포에는 중심체라는 소체가 있어서 핵분열 시 극에 하나씩 위치하며, 중심립과 이것을 둘러싼 방사선 상의 선상체로 이루어진다. 식물의 경우에는 조류 · 균류 · 이끼식물 · 양치식물의 일종, 은행이나 소철에 있어서 생식세포를 만드는 핵분열에서 중심체를 볼 수

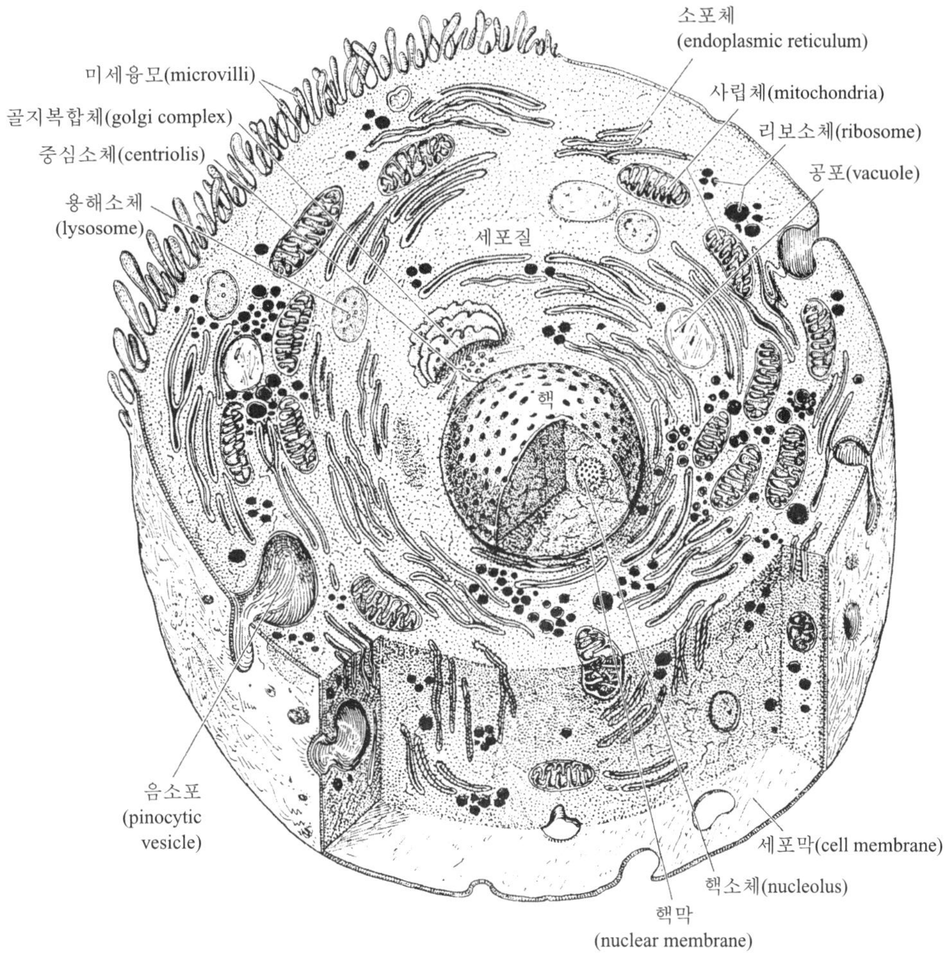

그림 2.1 세포의 구조

있다.

전자현미경으로 관찰하면 중심립은 9개의 짧고 작은 관이 원통 모양으로 늘어서 있다. 세포질의 내부에는 액포라는 거품 구조가 포함되어 있는데 식물세포에서는 세포가 오래 될수록 액포의 수도 많아진다. 동물세포에서는 액포가 작은 형태로 포함되어 있는 경우가 많다. 액포 속에는 여러 성분의 액체가 들어 있는 경우가 있다. 한편, 전자현미경으로 관찰해 보면 세포의 세포질 속에는 주머니를 눌러 겹친 모양의 막상 구조가 있는데 이 구조를 소포체(endoplasmic reticulum)라 한다. 그 두께는 1장의 막이 8~10nm이다. 이 막의 표면에 리보솜(ribosome)이라는 입자가 무수히 붙어 있어서 단백질 합성에 관여한다.

1) 원형질과 후형질

(1) 원형질

살아 있는 물질로서 생명활동을 영위하는 부분(핵과 세포질)을 말한다. 생명의 단위인 세포의 살아 있는 부분을 구성하고 있는 물질이다. 원형질이라는 용어는 1840년 체코의 동물생리학자 J. E. 푸르키네가 동물세포에 대하여, 그리고 1846년 독일의 식물학자 H. 몰이 식물세포에 대하여 각각 그 내용물을 프로토플라스마(protoplasma)라고 부른 것에서 유래한다. 그러나 원형질을 구성하는 각 부분을 분리하는 연구가 진행됨에 따라 그것들을 포괄하는 원형질이라는 표현의 의의가 감소하여, 원형질유동, 원형질연락, 원형질복귀, 원형질분리 등의 정도에 사용되고 있다. 한편 세포의 살아 있는 부분(원형질) 이외의 부분을 후형질(metaplasm)이라 하며, 대표적인 것으로는 식물의 세포벽, 색소, 저장물질, 분비과립 등이다. 원형질은 물을 분산매로 하는 다분산계로서, 분자분산계(무기염류 저분자화합물의 용액), 콜로이드계(고분자화합물), 조대분산계(세포기관, 불용성물질)의 3계를 포함하고 있다. 원형질의 75%는 물이며, 그 밖의 화학조성으로는 단백질 약 12%, 핵산 약 3%, 지질 약 5%, 무기염류 약 2%, 기타 3% 등이다. 보통 세포 주변부의 원형질은 점성이 큰 원형질 겔로 구성되어 있는데, 원형질 졸과의 사이에 가역적 변화를 한다. 이러한 졸-겔의 변화는 아메바운동 엔도시토시스(endocytosis ; 세포막 유동에 의해 외계로부터 물질을 얻어 들이는 작용의 총칭) 등의 세포운동에 중요한 기능을 한다고 생각되며, 이들의 세포운동과 원형질유동에는 액토미오신계의 섬유구조가 관계하고 있다. 원형질 겔은 광학현미경으로 보면 투명 균질하게 보인다. 세포 내부의 원형질은 졸 상태이며 과립이 많다. 원형질의 탄성, 점탄성, 점성, 삼투압, 콜로이드삼투압 등은 세포의 물리적 특성에 중요한 의미가 있다.

(2) 후형질

생명활동 결과 축적된 대사물질을 말하며, 원형질의 생활기능 결과로 만들어진 물질 및 구조체로서 원형질에 대응되는 용어이다. 세포액 외에 세포질 속의 녹말입자, 색소립, 난황, 지방, 단백질과 여러 가지 결정체 · 분비과립 등이 속한다. 중심체 · 엽록체 · 미토콘드리아 등 자기증식성이 있는 것은 후형질이 아니나 액포, 세포벽, 소포체, 근원섬유, 신경섬유 등 원형질의 변형물을 후형질에 포함시키기도 한다. 최근 세포생물학 진보에 따라 후형질의 정의가 애매해져 이 말은 잘 쓰이지 않는다.

2) 핵

염색체를 포함하며 유전정보 발현에 관여하는 세포내 기관으로 세포핵이라고도 한다. 균류, 원생동물 등 하등생물로부터 고등 동식물에 이르는 진핵세포에서는, 모든 염색체가 핵이라는 구상 구조의 특수한 원형질(핵질) 속에 존재한다. 핵은 2중 막(幕) 구조를 갖는 핵막에 의해 세포질로부터 격리되며 세포질로 통하는 통로로서 핵막에는 수많은 핵막 공들이 있다. 또 핵막의 내막 외막 사이는 소포체를 통해 세포 외 액에 연결되므로 핵은 세포 밖 환경에 직접 접한다고 할 수 있다. 핵의 형상은 세포 형태에 따라 구형, 타원형, 편평한 원형, 아메바 모양, 다형 등 여러 가지가 있다. 크기는 지름 1μm 이하 것부터 1000μm 이상 것까지 있으며, 보통 20~30μm로 생리적 조건에 따라 형태와 크기가 달라진다. 간 세포 핵의 용적은 원형질 전체의 10~18%인 데 비해, 흉선세포 핵의 용적은 60%나 된다. 핵의 미세구조 및 기능은 세포분열 주기에 따라 변화한다. 세포분열이 일어나는 핵에서는 75~250μm 섬유구조를 가진 염색사가 나타나고, 기본구조는 염기성 단백질인 히스톤 8분자가 결합한 코어 입자에 DNA 사슬이 감기면서 구슬 모양으로 이어진 뉴클레오솜 구조이고, 이 구조를 코일 모양으로 단축한 섬유구조가 염색질이 되어 핵질 속에 분산한다. 이미 DNA 복제가 완료된 분열핵의 염색사는 분열기에 들어가면 빠르게 단축 응축해 염색체가 되어 광학현미경으로 관찰 가능한 구조로 변한다. 곧 핵막이 붕괴되어 핵질과 세포질이 혼합되지만, 염색체는 세포질의 양극으로 2등분되어 각각 새로운 핵막에 의해 딸핵을 만들고, 이어서 세포질분열에 의해 새로운 핵을 가진 2개의 딸세포가 생긴다. 일부 하등 진핵세포에서는 길게 뻗은 분열핵이 핵막의 붕괴 없이 중앙에서 잘록해져 2개의 딸핵이 된다(無絲分裂). 원생동물의 섬모충에는 세포의 생활기능을 지배하는 유전정보를 발현시키는 대핵과 완전한 유전자를 자손에게 전하기 위한 스톡으로서의 소핵이 있다. 소핵은 접합 때 분열하여 정지핵(靜止核)과 이동 핵을 만들고 이동 핵을 교환하며 합핵(合核)을 형성한다. 또 어떤 종류의 세포에서는 핵이 세포질분열을 하지 않고, 둘 이상 핵을 가진 다핵세포가 되거나, 둘 이상 세포가 2차적으로 융합하여 신시튬(syncytium)을 형성하는 경우가 있다. 세포 진화에 따라 고도로 분화된 구조 기능을 지배하는 다량의 유전정보(DNA)가 핵 속에 포함된 방식과 스톡된 수많은 유전자군에서 필요에 따라 적절한 유전정보만을 발현시키는 조절메커니즘의 획득은 세포학의 중요한 과제이다. 최근의 유전자 세포공학에서는 핵이식 세포융합 복제유전자 구입 등으로 핵의 유전정보 발현 조절메커니즘을 연구하고 있다.

3) 세포막

세포의 가장 바깥층을 둘러싸는 막이다. 이 세포막은 1960년 J. D. 로버트슨의 학설 이래 3층임이 밝혀졌는데, 분자구조는 1972년에 S. J. 싱어와 G. L. 니컬슨이 발표한 '유동 모자이크 설'에 다음과 같이 설명되어 있다. 막은 인지질의 2중층으로 되어 있으며, 그 가운데 단백질이 모자이크 모양으로 존재한다.

세포막은 부위에 따라 외막과 내막으로 분류된다. 세포의 외막(outer membrane)이란 세포 외부와의 경계를 이루고 있는 형질막을 지칭한다. 형질막에는 7Å 정도의 많은 미세한 막공(membranous pores)이 관통하고 있으며, 복잡한 형태로 함입된 많은 주름들이 있다. 내막(inner membrane)은 다양한 소기관과의 경계를 형성하고 있다. 함입 외에도 다수의 지상돌기가 있다. 즉, 미세 융모에 의해 형질막의 표면적이 현저하게 확대되어 있는 것이다. 이 확대된 표면에서 다량의 물질이 막을 통하여 세포에 출입한다. 미세 융모는 흡수기능에 의해 물질의 흡수를 촉진한다. 이들 막은 60%의 단백질과 40%의 지방질 분자로 구성되어 있고 매우 얇다는 것이 증명되고 있다. 전형적인 형질 막에서 외 표면에서 내 표면까지의 막 두께가 약 75Å이다. 막 단백질에는 내재성(內在性)과 외재성의 2종류가 있다. 내재성 단백질은 액정 구조를 가진 인지질의 2중층 속을 자유롭게 유동할 수 있다. 외재성 단백질은 막의 세포질 쪽 표면에 존재하여 내재성 단백질의 분포를 조절하고 있다. 능동수송에 관계하는 효소단백질이나, 호르몬의 자극에 의해 활성화된 효소단백질은 내재성 단백질에 포함되어 있다. 세포의 표면, 즉 세포막 바깥쪽은 세포에 특유한 당의(glycocalyx)로 둘러싸여 있고 세포끼리의 인식이나 결합에 도움이 되고 있다. 또 당의가 띠고 있는 음전하는 많은 양이온을 세포 표면으로 끌어당긴다. 세포 표면의 다당류는 세포 표면 항원을 가지며, 세포성 면역에 큰 역할을 하고 있다.

4) 세포질

세포체를 구성하는 원형질 가운데 핵질 이외의 부분을 말한다. 세포질의 가장 바깥층은 세포막으로 분화되어 있다. 세포의 표면에는 미세융모라는 가늘고 긴 세포질 돌기를 내는 수가 있다. 세포질 안에서 볼 수 있는 일반적인 구조에는 조면소포체, 활면소포체, 리보솜, 골지체, 미토콘드리아, 리소좀, 중심체, 액포(주로 식물세포) 등이 있다. 이들은 세포 대사에 필요한 세포 내 소기관이다. 분비과립, 글리코겐과립 및 지방립 등은 세포 내 함유물이라 하며, 세포의 대사산물(노폐물) 또는 세포저장양분 등의 집적물이다. 어떤 종의 세포에서는 마이크로보디(페록시솜, 글리옥시솜), 유창층판(annulate lamella) 등이 있고, 섬모나 편모를 갖춘 경우도 있다. 세포기질 속에는 물, 단백질, 탄수화물 이외에 미세소관이나 미세필라멘트(microfilament)가 존재하여 지지 기능 또는 세포골격 역할을 하고 있다. 또 대사에 관여하는 효소나 단백질 합성에 필요한 RNA(리보핵산) 등도 함유하고 있다. 세포의 화학적 성분 중, 가장 많은 것은 수분으로 전체의 85%를 차지한다. 대부분이 자유수이며 결합수는 전 수량의 4.5%에 지나지 않는다. 결합수는 주로 단백질과 결합하며, 자유수는 용매, 확산매체, 물질의 배출, 열의 흡수·발산 등에 유용하다. 무기물질에는 단백질, 탄수화물, 지질 등과 결합한 형태와 염류 형태가 있다. 해리된 염류는 삼투압의 조절, 산 염기의 평형을 유지하는 데 유용하다.

5) 리보솜

세포질 속에 있으며, 조면소포체 표면에 붙은 작은 과립이다. 이 과립은 지름이 약 150Å이고 리보핵산(RNA)과 단백질로 구성된 리보핵단백질(RNP)이며, 미국의 세포생물학자 G. E. 펄레이드가 발견하여 펄레이드과립이라 한다. 리보솜에는 막에 붙은 것과 막에서 유리된 것이 있다. 조면소포체의 리보솜은 주로 분비단백질을 합성하며 유리된 리보솜은 구조단백질을 합성한다. 분열이 왕성한 태생기의 미분화 세포에는 유리리보솜이 많다. 리보솜은 여러 개가 모여서 나선모양으로 배열되어 리보솜의 집합체를 이루는 경우가 많고 이것을 폴리솜이라 한다. 리보솜은 대아립자와 소아립자가 겹쳐서 눈사람 모양을 하고 있다. 핵 DNA 정보를 맡는 가는 실 모양의 전령 RNA가 리보솜을 통과할 때 그 정보에 따라서 세포에 특유한 단백질을 합성한다.

6) 골지체

단일 막으로 물질의 저장 및 분비작용을 한다. 세포질 속에 있는 주머니 모양 또는 그물모양의 기관으로, 골지장치라고도 한다. 1898년 이탈리아의 해부학자 C. 골지가 올빼미의 신경세포체에서 처음으로 발견하였다. 이 기관은 척추동물의 세포에만 존재하는 것으로 알려져 있었으나 근래에는 무척추동물 및 식물세포에서도 발견되고 있다. 골지체는 골지낭, 골지소포, 골지 액포의 3가지로 이루어진 독립된 세포기관으로 세포의 분비작용에 관여하며 티모겐과립이나 점액물질, 또는 식물세포의 세포벽물질 등의 합성·축적·분해·분비 등에 관계하는 것으로 알려져 있다. 주성분은 인지질, 단백질이며 이 밖에 비타민 C, 카로틴 등을 함유한다.

7) 중심소체

동물세포의 분열기에 분열장치 형성의 중심이 되는 과립상구조체이다. 유사분열에 중요한 작용을 하므로 유사분열중심 또는 분열중심이라고도 한다. 중앙부에 1쌍의 중심소체(centriole)와 이것을 둘러싼 과립상 또는 섬유상의 중심자외주물질(pericentriolar material)로 이루어진다. 중심소체는 지름 약 200mμ, 길이 약 700mμ의 원통 모양이며 그 구조는 9개의 삼연미소관이 통 모양으로 늘어선 것으로, 그 원통상구조의 선단부와 기부에는 각기 특수한 구조가 보인다. 포유동물의 배양세포는 세포 사이클의 간기 상태에서 중심체가 핵에 접하고 있다. 세포가 S기에 들어가면 중심체의 자기복제가 시작된다. 중심체 안의 2개의 중심자는 각각 기부 가까이에 딸중심자를 만든다. S기 후기에는 그 1쌍씩이 분리되어 이동을 시작, 핵의 양쪽에 위치하게 된다. 유사분열전기가 되면 미소관의 형성이 중심자 외주물질을 핵으로 하여 시작되고, 2개의 성상체가 생장한다. 핵막이 소실되면 성상체 사이에 방추체가 형성된다. 또 섬모나 편모의 기부에 있는 기저소체도 미세구조는 중심자와 같아 중심자라고도 한다. 또한 식물세포는 이끼, 양치, 소철 등의 특수한 예를 제외하고는 중심자가 보이지 않지만 핵 안에서 미소관형성 중심작용으로 방추체가 형성된다.

8) 세포벽

식물세포의 가장 바깥쪽에 있으며 세포막의 바깥쪽을 둘러싸고 있는 피막이다. 생물의 종류, 세포의 종류를 불문하고 세포는 모두 가장 바깥 표면에 당이 결합되어 있는데 이런 종류의 층을 세포외피라 한다. 당은 단당류, 소당류인 경우와 다당류로 되어 있는 경우가 있다. 특히 세균류, 점균류를 제외한 대부분의 균류, 조류 및 육상식물(선태식물, 양치식물, 종자식물의 총칭)에서는 몇 종류의 다당류가 형성되어 잘 발달한 세포외피의 층이 되는데 이것을 특히 세포벽이라 한다. 세포벽은 예전에는 세포막이라 하였으나 현재는 세포외피의 발달 정도에 관계없이 모든 세포의 세포외피 바로 안쪽에 두께 10nm의 매우 얇은 막이 있다는 사실이 알려져 이를 세포막이라 하고 세포벽과는 구별하게 되었다. 인위적으로 원형질분리를 일으키거나 효소로 세포벽을 용해하여 제거하면 세포벽 안쪽에 세포벽과는 독립적으로 세포막이 있다는 것이 확인된다. 세포벽은 여러 가지 다당류로 되어 있으나, 크게 나누면 산성의 다당류와 중성의 다당류로 나뉜다. 산성 다당류는 육상식물과 녹조식물에서는 펙틴(폴리갈락투론산), 갈조식물에서는 알긴산, 홍조식물에서는 크실란 · 만난 · 길락탄의 황산에스테르 등이며 균류에서는 만난의 인산에스테르가 알려져 있다. 세균류에서는 무라민산이 대표적인 산성 다당류이다. 산성 다당류는 세포외피가 세포벽으로 발달하지 않는 동물세포의 세포외피에도 반드시 함유되어 있으므로 일반적으로 세포외피의 본질적인 물질이라 할 수 있다. 세포벽에는 이러한 산성 다당류 외에 셀룰로오스 키틴과 같은 비교적 단순한 조성의 다당류, 그리고 헤미셀룰로오스라 총칭되는 여러 가지 6탄당 · 5탄당으로 이루어진 복합다당류 및 단백질이 부가되어 있다(모두 중성 다당류). 다당류는 모두 분지(分枝)가 적은 사슬 모양의 고분자인데, 세포벽 안에서 셀룰로오스 이외는 모두 서로 결합하고 있어서 대형 바구니 모양의 초고분자 상태로 되어 있다.

단백질도 당단백질이며 여기에는 효소도 포함된다. 이상은 1차벽의 성질이며, 관다발의 물관 · 헛물관 · 후막세포 등에는 리그닌 · 수베린 · 큐틴 등이 침착하여 2차벽이 되는데 이들은 매우 안정된 고분자화합물이다. 리그닌의 침착은 식물조직의 목질화 원인이 된다.

4. 세포의 기능

세포의 기능은 핵과 세포질, 즉 원형질의 기능이 대부분을 차지한다. 세포질을 구성하는 물질이나 세포질을 둘러싼 물질 및 소체의 변화나 행동에 의하여 여러 가지 화학 변화와 물질 변환, 그리고 에너지 변환이 일어나서 생명의 중심을 이루는 일을 계속할 수 있다. 핵분열이나 세포분열도 세포 내의 물질이나 에너지 변환에 의하여 일어나는 세포의 움직임의 결과이다.

핵은 유전자를 가지고 유전의 주체가 되고 미토콘드리아는 효소활동이나 에너지의 중심이 되며, 소포체는 단백질합성, 색소체인 엽록체는 광합성을 한다. 세포벽은 용액을 자유로이 통과시키지만 세포막은 용액을 선택적으로 흡수 · 배출시킨다. 또, 흡수한 수분에 의하여 세포 내에 삼투압이라는 압력을 만든다. 세포를 그 세포액보다 높은 농도의 용액에 넣으면 세포 속의 수분을 밖으로 내고, 농도가 낮은 용액에 넣으면 세포 속으로 수분이 들어온다.

수분이 빠져 나갔을 때는 식물세포에서는 원형질이 세포벽에서 떨어져 수축한다. 이 현상을 원형질분리라고 한다. 원형질은 조금씩 유동이 있는데 현미경상으로는 거의 볼 수가 없다. 동물의 아메바의 세포, 식물의 자주달개비의 수술세포, 차축조의 마디 사이 세포 등에서는 세포액이 격하게 움직이는 것을 볼 수 있다. 그 원인은 세포질 자체의 수축성에 의한 것으로 생각되어 근육의 수축과 닮았다고 추측할 수 있다.

요 약

세포는 원형질로 된 작은 상자 모양으로 핵이라는 구형의 소체를 가지고 있다. 핵의 모양은 구형이 많으나 때로는 거대한 끈 모양이기도 하며 알로에의 점액 속의 핵처럼 부정형인 것도 있다.

원형질은 살아 있는 물질로서 생명활동을 영위하는 부분(핵과 세포질)을 말한다. 후형질은 생명활동 결과 축적된 대사물질을 말하며, 원형질의 생활기능의 결과로 만들어진 물질 및 구조체이다. 원형질에 대응되는 용어이다.

핵은 2중 막(幕) 구조를 갖는 핵막에 의해 세포질로부터 격리되며 세포질로 통하는 통로로서 핵막에는 수많은 핵막 공들이 있다. 또 핵막의 내막 · 외막 사이는 소포체를 통해 세포 외 액에 연결되므로 핵은 세포 밖 환경에 직접 접한다고 할 수 있다. 핵의 형상은 세포 형태에 따라 구형, 타원형, 편평한 원형, 아메바 모양 다형 등 여러 가지가 있다. 세포막은 세포의 가장 바깥층을 둘러싸는 막으로 세포막은 인지질의 2중층으로 되어 있으며, 그 가운데 단백질이 모자이크 모양으로 존재한다. 리보솜(ribosome)은 세포질 속에 있으며, 조면소포체 표면에 붙은 작은 과립이다. 이 과립은 지름이 약 150Å 리보핵산(RNA)과 단백질로 구성된 리보핵단백질(RNP)이다.

세포질은 세포체를 구성하는 원형질 가운데 핵질 이외의 부분이다. 세포질의 가장 바깥층은 세포막으로 분화되어 있다. 세포의 표면에는 미세융모라는 가늘고 긴 세포질 돌기를 내는 수가 있다. 세포질 안에서 볼 수 있는 일반적인 구조에는 조면소포체, 활면소포체, 리보솜, 골지체, 미토콘드리아, 리소좀, 중심체, 액포(주로 식물세포) 등이 있다. 이들은 세포 대사에 필요한 세포 내 소기관이다.

세포의 기능은 핵과 세포질, 즉 원형질의 기능이 대부분을 차지한다. 세포질을 구성하는 물질이나 세포질을 둘러싼 물질 및 소체의 변화나 행동에 의하여 여러 가지 화학변화와 물질 변환, 그리고 에너지 변환이 일어나서 생명의 중심을 이루는 일을 계속할 수 있다. 핵분열이나 세포분열도 세포 내의 물질이나 에너지 변환에 의하여 일어나는 세포의 움직임의 결과이다.

CHAPTER 03

탄수화물, 탄수화물 대사

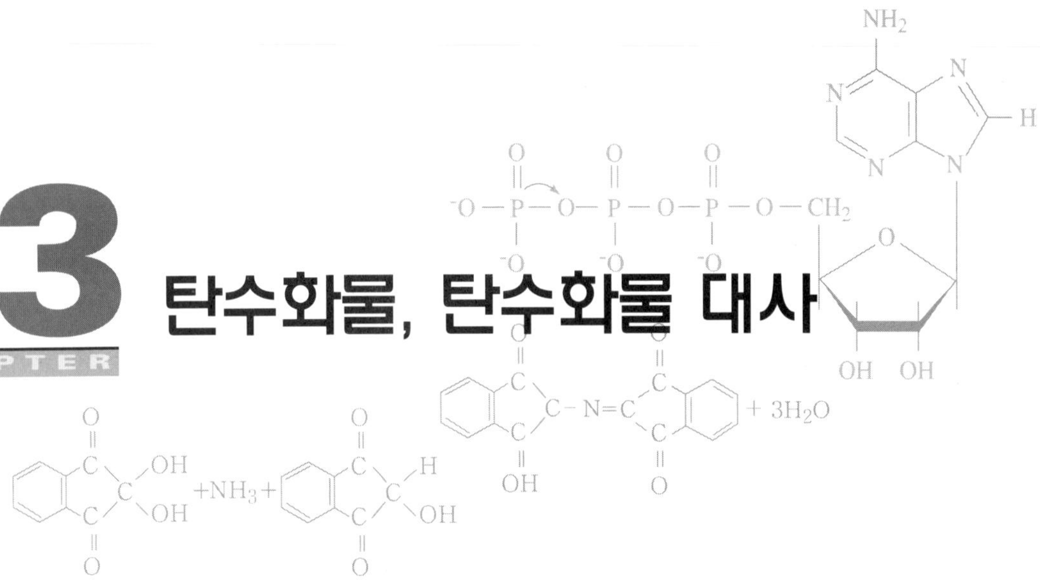

학/습/목/표

탄수화물의 종류와 그 특징들을 알아봄으로써 인체에서 탄수화물들의 작용 및 기능을 알 수 있게 한다. 따라서 탄수화물에 대한 올바른 지식을 갖추고자 한다.

1. 탄수화물(carbohydrates)

세포의 생활에 필요한 에너지 공급원이 되는 물질로서 C, H, O의 세 원소로 이루진 유기화합물로 $C_nH_{2n}O_n$의 일반식으로 표시할 수 있다. 크게 단당류(monosaccharide), 이당류(disaccharide), 다당류(polysaccharide) 및 그들의 유도체로 나뉜다. 탄수화물은 식사내용 중 가장 많은 부분을 차지하므로 탄수화물로부터 얻는 열량의 비율도 가장 크다. 그러나 체조직의 탄수화물 함량은 체중의 1% 미만이다.

식이당질의 주요기능은 에너지 생성에 있으며 열량으로 대사되지 않은 당질은 글리코겐이나 지방으로 전환되어 간이나 근육 및 지방조직에 저장된다. 소량의 탄수화물은 세포내의 뉴클레오티드나 핵단백질을 생성하기 위해 단백질 분자와 결합되어 체조직의 중요한 기능을 담당하기도 한다. 또한 탄수화물은 결체조직의 생성을 도와주기도 하며 세포막내 기질성분과 결합하기도 한다.

1) 탄수화물의 분류

탄수화물은 포도당, 과당과 같은 단당류(monosaccharide)와 자당, 맥아당, 유당과 같은 이당류(dissaccharide) 그리고 전분, 글리코겐, 셀룰로오스와 같은 다당류로 분류할 수 있다.

(1) 단당류(monosaccharide)

더 이상 가수분해되지 않는 가장 단순한 당류로 일반 화학식은 $(CH_2O)_n$으로서, 탄소에 물이 결합된 모습을 나타낸다. 여기서 n은 탄소수를 뜻하며, n=3~6 사이의 탄수화물을 단당류로 분류한다. n=3의 탄수화물을 삼탄당(triose)이라 하고, 이 후 사탄당(tetrose), 오탄당(pentose), 육탄당(hexose)이라고 한다. 포도당, 과당, 갈락토오스 등이 속하며 수용성이고 단맛을 가지고 있으며 보습성이 있다. 또한 베네딕트 용액에 반응하여 황적색으로 변한다.

이들 단당류의 최소단위는 삼탄당이며 글리세르알데하이드(glyceraldehyde)는 그림 3.1과 같이 1개의 알데하이드기를 함유하는 알도오즈(aldose)이다. 또 케톤기를 함유하는 삼탄당으로는 디히드록시아세톤(dihydroxyacetone)이 있다. 글리세르알데하이드는 1개의 비대칭 탄소를 가지고 있어서 광학적으로 활성인 2개의 거울상 이성질체(enantiomer)가 존재한다. 이 경우 $-CH_2OH$에 가장 가까운 탄소원자에 붙어있는 $-OH$기가 오른쪽에 있는 것을 D-형, 왼쪽에 있는 것을 L-형으로 정의한다.

① 삼탄당(triose)

글리세르알데하이드와 디히드록시아세톤이 여기에 속하며, 대사과정에서 인산화된 중간 산물로 나타난다.

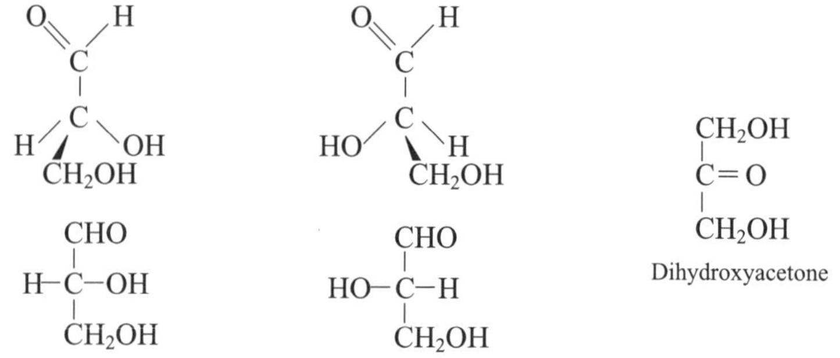

D-glyceraldehyde
$[\alpha]_D = +8.7°$

L-glyceraldehyde
$[\alpha]_D = -8.7°$

Dihydroxyacetone

그림 3.1 Triose의 구조

② 사탄당(tetrose)

에리스로오즈(erythrose), 에리스룰로오즈(erythrulose) 등이 있으며, 드물게 탄수화물 대사의 중간 산물로 나타난다.

③ 오탄당(pentose)

대표적인 물질로 리보오즈(ribose)와 리불로오즈(ribulose)가 있다. 리보오즈는 핵산(DNA, RNA 등), 뉴클레오티드(ATP, ADP, GDP 등 nucleotides), 그리고 조인자(coenzyme A, NAD^+, $NADP^+$, FAD)의 주성분이 되는 물질이다. 리불로오즈는 식물의 광합성에서 이산화탄소가 포도당으로 전환되는 과정의 중간 대사물로 나타난다.

④ 육탄당(hexose)

우리에게 익숙한 포도당(glucose), 갈락토오즈(galactose), 과당(fructose) 등이 있다. 포도당은 식물의 열매 및 잎에 많이 분포하고, 동물의 혈액중에 존재한다. 식물에서는 광합성의 최종 산물로 생성된다. 대부분의 생체조직에서 세포의 호흡을 통해 이산화탄소와 수분으로 분해될 때 많은 ATP를 생성하고 열을 발생한다. 척추동물에서는 혈중 포도당량(혈당량)이 증가하면 인슐린(insulin)에 의해 간과 근육에서 글리코겐으로 저장되며, 혈당량이 낮아지면 글루카곤(glucagon)의 작용으로 이들 조직으로부터 포도당을 분리해 내어 혈당량을 조절하게 된다. 갈락토오즈는 해조류에 많이 분포하며, 젖당(lactose), 동물 중추신경의 수초(myelin) 등의 주 구성물질이다.

오탄당과 육탄당은 체내에서 주로 고리형 구조로 존재한다. 오각형 고리를 퓨라노오즈 고리(furanose ring)라 하고, 육각형 고리를 피라노오즈 고리(pyranose ring)라 한다.

(2) 이당류(disaccharides)

육탄당 두 분자가 결합한 모양을 이당류라 하며, 일반 화학식 $(C_6H_{10}O_5)_n$에서 n=2인 경우에 해당된다. 맥아당(maltose), 설탕(자당, sucrose), 젖당(lactose) 등이 여기에 속한다.

맥아당(maltose) = 포도당 – 포도당(glucose–glucose)
설탕(자당, sucrose) = 포도당 – 과당(glucose–fructose)
젖당(유당, lactose) = 포도당 – 갈락토오즈(glucose–galactose)

수용성이며, 단맛을 가지고 있고, 가수분해되면 단당류로 분해된다.

① 맥아당

피라노오즈형 포도당이 두 분자 결합한 모양으로, 체내에 흡수된 녹말이 아밀라아제(amylase)와 같은 소화효소에 의해 가수분해되어 생성된다. 말타아제(maltase)에 의해 최종적으로 두 분자의 포도당으로 분해되며, 영양제나 감미료에 이용된다.

② 설탕(자당)

사탕수수, 사탕무우 등에 풍부히 들어 있으며 소화효소인 수크라아제(sucrase)에 의해 포도당과 과당으로 분해된다. 과당은 실제로 설탕보다 더 달기 때문에 적은 양으로도 설탕만큼의 당도를 낼 수 있어 다이어트용 감미료로 사용되기도 한다. 같은 당도를 내는 양에서라면 과당이 설탕보다 더 낮은 칼로리를 내기 때문이다.

④ 젖당(유당)

젖과 우유 속에 풍부히 들어 있으며, 소화효소 락타아제(lactase)에 의해 갈락토오즈와 포도당으로 분해된다. 젖당은 유아의 성장에 필수적인 에너지원으로 이용된다. 성장기의 영양소로서 젖당이 포도당 분자들로 구성되지 않고 한 분자가 갈락토오즈로 이루어진 점은 유아에 대한 조물주의 은혜라고 여겨지고 있다. 포도당은 끈적한 점액성을 가져 식도로 넘기는 데 어려움이 있는 반면, 갈락토오즈는 미역이나 다시마에서 느끼듯 미끄러운 성질을 가지고 있다. 그러므로, 포도당만으로 이루어진 맥아당 같은 영양소보다는, 갈락토오즈와 같은 미끄러운 분자를 포도당에 붙인 젖당이 삼키기에 훨씬 수월하여, 아직 삼키는 일이 미숙한 유아에게는 천혜의 음식이 아닐 수 없다.

(3) 삼당류(trisaccharides)

삼당류는 육탄당이 세 개 결합한 물질로서 식물체 내 탄수화물 대사의 천연 산물이라 할 수 있다. 사탕무우(sugar beets)에서 많이 발견되는 라피노오즈(raffinose)는 갈락토오즈-포도당-과당이 결합된 삼당류이며, 멜레지토오즈(melezitose)는 침엽수 수액에서 얻어지는 포도당-과당-포도당이 결합된 삼당류이다.

(4) 다당류(polysaccharides)

육탄당들의 중합체로서, 일반 화학식 $(C_6H_{10}O_5)_n$에서 n=12 이상인 탄수화물을 말한다. 셀룰로오즈, 키틴, 녹말, 글리코겐 등 우리에게 익숙한 다당류들은 포도당이 수십-수백 개 결합한 중합체이다.

비수용성이며 단맛을 내지 않고 가수분해되면 단당류로 분해된다.

① 셀룰로오즈(cellulose)

식물의 세포벽을 이루는 물질로서 3,000개 이상의 D-글루코오즈가 직선적으로 배열한 섬유소이다. 사슬끼리 서로 수소결합으로 화합하고 있으며 장력이 매우 강하므로 식물의 목질을 이루는 성분이다. 셀룰라아제(cellulase)라는 효소에 의해 포도당으로 분해되지만, 대부분의 동물들에게는 이 효소가 없어 영양소로는 이용되지 못한다. 다만, 셀룰라아제를 생성할 수 있는 박테리아를 소장에 가지고 있는 반추동물(소, 말, 염소 등)은 대부분 식물의 목질 부위를 소화하여 영양분(포도당)을 얻을 수 있다. 흰개미 또한 셀룰라아제를 분비하여 목질을 분해할 수 있으며, 따라서 흰개미가 출현하는 목조건물의 수명은 이들의 활동으로 치명적이 되기도 한다.

② 키틴(chitin)

곤충이나 갑각류 등의 외골격이나 팡이류, 조류, 효모 등의 세포벽을 형성하는 다당류이다. 식물의 목질을 이루는 셀룰로오즈 구조와 흡사하나 아세틸글루코사민(N-acetylglucosamine)이라고 하는 분자가 붙어 있는 것이 다른 점이다. 장력에 강하여 생물의 형체를 유지하는 데 중요한 역할을 한다.

물이나 묽은 알칼리에 용해되지 않으며, 세균이나 곰팡이의 키티나제(chitinase)에 의해 가수분해된다.

③ 글리코겐(glycogen)

동물성 전분이라고도 하며 동물의 간이나 근육에서 발견되며, 포도당의 저장고 역할을 한다. 가지가 많이 난 포도당의 중합체로서, 많은 가지를 가진 점은 포도당을 붙이거나 뗄 때 효율성을 높일 수 있는 잇점이 있다. 간에 저장된 글리코겐은 혈당량 조절에 주로 사용되고, 근조직에 저장된 글리코겐은 운동에 필요한 에너지를 얻는 데 사용된다.

물이나 알코올에 용해되지 않으며 요오드 반응에서 적갈색을 나타낸다. 곤충, 효모, 곰팡이류에도 존재한다.

④ 전분(녹말, starch)

식물에서 포도당을 축적하는 다당류이다. 아밀로오즈(amylose)와 아밀로펙틴(amylopectin)의 두 종류가 있다. 전자는 가지가 없는 결합을 가진 선형의 포도당 중합체이고, 후자는 글리코겐과 흡사한 구조를 하고 있으나 글리코겐만큼 가지가 나 있지는 않다.

2) 탄수화물의 체내 기능

대부분의 탄수화물은 포도당으로 전환되어 대사에 이용되므로, 탄수화물의 체내 기능은 대부분 포도당의 체내 기능을 뜻한다.

(1) 에너지 공급원

탄수화물은 생체에 1g당 4kcal의 에너지를 제공한다. 특히 적혈구와 뇌세포, 신경세포는 주로 포도당을 에너지원으로 사용한다. 그 외 근육 등 다른 세포에서도 식후에는 포도당을 에너지원으로 사용한다. 소화로 흡수된 당은 혈당을 일정 수준으로 유지하며, 여분의 당은 간과 근육에 글리코겐의 형태로 저장되고, 나머지는 지방으로 전환되어 지방조직에 저장된다.

(2) 단백질 절약 작용

적혈구, 뇌, 신경세포 등은 포도당을 주요 에너지원으로 사용하며, 이에 따라 신체는 일정 수준의 혈당을 항상 유지하려고 한다. 그러나 탄수화물 섭취가 부족한 경우 당 이외의 단백질 등으로부터 포도당을 새롭게 합성할 수 있다. 이를 포도당 신생합성과정(gluconeogenesis)이라고 하며, 주로 간과 신장에서 진행된다. 따라서 탄수화물을 충분히 섭취하면 체내 단백질이 포도당 합성에 쓰이지 않으므로 단백질을 절약할 수 있다.

만일 저열량식을 하거나 기아 상태가 여러 주일 지속되면 이 기관들은 단백질이 급격히 손실되어 쇠약해진다. 또한 장기간 금식이나 기아 상태의 경우 단백질 손실과 그로 인한 급격한 체중 감소도 나타난다.

(3) 식품의 단맛과 향미 제공

사람은 태어나면서 단맛에 친근감을 가지며, 단맛의 수용체는 혀의 끝에 있고 당의 종류에 따라 그 감미도가 다르다. 당뇨병과 같은 이상질환의 식이요법 개선책으로 여러 대체 감미료가 개발되어 이용되고 있다.

고대부터 사용되어 온 감미료인 벌꿀은 음식에 독특한 단맛과 향미를 제공하며 꾸준히 사용되고 있다. 그러나 벌꿀에는 클로스트리듐 보툴리누스균 포자가 있어 이 미생물이 소화 장애를 일으킨다. 어른은 위산이 강해 이 미생물이 번식하지 못하나, 어린이는 위산이 약해 위협적이므로, 어린이에게는 바람직한 감미료가 아니다. 최근 식품 제조에서는 단맛뿐만 아니라 물성의 향상을 위해 당을 사용한다. 예를 들면 콘시럽은 옥수수 녹말을 산과 효소로 처리해 만든, 과당이 40%인 감미료인데, 설탕보다 저렴하면서 결정을 생성하지 않아 동결해도 물성이 좋으므로 음료수, 사탕, 잼, 젤리 등의 제조에 널리 사용된다.

3) 탄수화물과 건강

(1) 당뇨병

당뇨병은 고혈당과 당뇨가 나타나는 만성 대사질환이다. 이는 췌장에서 분비되는 혈당 조절 호르몬인 인슐린의 분비가 감소되었거나, 인슐린의 작용에 문제가 생겼을 때 나타난다. 인슐린이 부족하면 혈액 내의 영양소가 조직 속으로 들어갈 수 없어 여러 대사성 질환이 발생한다. 당뇨병은 인슐린 의존성 당뇨병, 인슐린 비의존성 당뇨병과 임신성 당뇨병으로 분류된다.

① 인슐린 의존성 당뇨병

주로 20세 미만의 소아 연령층에서 나타나 소아 당뇨병이라고 하며, 주로 췌장의 인슐린 생성 장애로 인해 생긴다. 식이요법과 운동 이외에 반드시 인슐린요법을 병행하여야만 한다.

② 인슐린 비의존성 당뇨병

성인 당뇨병이라고 하며, 비만과 운동 부족이 주요 원인이다. 식이요법과 체중조절이 매우 중요하다. 서양에서는 인슐린 비의존성 당뇨병 환자 중 비만형이 80% 이상으로 대부분을 차지하는 반면, 우리나라는 비비만형이 약 70~80% 정도로 비만형보다 발생률이 높다. 또한 우리나라 당뇨환자의 경우 인슐린 분비 능력이 서구인보다 매우 낮아 발병 초기에 극심한 체중감소가 나타난다.

③ 임신성 당뇨병

이는 임신 후반기에 인슐린의 작용을 방해하는 호르몬에 의해 발생하며, 거대아와 기형아의 출산 가능성이 높다. 일시적인 호르몬 장애나 당뇨병의 소인이 있는 사람에게서 주로 나타나는데, 출산 이후에 성인 당뇨병이 될 가능성이 크므로 주의가 필요하다.

(2) 식이섬유소

식이섬유소를 과량 섭취하였을 때, 가용성 식이섬유는 소장의 당 흡수를 느리게 해 당뇨병에 도움을 준다. 또 소장의 콜레스테롤 흡수를 방해하여 혈청 콜레스테롤을 감소시킨다. 가용성 섬유소는 대장에서 박테리아에 의해 분해되어 부티르산, 프로피온산, 초산 등의 단쇄 지방산으로 되며, 흡수되어 간으로 들어가서 콜레스테롤 합성을 감소시킨다. 가용성 섬유소 섭취로 당 흡수가 감소되면 인슐린 분비도 감소한다. 인슐린은 간에서 콜레스테롤 합성을 자극하므로, 인슐린 분비가 감소하면 간의 콜레스테롤 합성도 줄어드는데, 이에 대해서는 연구가 계속 진행되고 있다. 또한 식이섬유소는 장에서 담즙산과 결합하여 담즙산의 재흡수를 저해하면서 콜레스테롤의 배설량을 증가시킨다. 당뇨병이나 고콜레스테롤 혈증의 치료를 위해서는 가용성 섬유소의 섭취가 필요하다. 하루에 오트밀 40~60G(반컵) 정도 먹으면 혈청 콜레스테롤을 저하시킬 수 있다. 이외 과일, 채소, 두류, 질경이 종자 등도 가용성 섬유소의 좋은 공급원이다.

● 식이섬유소의 생리적 기능
- 구강의 저작활동을 자극하여 타액의 흐름과 위액분비 촉진.
- 위장의 포만감 유발.
- 배변량 증가.
- 장내 통과 속도 정상화.
- 대장의 발효를 위한 기질 제공(가용성 섬유소), 단쇄지방산 생성.
- 위장 통과 속도를 빠르게 하여 영양소의 소화와 흡수 속도를 저하.
- 혈청 콜레스테롤 농도 저하(사용성 섬유소).

(3) 유당불내증

유당불내증은 유당의 소화 효소인 유당 분해 효소의 부족으로 발생하는 임상증상이다. 소장에서 유당이 단당류인 포도당과 갈락토오즈로 분해되지 못하면 체내로 흡수되지 못하고 대장에서 박테리아에 의해 발효되어 산과 함께 가스를 생성한다. 이로 인해 헛배가 부르고 복부에 가스가 차며, 소리가 나고, 복통과 설사 등의 증상이 나타난다.

1차 유당불내증은 아시아, 중남미, 아프리카 사람에게서 볼 수 있으며, 단지 효소가 적거나 성장함에 따라 분비가 감소되어 나타난다. 2차 유당불내증은 장의 박테리아 감염이나 항암제 등의 약물 복용으로 발생하며, 감염이나 약물에 의해 소장 점막세포의 성장이 저지되고, 이에 따라 효소의 합성에도 방해를 받는다.

유당불내증은 50g의 유당(우유 4컵에 해당)을 복용한 후 혈당이 올라가지 않고 가스와 복통 등의 소화장애가 나타나는가를 관찰해 진단한다. 식사 처방으로는 우유 섭취를 제한하도록 한다. 그러나 우유는 유당뿐만 아니라 칼슘, 리보플라빈, 칼륨, 마그네슘 등의 좋은 공급원이므로 심하지 않는 경우에는 다음 방법으로 유제품을 섭취하도록 한다. 첫째, 치즈나 요구르트 등과 같이 유당이 적은 유제품을 섭취한다. 둘째, 유당 분해 효소를 첨가하여 유당을 분해시킨 저락토오즈 우유를 섭취한다.

2. 탄수화물 대사

1) 프락토오즈(fructose)의 대사

음식으로 섭취한 프락토오즈는 주로 프락토키나제(fructokinase)의 작용으로 fructose-1-phosphate가 되며 이 효소가 결핍되면 선천성 과당뇨증(essential fructosulin)이 나타난다.

프락토키나제는 글루코오즈(glucose)에는 작용하지 않으며 인슐린(insulin)에도 영향을 받지 않으므로 당뇨병 환자의 혈중에서도 프락토오즈가 정상적인 속도로 감소된다. Fructose-1-phosphate는 간에 존재하는 알도라제(aldolase) B의 작용으로 dihydroxy-acetone phosphate와 D-glyceraldehyde로 분해된다. 이 효소의 결핍은 유전성 과당불내증(Hereditary fructose intolerance)을 일으킨다. 생성된 D-glyceraldehyde는 트리오키나제(triokinase)의 작용으로 glyceraldehyde-3-phosphate가 되어 해당 또는 당신생계로 들어가거나 환원되어 글리세롤(glycerol)로 된 후 인지질이나 triacylglycerol 합성에 이용

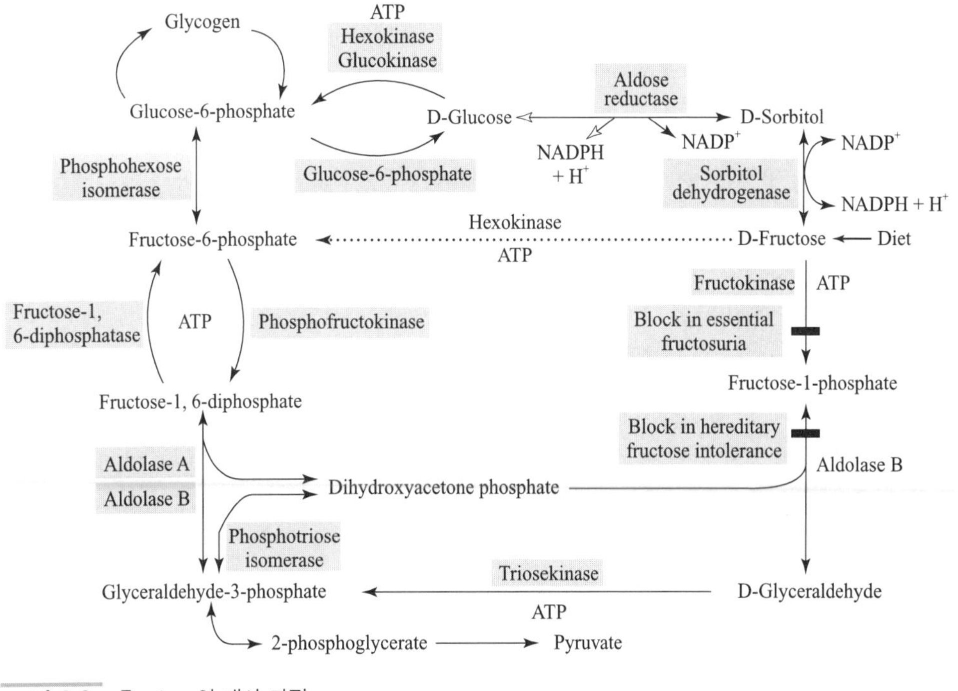

그림 3.2 Fructose의 대사 과정

된다.

당뇨병 환자에게 프락토오즈를 다량으로 장기간 투여하면 간 손상이 일어난다. 그 이유는 프락토오즈가 빠르게 fructose-1-phosphate로 전환되지만 이것을 분해하는 aldolase B의 작용은 비교적 느려서 세포내 무기인산이 대부분 fructose-1-phosphate로 존재하게 되므로 무기인산의 농도가 낮아져 ADP+Pi로부터 ATP의 생성률이 떨어지기 때문이다.

프락토오즈는 간과 정낭세포에서 NADH 의존성 sorbitol dehydrogenase에 의해 가역적으로 환원되어 솔비톨(sorbitol)로 된다. 글루코오즈도 NADPH 의존성 aldose reductase의 작용으로 솔비톨로 전환된다. 이 효소는 렌즈의 상피세포, 말초신경의 Schwann 세포, 신장의 유두 및 정안세포 등에 많이 존재하며 당뇨병과 같은 고혈당증일 때는 이들 세포에 다량의 솔비톨이 축적되고 이것이 삼투압적 효과를 나타내어 세포가 팽창되게 한다. 이 현상은 당뇨병 후기 환자에서 백내장 생성, 말초신경증상, 동맥경화, 신질환, 망막병변 등이 일어나는 원인이 된다.

2) 갈락토오즈 및 락토오즈의 대사

갈락토오즈(galactose)는 주로 우유와 유제품 속에 있는 락토오즈(lactose)의 가수분해로 얻어진다. 락토오즈의 소화는 장점막세포에서 분비되는 β-galactosidase에 의해 이루어지며 이 효소가 결핍되면 젖당불내증(lactose intolerance)으로 된다. 또한 갈락토오즈는 당단백질과 당지질을 섭취하면 이들의 분해에서도 얻어진다. 갈락토오즈는 간에서 쉽게 글루코오즈로 전환된다.

갈락토오즈는 갈락토키나제(galactokinase)와 ATP의 작용으로 galactose-1-phosphate로 인산화된다. 이것은 galactose-1-phosphate uridyl transferase의 촉매로 UDP-glucose와 반응하여 UDP-galactose가 된다. Galactose-1-phosphate uridyl transferase가 결핍되면 galactosemia가 나타나고 축적된 갈락토오즈는 환원되어 galactotitol로 전환되며 이것이 축적되면 백내장의 원인이 된다. 생성된 UDP-galactose는 UDP-galactose4-epimerase의 가역적인 촉매작용으로 UDP-glucose로 상호전환되며 이 반응은 NAD^+를 필요로 한다. 한편 UDP-galactose는 유선(mammary gland)에서 lactose synthase(UDP-galactose)의 작용으로 글루코오즈와 결합하여 락토오즈를 합성한다. UDP-galactose는 lactose 합성 이외에도 cerebroside, proteoglycan 및 당단백질의 구성 성분으로 이용된다.

3) 아미노당의 대사

글루코사민(glucosamine), 갈락토사민(galactosamine), 만노사민(mannosamine), N-

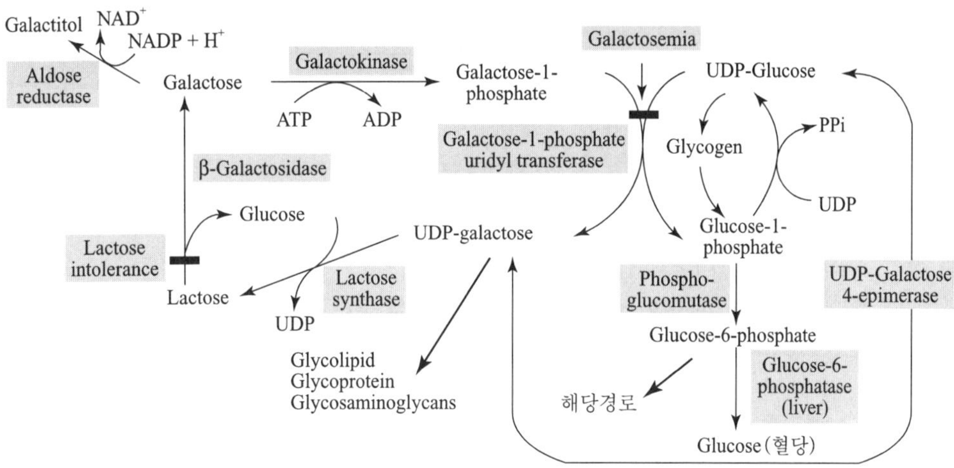

그림 3.3 Galactose의 대사 과정

acetylneuraminic 산 등의 아미노당(amino sugar)은 당단백질, glycosaminoglycan 등의 구성성분이다. 아미노당의 전구물질은 fructose−6−phosphate이며 aminotransferase에 의해 글루타민(glutamine)과 반응하면 glucosamine−6−phosphate가 생성된다. 이 반응은 아미노당 합성의 시작단계로 비가역적이며 UDP−N−acetylglucosamine에 의해 되먹임 저해로 조절된다. 각종 아미노당의 합성과 상호전환을 그림 3.4에 나타내었다.

4) 당단백질의 대사

생체 내에는 면역글로불린, fibrinogen, 혈액형물질이나 mucin 등의 당단백질, 무코다당, 당지질 등의 복합당질이 함유되어 있다. 당단백질은 단백질의 골격 peptide 사슬에 올리고당 사슬이 붙은 것으로 분자간 또는 세포 상호의 인식이라는 중요한 기능을 가지고 있다. 아미노당 사슬로 구성된 chondroitin sulfate나 keratan sulfate 등의 무코다당은 생체조직의 구축에 중요하다. 당질과 단백질의 polypeptide 사슬 중의 아미노산 잔기는 N−glycoside형 또는 O−glycoside형으로 결합되어 있다.

당단백질 중 최초로 생합성 기구가 연구된 것은 혈장 당단백질로 대부분이 간에서 합성된다. 면역글로불린은 비장, 림프절, 골수 등에 있는 망내계의 형질세포에서 만들어진다. 당단백질의 골격이 되는 polypeptide 사슬은 당사슬 합성에 앞서서 일반 단백질과 마찬가지로 리보솜(ribosome)에서 일어난다. Polypeptide 사슬이 합성된 후 asparagine 잔기에

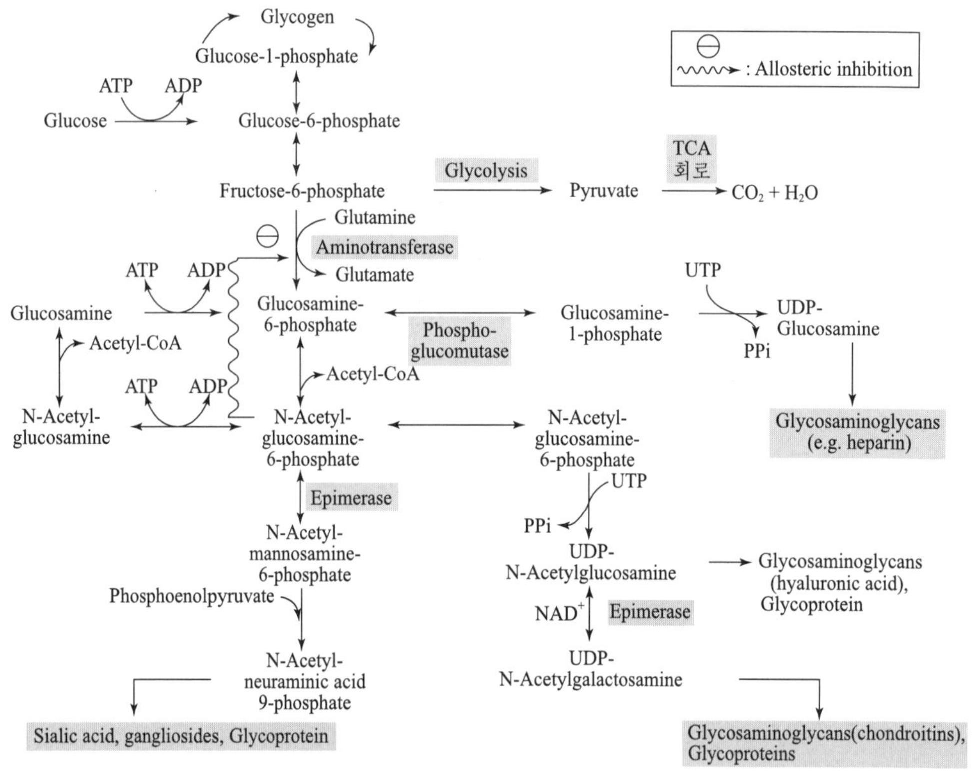

그림 3.4 아미노당의 합성과 상호전환

N-glycoside 결합으로 N-acetyl-D-glucosamine 잔기가 연결되고 이것을 중개로 올리고당 사슬이 연결된다. 한편 올리고당 사슬의 신장은 isoprenoid에 인산이 붙은 소위 dolicholdiphosphate에 최초의 당잔기가 당 nucleoside로부터 전이되고 다음에 제2의 당잔기가 전이되는 방법으로 일정한 길이로 된 후에 완성된 당사슬이 단백질 쪽으로 전이되는 것으로 생각한다(그림 3.5).

당단백질이나 당지질에서 발견되는 특이한 구조의 당인 N-acetylneuraminic acid가 당단백질의 당사슬 말단, 예를 들면 갈락토오즈 잔기에 전이되기 위해서는 활성형의 당 nucleotide인 cytidine monophosphate(CMP)-당을 거쳐야 한다. 당사슬 말단에 N-acetylneuraminic acid가 연결되면 당사슬의 신장은 정지하는 것으로 생각된다.

한편 이러한 말단기에 붙은 N-acetylneuraminic acid 잔기는 생체 내의 neuraminidase에 의해서 제거되며 이에 따라 말단의 갈락토오즈 잔기가 노출되면 망내계의 효소에 의해 당단백질은 쉽게 분해된다. 혈장 내의 당단백질의 분해대사는 주로 탈 sial화 반응에 의존

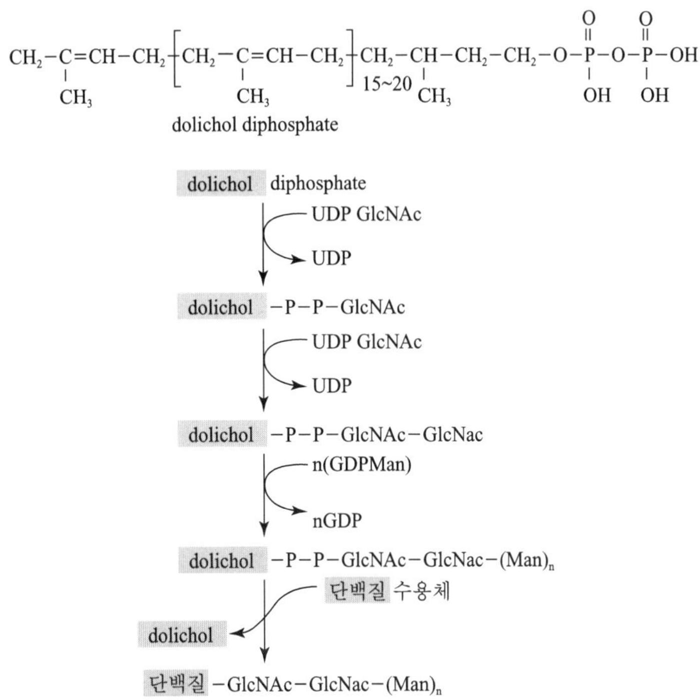

그림 3.5 당단백질의 당사슬 생합성

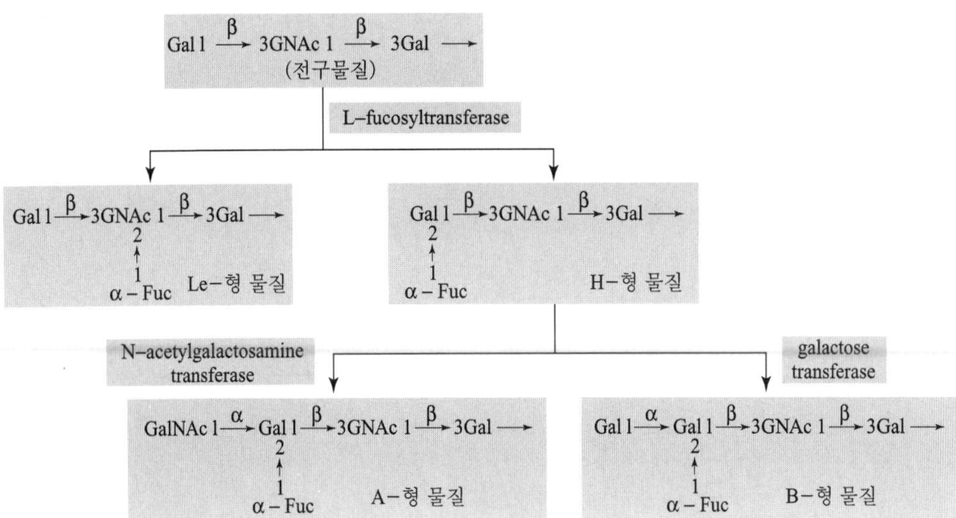

그림 3.6 혈액형물질의 생합성 경로

하는 것으로 생각된다.

사람 적혈구막에는 A, B, O(H), Le형 등 특이적인 항원성을 나타내는 소위 혈액형물질(당단백질)이 붙어 있으며 이들의 형물질은 타액, 위점막 등에도 존재한다. 이 혈액형물질의 항원결정기를 함유하는 당사슬의 합성도 활성형 당 nucleotide에서 전이효소(transferase)의 작용으로 일어나는 것으로 생각된다.

요 약

탄수화물(carbohydrates)은 우리 식사 가운데 총 섭취 열량의 60%를 차지하는 주된 열량 영양소이므로 매우 중요하다. 탄수화물은 탄소, 수소, 산소를 그 분자 내에 가지고 있는 유기화합물로서 식물체나 동물에 의해 만들어질 수 있으나 주로 식물체에 의해 형성되고, 식물체는 아주 중요한 반응인 광합성(photosynthesis)을 통하여 공기중의 이산화탄소와 토양 중의 물로부터 탄수화물을 합성한다.

단당류는 당을 구성하는 탄소의 수에 따라 7탄당(sedogeptulose), 6탄당(hexoses), 5탄당(pentoses), 4탄당(tetroses), 3탄당(trioses) 등이 있다. 그 중 자연식품에서 흔히 볼 수 있는 것은 6탄당이고, 5탄당과 6탄당은 동물의 세포내 대사 과정에서 중요한 역할을 한다. 6탄당은 다시 포도당(glucose), 과당(fructose), 갈락토스(galactose)로 나누어진다.

신체 활동을 위해서는 에너지가 끊임없이 요구된다. 중추신경계는 에너지 급원으로 오직 포도당만을 사용하므로 중추신경계의 원활한 작용을 위해서는 탄수화물은 꼭 있어야 하고 지방도 에너지 급원으로 쓰여지긴 하지만 이때에도 탄수화물이 필요하다. 탄수화물은 지방이 에너지로 쓰일때 그 과정에서 중간대사 산물인 케톤체(ketone bodies)가 지나치게 쌓여 일어나게 되는 비정상적인 상태인 케톤뇨를 예방해 준다.

탄수화물의 다른 중요한 기능 중의 하나는 단백질 절약 작용(protein sparing action)이다. 단백질도 에너지를 낼 수 있으나 이 기능 외에도 단백질 고유의 중요하고도 필수적인 기능이 있다. 그러나 식사 중에 탄수화물이나 지방이 부족하게 되면 단백질은 이 기능을 못하고 에너지를 내는 데 쓰이게 된다. 그러므로 탄수화물과 지방은 단백질이 에너지원이 되는 것보다 단백질의 고유기능을 행하도록 단백질을 절약시켜 주는 작용이 있다고 볼 수 있다.

식이섬유질(dietary fiber)은 셀룰로스, 헤미셀룰로스, 리그닌, 펙틴질, 검 같은 것들이 이에 속한다. 이것들은 장내에서 물을 흡수하여 부드러운 덩어리를 만들고, 이것이 소화기관 근육의 수축을 자극하여 장내에서 음식물이 잘 이동하도록 연동운동을 돕는 역할을 한다.

탄수화물은 함께 신체 내에서 중요한 몇 가지의 화합물을 형성하는데 주로 윤활물질이나 손톱, 뼈, 연골 및 피부 등의 중요한 구성요소가 되고 있다. 그 외에도 단당이면서 5탄당인 리보스는 DNA와 RNA의 중요한 구성 성분이 되며 이당류인 유당은 칼슘의 흡수를 돕는 작용을 한다.

CHAPTER 04

지방, 지질 대사

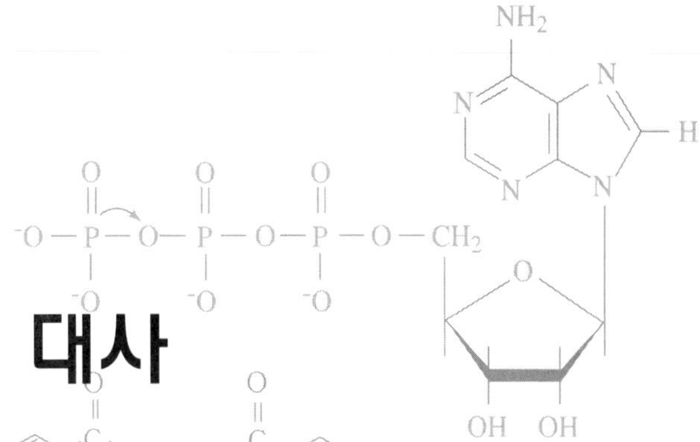

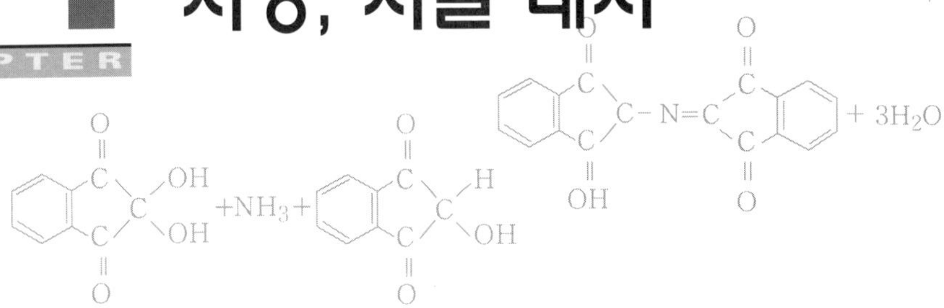

학/습/목/표

지질(lipid)의 정의 및 종류와 그 특징을 학습함으로써 인체 내에서의 그 작용 및 기능을 올바르게 이해할 수 있게 한다.

지질(lipid)은 탄수화물과 같은 구성요소로 되어 있지만, 비율적으로 산소가 더 적다. 또한 물에는 녹지 않고 유기용매에 녹는 다양한 분자이다. 가장 잘 알려진 지질은 지방과 기름이다. 때문에 지질이란 지방과 왁스, 유지 등의 지방산과 결합한 화합물, 그리고 이들에 관련된 여러 가지 화합물을 포함한 물질 군으로 정의한다.

단백질 및 당질과 함께 생체의 주요 구성 성분이지만 단일물질이 아니므로 확실하게 정의하기는 어렵다. 긴 사슬의 지방산(long chain fatty acid)과 알코올과의 에스테르 및 그와 유사한 물질 군으로 볼 수 있으며, 물에는 녹지 않고, 유기용매에 용해되는 성질을 갖고 있고 사슬이나 고리구조를 이루고 있는 생체에서 합성된 천연물질이라 할 수 있으며, 비중은 1보다 작다.

1. 분류

- **단순지질** : 극성기를 갖고 있지 않는 글리세라이드나 스테로이드와 같은 중성지질
  ① Acylglycerol(triacrylglycerol)
  ② Isoprenoid

Sterol ester(sterol)

Vitamin A ester(Vitamin A)

③ Wax(긴 사슬 알코올)

● **복합지질** : 분자 중에 인산, 유황, 함질소염기, 당 등을 함유하고 있는 지질

① Phospholipid

② Glycolipid

● **유도지질** : 지질의 분해로 생성된 지방산, 스테롤 등

① 단백질 복합체

② Lipoprotein

2. 지방산(fatty acid)

지방족 탄화수소의 유도체로서 짝수 개의 탄소원자(4~30)가 곧은 사슬로 된 모노카르복실산이며, 일반식은 R−COOH로 표시한다.

명명법에서 계통적 명명은 그 지방산과 동수의 탄소수를 가진 탄화수소 단어 끝의 e를 '−oic' 로 치환한 것으로 포화지방산은 −anoic로 끝나며, 불포화 지방산은 −enoic로 끝난다. 관용명은 그 지방산이 발견된 원료에 연유하여 붙여진 이름이다(표 4.1). 약기호의 표기는 처음에 탄소원자 수를 쓰고 다음에 이중결합의 수, 끝으로 이중결합의 첫 탄소위치를 카르복시 탄소부터 세어 수로 표시한다. 지방산의 기하이성질체는 cis 구조만의 형태로 가정한다.

예를 들면, arachidonic acid에서 20:4:5, 8, 11, 14 all cis의 표는

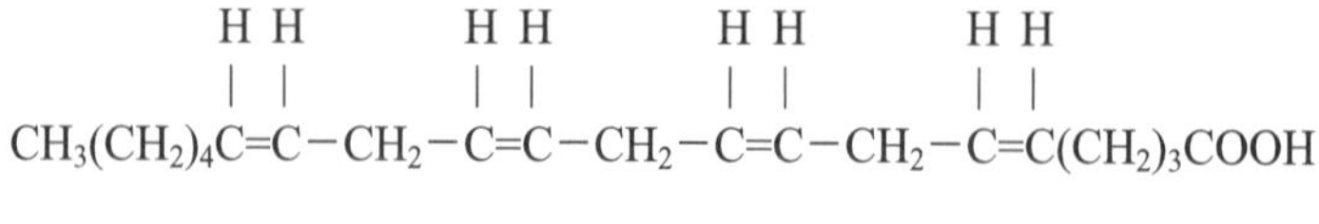

천연의 것은 장쇄인 것으로서 탄소수가 8 이하인 것을 단쇄, 8~12인 것을 중쇄, 그 이상인 것을 긴 사슬 지방산이라고 한다.

지방산은 포화 정도에 따라 분류되는데, 이는 수소 포함 정도를 나타낸다. 포화지방산

표 4.1 주요 지방산

관용명	계통명	약기호
포화지방산		
Palmitic acid	n−Hexadecanoic	16:0
Stearic acid	n−Octadecanoic	18:0
Behenic acid	n−Docosanoic	22:0
Lignoceric acid	n−Tetracosanoic	24:0
불포화지방산		
Palmitoleic acid	cis−9−Hexadecenoic	16:1:9 cis(16:1Δ^9)
Oleic acid	cis−9−Octadecenoic	18:1:9 cis
Linoleic acid	all−cis−9, 12−Octadecadienoic	18:2:9, 12 all cis
α−linolenic acid	all−cis−9, 12, 15−Octadecatrienoic	18:3:9, 12, 15 all cis
γ−Linolenic acid	all−cis−6, 9, 12−Octadecatrienoic	18:3:6, 9, 12 all cis
Arachidonic acid	all−cis−5, 8, 11, 14−Eicosatetraenoic	20:4:5, 8, 11, 14 all cis

(saturated fatty acid)은 가능한 한 수소를 모두 포함한다. 이는 모든 탄소가 단일결합으로 연결될 때 일어난다. 적어도 하나의 이중결합을 가지면 불포화지방산(unsaturated fatty acid)이다. 하나 이상의 이중결합을 가지면 다가불포화지방산(polyunsaturated fatty acid)이라 하고, 단지 1개의 이중결합을 가지면 단일불포화지방산(monounsaturated fatty acid)이라 한다. 올리브기름은 단일불포화지방이며, 식물의 지질은 동물의 것보다 덜 포화되어 있다. 포화 지방산에서는 탄소사슬의 길이가 길어질수록 융점이 높으며, 같은 탄소수의 경우에는 불포화도가 클수록 융점이 낮다. 탄소수가 8개 이하일 때는 액체로 존재하며, 융점이 낮을수록 유동성이 증가하고, 유동성이 유지될 필요성이 있는 생체막을 구성하는 인지질, 당지질의 지방산은 불포화 지방산을 많이 함유한다. 카르복실기는 알코올과 반응하여 에스터를 형성한다. 그리고 아미노기와 반응해서 아미드 결합을 한다.

3. Eicosanoid

Archidonic acid와 C−20 다가 불포화 지방산의 탄소사슬 중앙부가 고리를 형성하여 사이크로 펜탄 고리를 형성하는 유도체로서 미량으로 강한 생리활성을 나타내는 물질을 총칭한다.

대표적인 물질로는 prostaglandin, thromboxane, leukotriene으로 나누는데, 조직에서 국소적인 호르몬으로 각각 다른 생리활성을 나타낸다.

Prostaglandin은 탄소사슬 중앙부가 고리를 형성해서 사이크로펜탄 고리를 형성하여 만들어진다. 산소원자와 이중결합의 위치가 다른 데서 10종(A~J)이 있으며, 혈소판이 혈관벽에 응집하는 것을 저지, 기관지 확장, 자궁 수축, 위액 분비 억제, 평활근 수축 등의 작용을 한다.

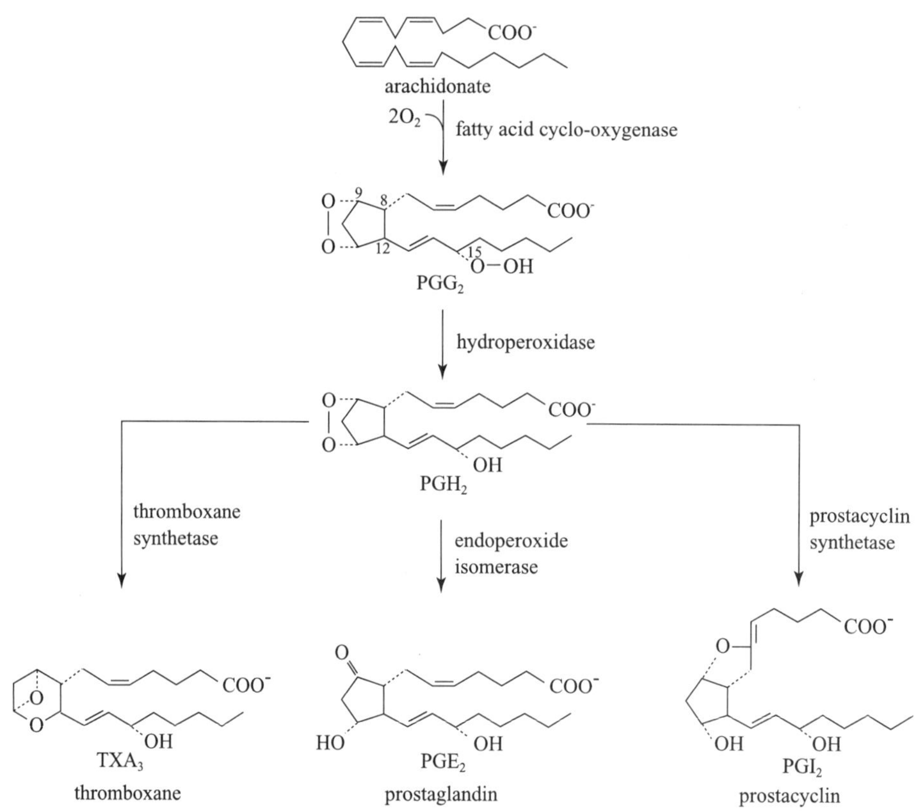

그림 4.1 Archidonic acid로부터 PGE_2, PGI_2, TXA_2 생성 과정

Thromboxane은 사이크로펜탄 고리에 산소 1개 원자가 끼어 6각 환 구조를 이루고 있고, 그 기능으로는 혈관 수축, 혈소판 응집, 혈압 상승, 기관지 수축 등 prostacyclin과는 길항하는 작용이 있다.

Leukotriene은 백혈구로부터 생성되는데, 트리펩타이드인 glutathione이 archidonic acid 유도체에 공유결합된 물질로서 6종(A~F)이 있으나, 그 중 C~F까지는 anaphylaxis의 지연반응 물질이며, 혈관 투과성 항진, 기관지 수축, 기도 점액 분비 항진 기능이 있다. B에서는 백혈구의 유주, 리소좀 효소의 유리작용 등이 있는데, 전자와 함께 염증과 알레르기 질환의 병태를 조절하는 작용을 하고 있다.

4. Acyl glycerol

알코올의 일종인 글리세롤과 지방산의 에스테르를 아실 글리세롤이라고 한다. 자연계에 널리 분포되어 있는 아실 글리세롤은 트리아실 글리세롤이며, 중성지방이라고도 하는데 에너지 저장원으로서 중요하다. 글리세롤의 3개 수산기에 상이한 지방산이 결합하는 경우가 많다. 글리세롤에 지방산 1개 또는 2개의 에스텔이 결합한 것을 각각 모노아실 글리세롤, 디아실 글리세롤이라고 하지만 이 상태로는 흔히 존재하지 않고 대사의 중간 산물로서만 존재한다

글리세롤의 3개 탄소원자가 같은 평면에 자리하고 있지 않기 때문에 입체화학적인 번호를 붙여 구별한다(stereo-specific numbering, sn).

식 I 과 II는 서로 좌우 이성질체이며, 식II와 III은 같은 물질이다.

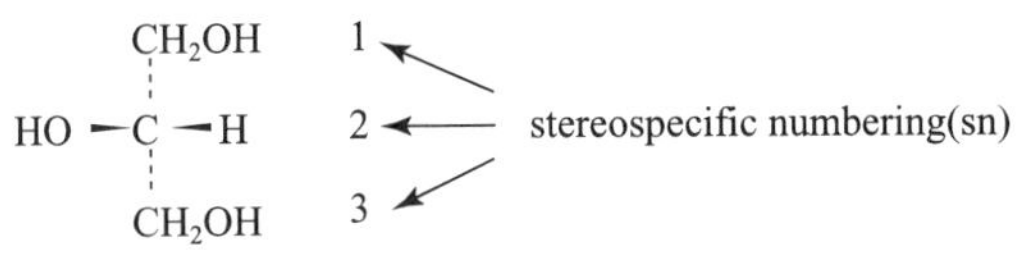

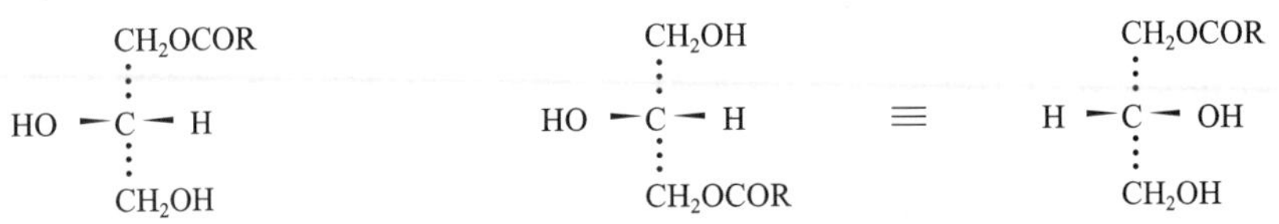

(I)　　　　(II)　　　　(III)

1-*sn*-acyl glycerol　　　　3-*sn*-acyl glycerol

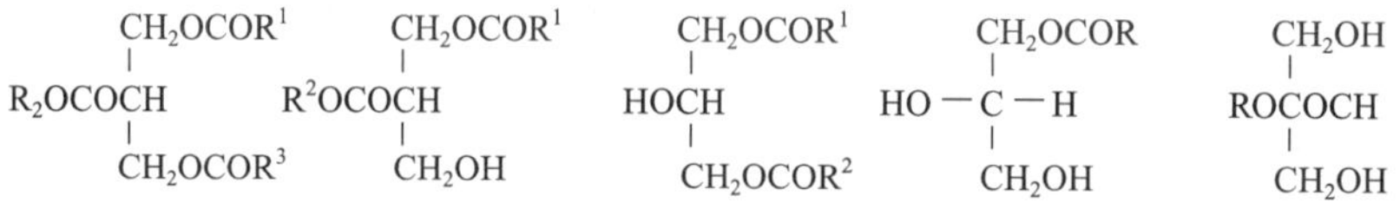

triacyl glycerol (triglyceride) | 1, 2-diacyl glycerol (α, β-diacyl glycerol) | 1, 3-diacyl glycerol (α, α'-diacyl glycerol) | 1-monoacyl glycerol (α-monoacyl glycerol) | 2-monoacyl glycerol (β-monoacyl glycerol)

그림 4.2 자연계에 존재하는 Acyl glycerol

5. Phospholipid

인지질은 당지질이나 콜레스테롤과 함께 세균, 식물, 동물에 있어서 세포막의 중요 구성 성분으로 작용하고 있다.

인지질을 양친매성 화합물이라고 하는데, 그 이유는 이 화합물이 극성, 비극성기를 함께 가지고 있기 때문이다.

외부의 자극에 응답하여 활성화되어 정보를 세포 내에 전달하는 기능을 갖고 있으며, 종류로는 글리세롤 인지질과 스핑고 리피드로 분류된다.

1) Glycerophospholipid

글리세롤 골격을 가진 글리세롤 인지질로서 phosphatidic acid, phosphatidyl glycerol, phosphatidyl choline, phosphatidyl ethanolamine, phosphatidyl inositol 등이 있으나, 모두 diacylglycerol에 인산이 결합된 phosphatidic acid를 기본구조로 하고 있다.

2) Spingolipid

동물막계, 특히 신경조직과 밀접하게 연관된 중요한 화합물로서 spingomyelin이 대표적인 것으로 spingosine과 지방산이 아미드 결합한 세라마이드(ceramide)에 phosphocholine이 결합되어 있다.

표 4.2 인지질(phospholipids)의 기본구조

PHOSPHOLIPID	USUAL FATTY ACID (NONPOLAR COMPONENT)	BASE (POLAR COMPONENT)
3-*sn*-Phosphatidyl choline (lecithin) 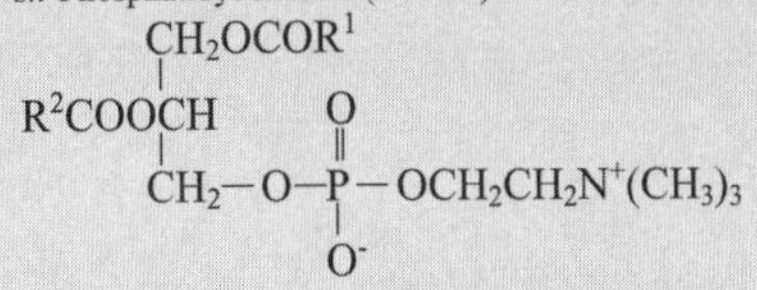	Stearic or palmitic (R^1) polyunsaturated (R^2)	Choline
3-*sn*-Phosphatidyl aminoethanol (cephalin) 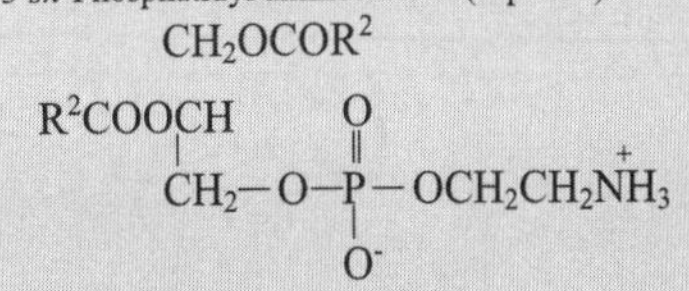	Stearic or palmitic (R^1) polyunsaturated (R^2)	Aminoethanol
3-*sn*-Phosphatidyl serine 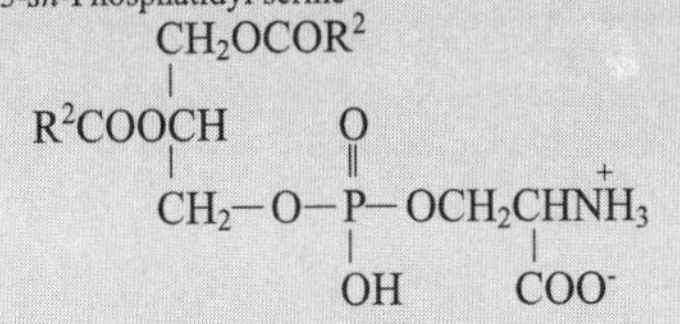	Stearic or palmitic (R^1) polyunsaturated (R^2)	Serine
3-*sn*-Phosphatidyl aminoethanol (plasmalogen) 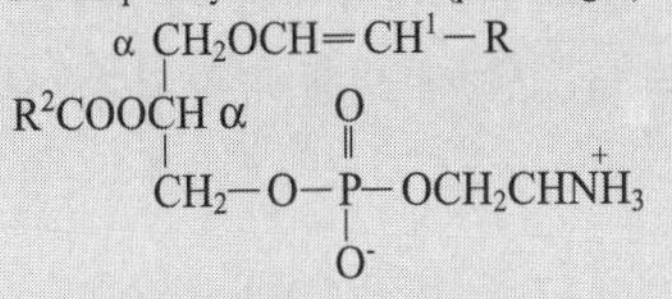	Unsaturated ether (α) Linoleic (β)	Aminoethanol
1-Alkyl phospholipid (α-glyecryl ether) 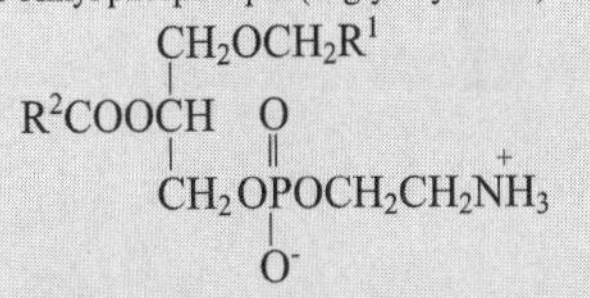	R^2 probably an unsaturated fatty acid	Aminoethanol
3-*sn*-Phosphatidyl inositol 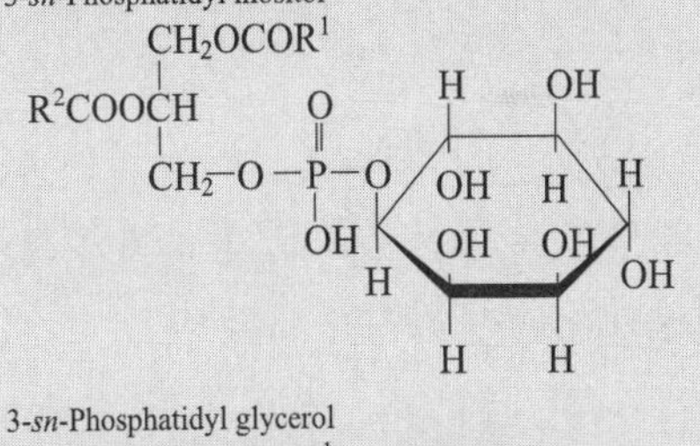	Palmitic (R^1) Arachidonic (R^2)	Myoinositol replaces base
3-*sn*-Phosphatidyl glycerol 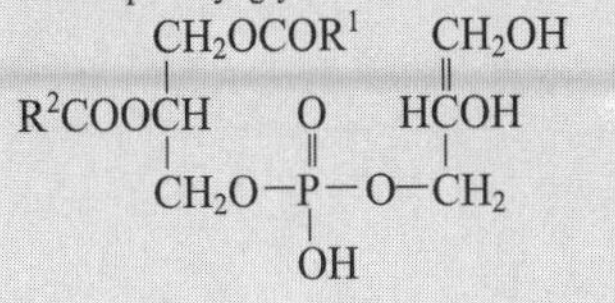	Polyunsaturated fatty acid (R^1, R^2)	Glycerol replaces base

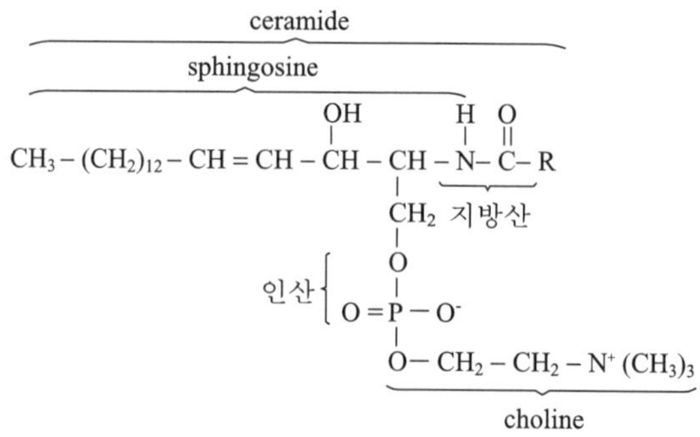

그림 4.3 Spingomyelin

6. Glycolipid

글리세라이드 또는 스핑고 지방질로 분류되며, 인지질과 콜레스테롤과 함께 생체막을 구성하고 있다. 세포, 조직, 장기 등의 특이성은 당지질의 당 고리에 의해 결정된다. ABO 식 혈액형, 폴스맨 항원은 스핑고 당지질이다.

1) 글리세롤 당지질

디아실 글리세롤에 당이 결합된 글리세롤 당지질은 식물에서 많이 발견되고 있으나 동물의 신경세포에서도 많이 발견되고 있다.

2) Spingoglycolipid

스핑고신과 지방산이 아미드 결합한 세라마이드에 당이 결합된 것으로 동물에서 많이 발견되는데, 당은 단당에서부터 10당 정도의 올리고당까지 여러 가지가 있다.

7. Polyprenoid 화합물

폴리프레노이드 화합물은 5개의 탄소원자를 갖는 이소프렌(isoprene)의 중합체로 종류로는 고리 모양을 한 스테로이드류와 사슬골격을 갖는 폴리프레노이드류가 있다.

1) Steroid

스테로이드 핵의 3번 탄소에 OH기를 갖고 있는 것을 '올(ol)' 이라 한다. 이 중에서 동물 조직에 가장 많이 존재하는 것은 콜레스테롤이며, 유리형은 인지질이나 당지질과 같이 생체막의 구성 성분으로서 중요하다. 또 지방산이 결합된 에스테르형은 혈액 중에 존재한다.

에스테르형을 형성하는 지방산은 약 1/2이 리놀렌산이고 다음으로 올레인산의 순이다. 7−디히드로콜레스테롤은 비타민 D의 전구체이다.

담즙산도 스테로이드의 일종으로 탄소 24번의 자리에 카르복실기를 가진 것을 총칭하는 물질로 cholic acid 외에 deoxycholic acid 등 여러 가지가 포함된다. 스테로이드 호르몬에는 부신피질 호르몬, testosterone, 17β−estradiol, progesterone 등이 있다

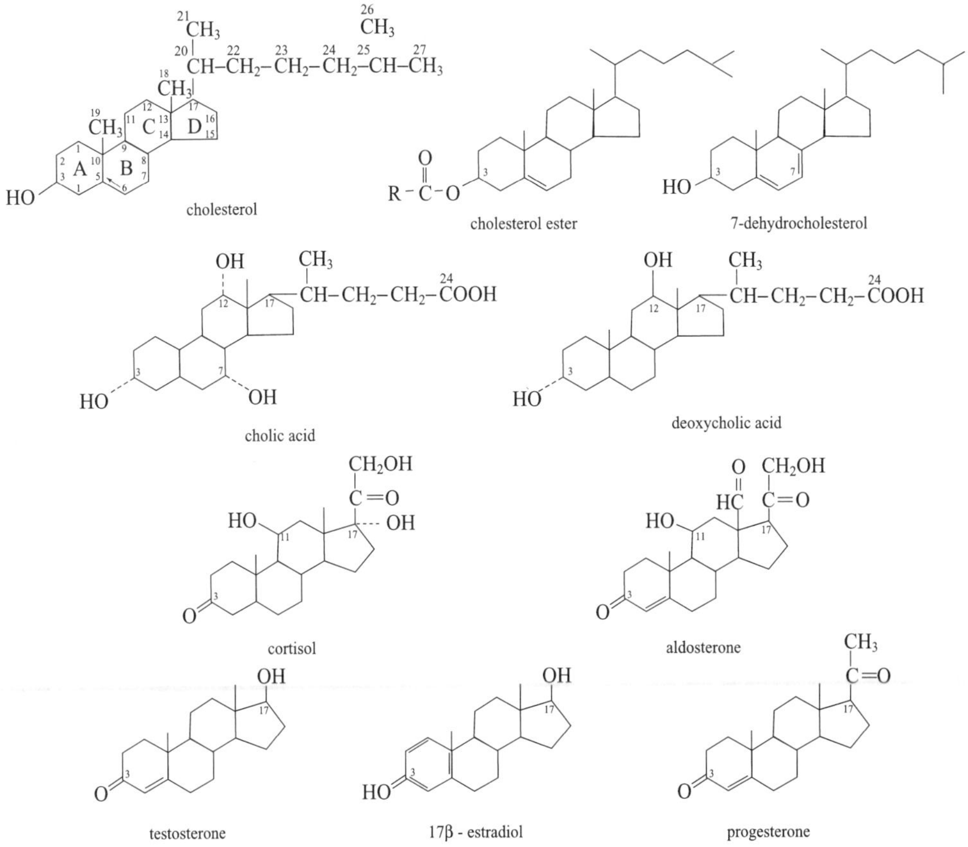

그림 4.4 스테로이드류

2) Polyprenoid

폴리프레노이드에는 비타민 A, E, K, 조효소 Q가 있다. 비타민에 대해서는 다음에 설명하기로 한다.

우비퀴논(ubiquinone: 조효소 Q)은 벤조퀴논 유도체로서 이소프렌 단위의 사슬 중합수가 생물의 종에 따라 다양하다. 사람에서는 미토콘드리아에 함유되어 있다.

Dolichol은 15~19개의 이소프렌을 갖고 있는 폴리프렌 알코올이다. 인산에스테르인 dolicholphosphate는 조면소포체에서 N−glycoside형 당단백 합성의 중간체로서 작용한다.

8. 왁스

왁스(waxes)는 지방산과 알코올 또는 다른 탄화수소가 결합된 형태로 딱딱하고 물이 잘 스미지 않는 막을 형성한다. 이러한 지질은 털, 깃털, 잎, 과일 그리고 일부 줄기에 방수가 되는 데 도움을 준다. 호호바유는 화장품과 샴푸에 이용되는데 액체 왁스라는 점에서 특이하다.

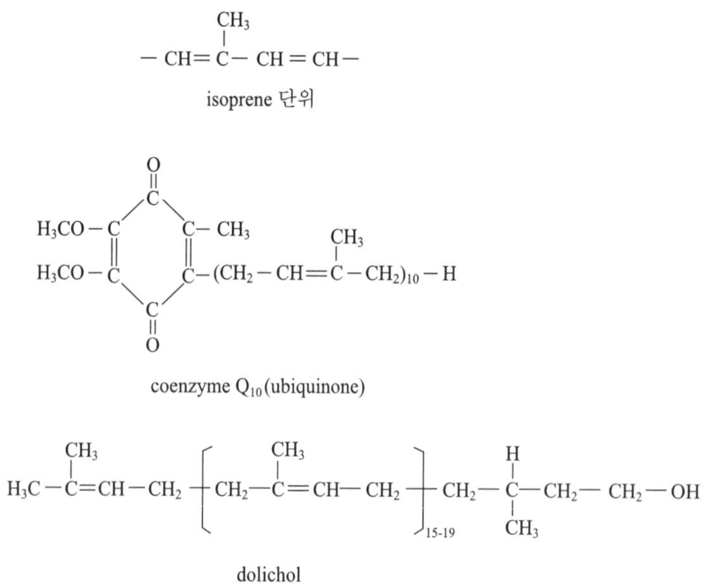

그림 4.5 폴리프레노이드류

요 약

지질(lipid)은 탄수화물과 같은 구성요소로 되어 있지만, 비율적으로 산소가 더 적다. 지질은 물에는 녹지 않고 유기용매에 녹는 다양한 분자이다. 가장 잘 알려진 지질은 지방과 기름이다.

지질이란 지방과 왁스, 유지 등의 지방산과 결합한 화합물, 그리고 이들에 관련된 여러 가지 화합물을 포함한 물질군으로 정의한다.

지방산(fatty acid)은 지방족 탄화수소의 유도체로서 짝수 개의 탄소원자(4~30)가 곧은 사슬로 된 모노카르복실산이며, 일반식은 R-COOH로 표시한다. 아실 글리세롤은 알코올의 일종인 글리세롤과 지방산의 에스테르를 말한다. 자연계에 널리 분포되어 있는 아실 글리세롤은 트리아실 글리세롤이며, 중성지방이라고도 하는데 에너지 저장원으로서 중요하다. 인지질은 당지질이나 콜레스테롤과 함께 세균, 식물, 동물에 있어서 세포막의 중요 구성성분으로 작용하고 있다.

인지질을 양친매성 화합물이라고 하는데, 그 이유는 이 화합물이 극성, 비극성기를 함께 가지고 있기 때문이다.

당지질(glycolipid)은 글리세라이드 또는 스핑고 지방질로 분류되며, 인지질과 콜레스테롤과 함께 생체막을 구성하고 있다. 세포, 조직, 장기 등의 특이성은 당지질의 당 고리에 의해 결정된다.

폴리프레노이드 화합물은 5개의 탄소원자를 갖는 이소프렌(isoprene)의 중합체로, 종류로는 고리 모양을 한 스테로이드류와 사슬골격을 갖는 폴리프레노이드류가 있다. 왁스(waxes)는 지방산과 알코올 또는 다른 탄화수소가 결합된 형태로 딱딱하고 물이 잘 스미지 않는 막을 형성한다.

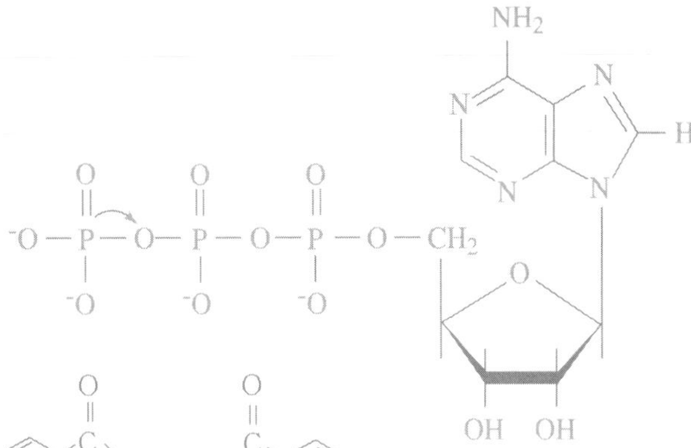

CHAPTER 05 단백질

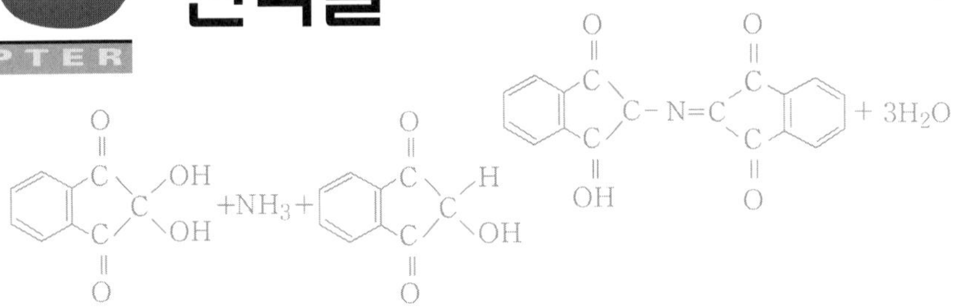

학/습/목/표

이 장을 학습한 후 다음을 할 수 있다.

1. 단백질을 구성하는 아미노산의 구조와 종류를 안다.
2. 아미노산의 물리적인 특성과 광학이성질현상 및 이온적인 성질을 설명할 수 있다.
3. 펩티드 결합의 구조와 특성을 이해한다.
4. 단백질의 구조적인 특성을 설명할 수 있다.
5. 헤모글로빈과 미오글로빈의 구조와 작용을 설명할 수 있다.
6. 단백질의 소화와 아미노산의 흡수과정을 설명할 수 있다.
7. 아미노산의 분해과정과 요소회로를 설명할 수 있다.

단백질(protein)이라는 말은 그리이스어 *prōtos*를 어원으로 하고 있으며 '첫째(first)' 또는 '최초(foremost)' 라는 의미를 내포하고 있다. 단백질은 아미노산을 단량체(monomer)로 하여 결합된 다량체(polymer)로서 생명체를 구성하는 중요한 성분이다. 실제로 생체내에서 일어나는 많은 생명현상들에 단백질이 관여하고 있다. 이 장에서는 단백질을 구성하는 아미노산의 구조와 종류에 대해 살펴보고, 아미노산이 결합한 구조인 펩티드 및 단백질의 구조와 기능 등을 살펴보기로 한다.

1. 아미노산

단백질을 가수분해하면 구성하는 아미노산 단위로 분해된다. 대부분의 단백질은 분해

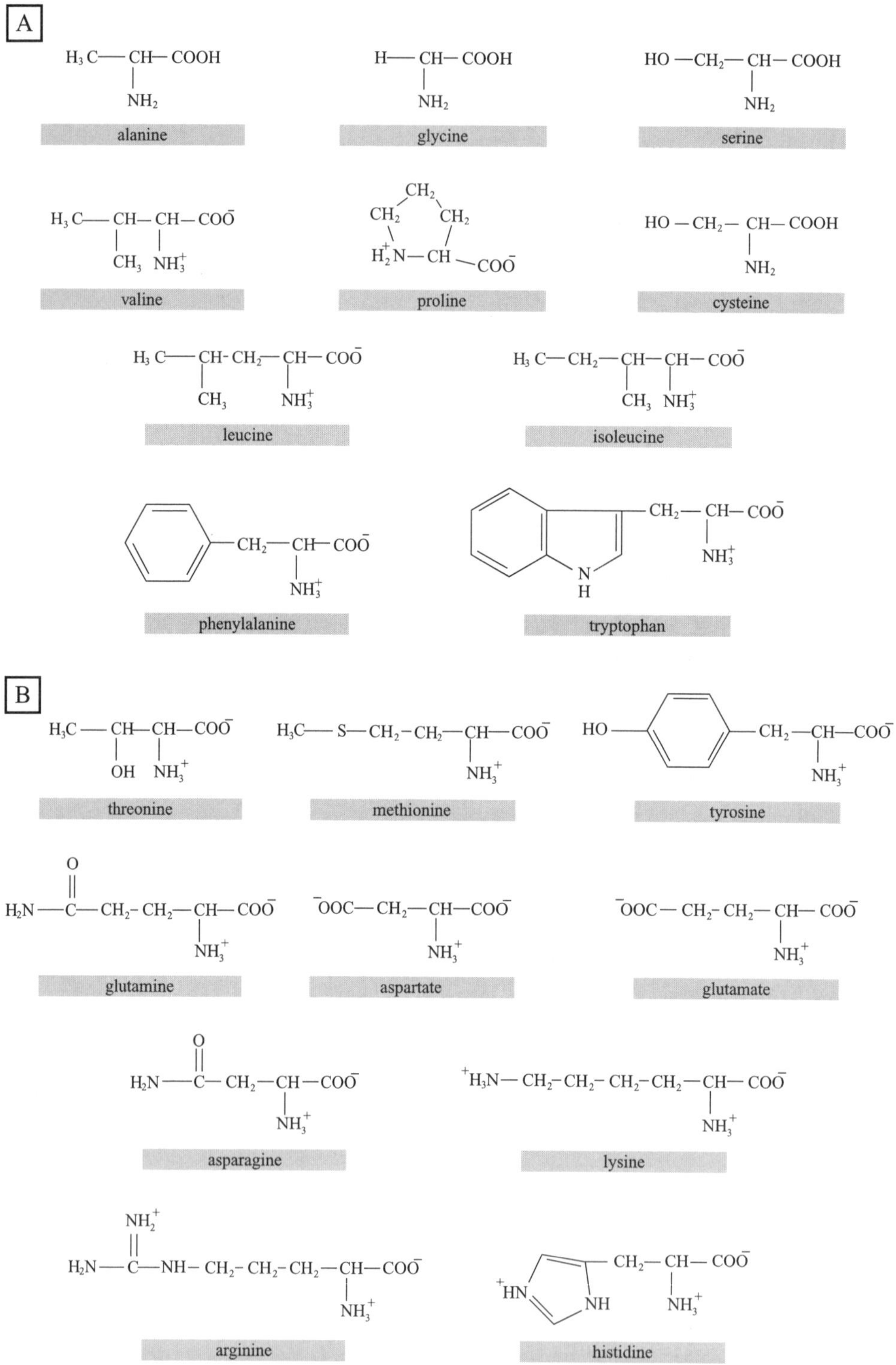
A
alanine
glycine
serine
valine
proline
cysteine
leucine
isoleucine
phenylalanine
tryptophan
B
threonine
methionine
tyrosine
glutamine
aspartate
glutamate
asparagine
lysine
arginine
histidine

그림 5.1 표준 아미노산

시 그림 5.1과 같은 20가지의 아미노산 혼합물이 얻어지며 이때 나타나는 20가지의 아미노산을 표준 아미노산(standard amino acid)이라 부른다.

20가지 아미노산 중 프롤린(proline)을 제외한 19가지의 아미노산들은 그림 5.2와 같은 일반적인 구조식을 가진다. 이들 아미노산은 하나의 탄소원자(α−carbon)에 카르복시기(−COOH), 아미노기($-NH_2$), 수소(−H) 및 R기(측쇄)를 각각 하나씩 가지고 있다. R기의 종류에 따라 서로 다른 구조와 성질을 가지는 아미노산이 된다. 아미노산의 산기에 인접한 α−탄소에 아미노기($-NH_2$)를 가지고 있으므로 α−아미노산이라 부른다. 프롤린의 경우는 측쇄가 아미노기와 결합하여 존재하므로 아미노기를 가지지 않고 그 대신 이미노기(−NH−)를 가지므로 엄밀히 명명하자면 이미노산(imino acid)이라 할 수 있다.

아미노산의 구조가 궁극적으로 단백질의 구조를 결정하게 되어 있기 때문에 아미노산의 구조에 관해 자세히 조사할 필요가 있다. 생명체내에서는 물이 중요한 용매의 역할을 하기 때문에 물 중에서의 아미노산의 특성을 중요하게 생각하고 있다. 그러므로 아미노산을 물에 용해하였을 때 아미노산 분자가 가지는 구조에 따라 다음과 같이 크게 4군, 즉 비극성 아미노산(nonpolar amino acids), 극성이나 전하는 띠지 않는 아미노산(polar amino acid), 산성 아미노산(acidic amino acids) 및 염기성 아미노산(basic amino acids)으로 분류한다(그림 5.3).

비극성 아미노산은 일반적으로 탄화수소로 되어 있는 측쇄를 가지고 있다. 이들 아미노산의 측쇄를 구성하는 탄화수소가 물과 거의 상호작용을 하지 않으므로 비극성 아미노산들은 물에 노출되지 않고 분자의 내부에 위치하려 하므로 단백질의 입체구조를 결정하는 데 중요한 역할을 한다. 알라닌(alanine), 발린(valine), 로이신(leucine) 및 이소로이신(isoleucine)은 지방족 탄화수소 사슬을 가지고 있으나, 페닐알라닌(phenylalanine)과 트립토판(tryptophan)은 방향 환 구조를 가지고 있다.

극성 아미노산은 수소결합을 형성할 수 있는 측쇄를 가지고 있어 물과 쉽게 상호작용한다. 세린(serine), 트레오닌(threonine), 티로신(tyrosine), 아스파라긴(asparagine) 및 글루타민(glutamine)이 여기에 속한다. 세린과 트레오닌 분자에 있는 수산기(−OH)는 탄수

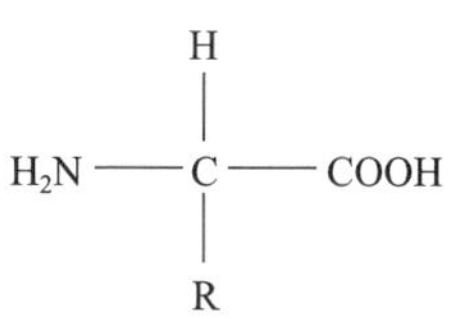

R = 치환기

그림 5.2 아미노산의 일반구조

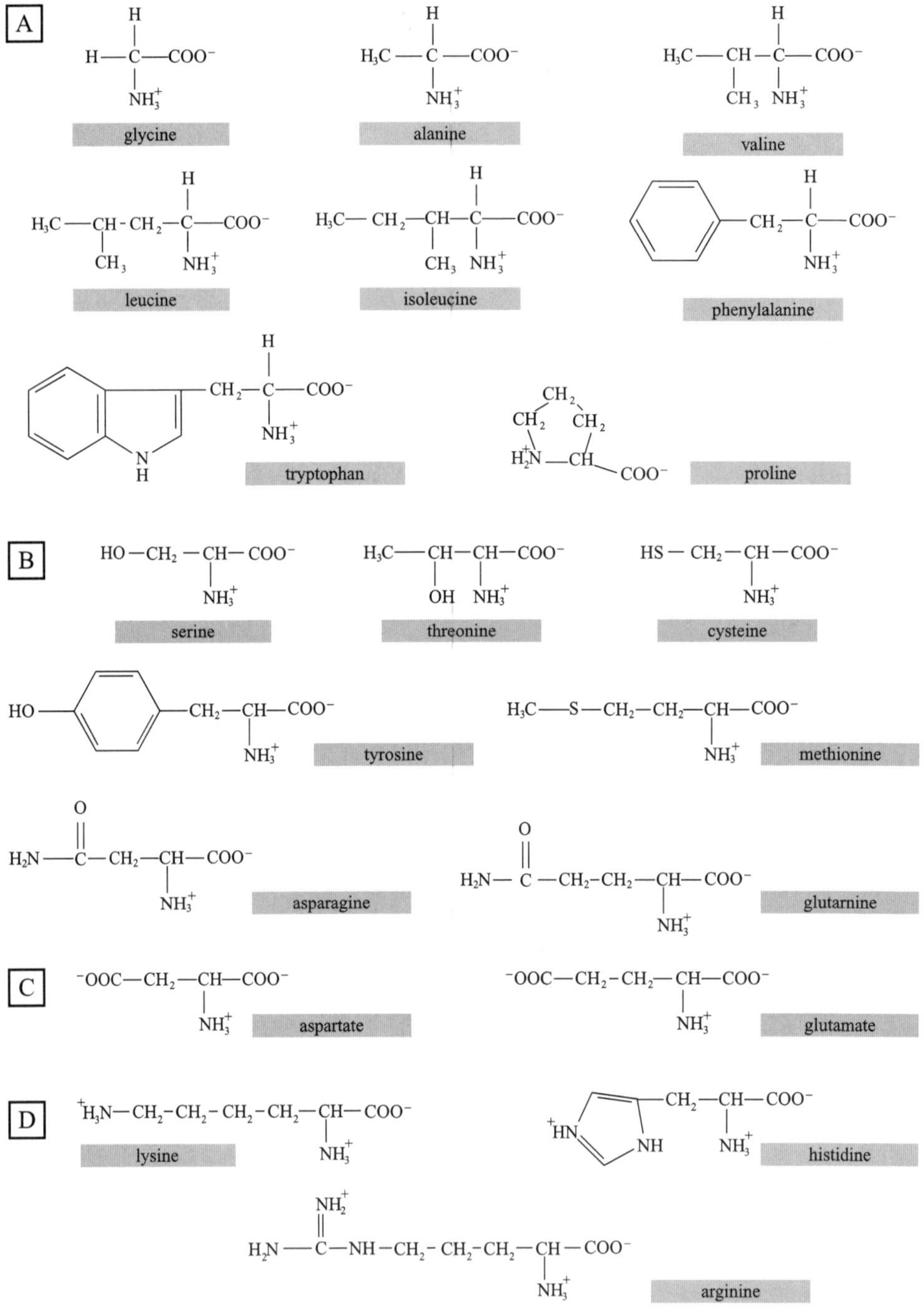

그림 5.3 극성에 따른 아미노산의 분류

A : 비극성 치환기를 가진 아미노산(pH 7.0)

B : 극성 치환기를 가진 아미노산(pH 7.0)

C : 음전하를 가지는 치환기를 가진 아미노산(pH 7.0)

D : 양전하를 가지는 치환기를 가진 아미노산(pH 7.0)

표 5.1 표준 아미노산의 이름과 약자

아미노산	약자(3문자)	약자(1문자)	분자량	등전점(pI)
비극성 치환기				
Glycine	Gly	G	75	5.97
Alanine	Ala	A	89	6.01
Valine	Val	V	117	5.97
Leucine	Leu	L	131	5.98
Isoleucine	Ile	I	131	6.02
Proline	Pro	P	115	6.48
Phenylalanine	Phe	F	165	5.48
Tryptophan	Trp	W	204	5.89
극성, 무전하 치환기				
Serine	Ser	S	105	5.68
Threonine	Thr	T	119	5.87
Tyrosine	Tyr	Y	181	5.66
Cysteine	Cys	C	121	5.07
Methionine	Met	M	149	5.74
Asparagine	Asn	N	132	5.41
Glutamine	Gln	Q	146	5.65
음전하를 가진 치환기				
Aspartate	Asp	D	133	2.77
Glutamate	Glu	E	147	3.22
양전하를 가진 치환기				
Lysine	Lys	K	146	9.74
Arginine	Arg	R	174	10.76
Histidine	His	H	155	7.59

화물의 주요한 부착 부위이며, 티로신의 수산기는 인산과 에스테르 결합으로 연결되어 존재하면서 단백질의 주요한 활성 조절 부위로 작용한다. 아스파라긴과 글루타민은 각각 아스파르트산과 글루탐산의 아미드 유도체로서 극성이 매우 강하므로 단백질의 구조를 안정화시키는 데 크게 기여하고 있다. 산성 아미노산은 pH 7에서 음전하를 띠는 아미노산으로 아스파르트산(aspartic acid)과 글루탐산(glutamic acid)의 2종이 있다. 염기성 아미노산은 pH 7에서 양전하를 띠는 아미노산으로 리신(lysine), 히스티딘(histidine) 및 아르기닌(arginine)이 있다. 리신은 측쇄에 염기성인 아미노기($-NH_2$)를, 아르기닌은 측쇄에 구

아니딘기(guanidine group)를, 그리고 히스티딘은 이미다졸기(imidazole group)를 가지고 있어 용액 중의 양성자와 결합하여 양이온을 형성한다.

이들 20가지 아미노산들로부터 단백질이 형성된다. 단백질을 가수분해하면 이들 아미노산으로 다시 분해하므로 단백질의 조성을 조사할 수 있다. 그러나 어떤 단백질을 가수분해하면 간혹 이들 20가지 아미노산 이외의 다른 아미노산 구조가 발견되기도 한다. 이는 단백질이 일단 20가지 기본 아미노산으로부터 만들어진 후에 구성 아미노산이 화학적

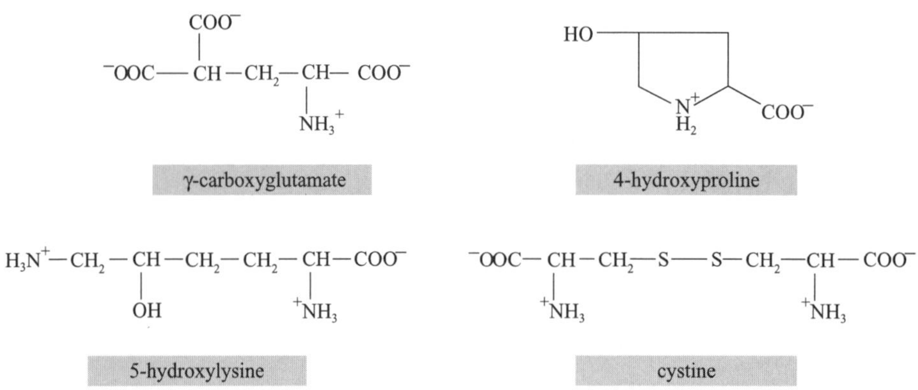

그림 5.4 단백질 중에서 발견되는 아미노산 유도체의 예

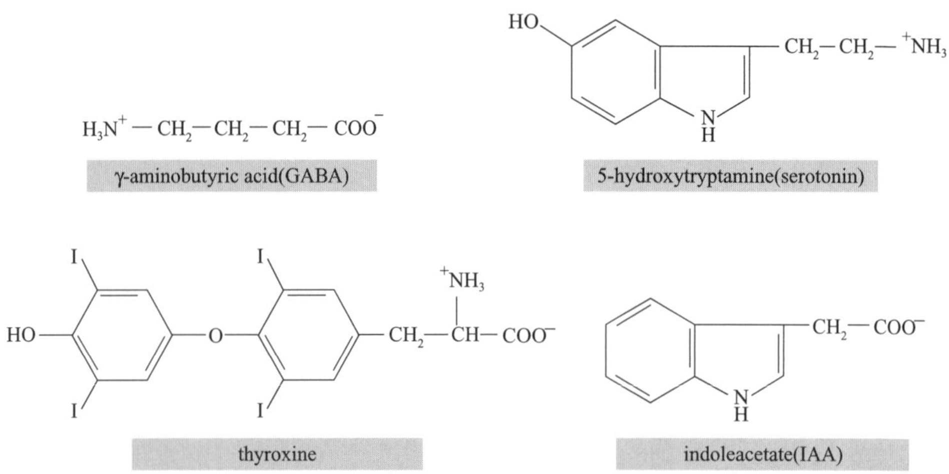

그림 5.5 아미노산 유도체들의 예(GABA, 5−HT, Thyoxine, IAA)

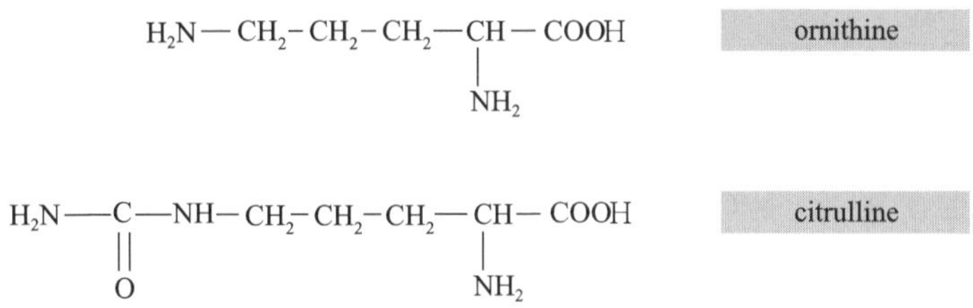

그림 5.6 요소회로에서 볼 수 있는 아미노산 유도체의 예

변형에 의해 다른 형태로 되기도 하기 때문이다. 기본 아미노산 구조로부터 변형된 아미노산을 함유하는 단백질이 자연계 내에서 많이 발견되는데 그 대표적인 예로, γ−카르복시글루탐산(γ−carboxyglutamic acid)은 혈액응고단백질인 프로트롬빈(prothrombin) 중에, 4−hydroxyproline과 5−hydroxylysine은 결체조직의 중요한 성분인 콜라겐(collagen) 중에서 발견되며, 시스틴(cystine)은 케라틴을 포함하여 여러 단백질 중에서 광범위하게 발견된다. 또한 아미노산이나 단백질이 생체 내에서 대사 과정을 거치는 동안 20가지의 표준 아미노산 이외에 그림 5.6에서 볼 수 있는 오르니틴(ornithine), 시트룰린(citrulline) 등과 같은 아미노산의 구조를 가진 다양한 대사물질을 생성하기도 한다.

2. 아미노산의 물리화학적 특성

1) 아미노산의 용해도

물에 대한 아미노산의 용해도 차이는 아미노산이 가지고 있는 R기의 성질에 따른다. 소수성 아미노산의 경우에도 극히 일부는 물에 용해한다. 그 이유는 아미노산은 기본적으로 α−amino기와 α−carboxy기를 가지고 있고 이들이 상당한 극성을 띠고 있기 때문이다. 극성 아미노산과 (+) 전하 및 (−) 전하를 띠는 아미노산은 비극성 아미노산에 비해 일반적으로 용해도가 더 높다.

2) 아미노산의 입체이성질 현상

측쇄로서 수소를 가지는 글리신의 경우를 제외한 19가지 표준 아미노산의 경우 α−탄

표 5.2 물(25℃)에서 일부 아미노산의 용해도

아미노산	분자량	용해도 (g/100ml)	아미노산	분자량	용해도 (g/100ml)
Glycine	75	25.00	Tyrosine	1811	0.05
Alanine	89	14.70	Cysteine	121	freely soluble
Valine	117	8.26	Methionine	149	3.38
Leucine	131	2.24	Asparagine	132	2.46
Isoleucine	131	4.12	Glutamine	146	4.81*
Proline	115	16.2	Aspartate	133	0.67*
Phenylalanine	165	2.96	Glutamate	147	0.86
Tryptophan	204	1.14	Lysine	146	very freely soluble
Serine	105	5.02	Arginine	174	15.00**
Threonine	119	freely soluble	Histidine	155	4.19

* : 30℃에서의 용해도임

** : 21℃에서의 용액 100g 중의 용질의 g수임

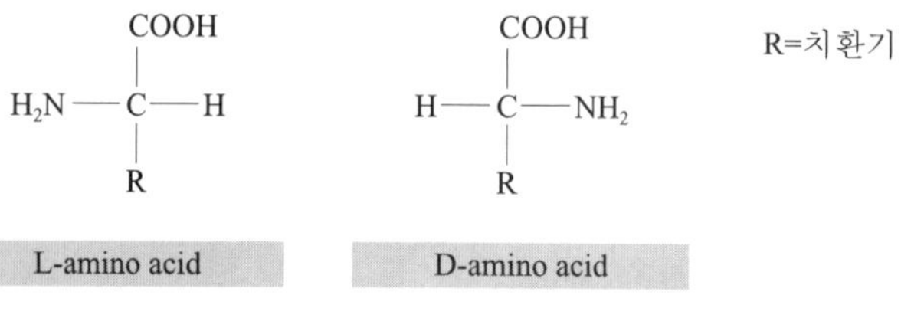

그림 5.7 L-아미노산과 D-아미노산

소에 결합한 치환기가 수소(−H), 카르복시기(−COOH), 아미노기(−NH_2) 및 측쇄(−R)로 4가지 치환기들이 각기 다르다. 4가지 치환기가 모두 다른 탄소를 **비대칭탄소**(asymmetric carbon)라 한다.

비대칭탄소를 가지는 화합물은 2가지 서로 다른 배열을 가질 수 있으며 이들을 **입체이성질체**(stereoisomer)라 한다. 하나의 비대칭탄소를 가지는 화합물의 입체이성질체는 D−이성질체와 L−이성질체로 부르며 그림 5.7에서 아미노기의 위치가 우측에 위치한 경우 D−이성질체, 아미노기가 왼쪽에 위치한 경우 L−이성질체라 하는 것을 유의할 필요가

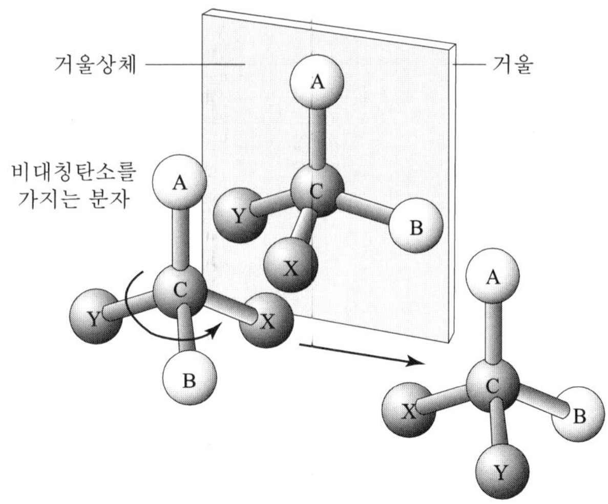

그림 5.8 분자 내에 비대칭탄소를 가지고 있는 분자는 그림과 같이 구조를 회전하여도 거울상체와 겹쳐지지 않는다.

있다. 두 이성질체는 서로 **거울상체**(enantiomer) 관계에 있다. 비대칭탄소를 가지는 아미노산의 용액은 편광면을 회전시키는 성질, 즉 **광학활성**(optical activity)을 가진다.

생물분자에서 발견되는 입체이성질체는 D−이성질체와 L−이성질체 중 한 가지만이 존재한다. 생물체내에서 발견되는 단백질은 L−아미노산으로만 이루어져 있고, D−아미노산은 발견되지 않는다. 그러나 간혹 하등한 세균 등의 세포벽이나 세균의 생성물질인 항생물질 등에서 D−아미노산이 발견되기도 한다.

3) 아미노산의 이온적 성질

아미노산의 α−아미노기와 α−카르복시기는 용액의 pH가 변화함에 따라 그 이온의 형태가 달라진다. 또한 아미노산이 가지는 측쇄들 각기 서로 다른 이온적 성질을 띠고 있기 때문에 용액의 pH가 변화함에 따라서 아미노산의 전체적인 이온화 형태가 달라진다.

아미노산의 용액을 산이나 염기로 적정하면 특징적인 적정곡선을 얻을 수 있다. 간단한 구조를 가지는 아미노산인 알라닌의 예를 들어 생각해 보면, 알라닌의 구조 중 α−아미노기와 α−카르복시기만이 산 · 염기와 반응하며 치환기인 메틸기($-CH_3$)는 반응하지 않는다. 알라닌의 산성용액을 수산화나트륨 용액으로 적정하면 그림 5.10과 같은 적정곡선을 얻는다. 강한 산성용액 중에서 알라닌의 α−카르복시기는 '−COOH' 의 형태이고, α−아

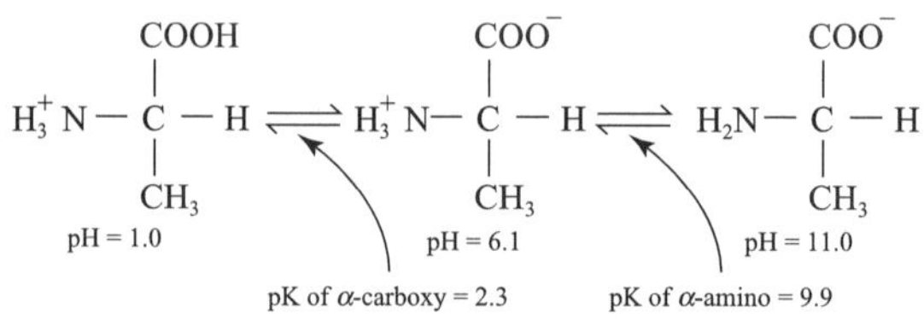

그림 5.9 용액의 pH에 따른 아미노산의 변화

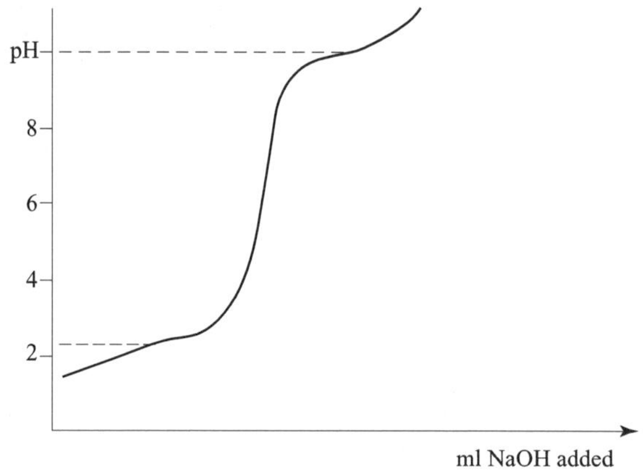

그림 5.10 알라닌의 적정곡선
두 편평한 지역은 카르복시기(pH 2.3)와 아미노기(pH 9.9)에 의해 완충 능력이 나타남을 보여준다.

미노기는 '$-NH_3^+$'의 형태를 띠고 있어 이때의 알라닌 분자의 알짜전하(net charge)는 +1이다. 염기용액을 더 가하면 α−카르복시기로부터 H^+가 해리하여 '$-COO^-$'가 되고 이 때 알라닌 분자의 알짜전하는 '0'가 된다. 이 때의 용액의 pH를 **등전점**(isoelectric point ; pI)이라 하고 등전점일 때 알라닌의 용해도가 최저가 된다. 알라닌의 등전점은 다음과 같이 계산할 수 있다.

$$pI = \frac{pK_1 + pK_2}{2} = \frac{2.34 + 9.69}{2} = 6.02$$

표 5.3 아미노산의 이온화 그룹에 대한 pKa값

Amino acid	pK_1	pK_2	pK_R
Glycine	2.34	9.60	
Alanine	2.34	9.69	
Valine	2.32	9.62	
Leucine	2.36	9.60	
Isoleucine	2.36	9.60	
Serine	2.21	9.15	
Threonine	2.63	10.43	
Methionine	2.28	9.21	
Phenylalanine	1.83	9.13	
Tryptophan	2.83	9.39	
Asparagine	2.02	8.80	
Glutamine	2.17	9.13	
Proline	1.99	10.60	
Cysteine	1.71	10.78	8.33
Histidine	1.82	9.17	6.00
Aspartic acid	2.09	9.82	3.86
Glutamic acid	2.19	9.67	4.25
Tyrosine	2.20	9.11	10.07
Lysine	2.18	8.95	10.79
Arginine	2.17	9.04	12.48

3. 펩티드 결합

단백질 구조에서 아미노산 사이를 연결해 주는 결합을 펩티드 결합(peptide bond)이라 한다. 한 아미노산의 α–amino기와 또 다른 아미노산의 α–carboxy기 사이에서 결합이 형성된다. 이 반응은 일종의 축합반응으로 두 분자 사이에서 한 분자의 물이 제거되면서 결합이 만들어진다.

이 펩티드 결합에는 다른 결합에서 볼 수 없는 특징이 있다. 그것은 바로 다음 그림에서 볼 수 있는 바, 펩티드 결합의 경직성이다.

특이하게도 펩티드 결합에 참여하는 모든 원자들과 결합은 동일한 평면에 존재한다. 이

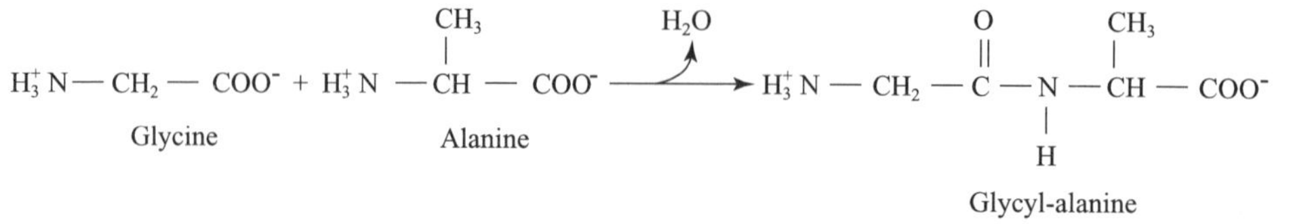

그림 5.11 펩티드 결합을 형성하는 반응의 예
글리신의 카르복시기와 알라닌의 아미노기가 반응하여 한 분자의 물이 제거되고 디펩티드가 만들어졌다.

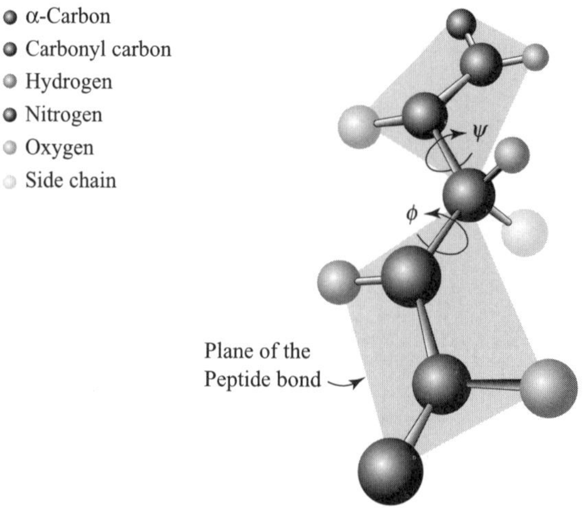

그림 5.12 펩티드 결합의 경직성 : ϕ각과 ψ각은 아미노산의 종류에 따라 달라진다

는 그림에서 보듯이 펩티드 결합에 참여하는 전자들은 어느 한 원자에 치우쳐 있지 아니하고 결합을 이루는 전자가 공명(resonance)에 의해 비편재되어(delocalized) 있기 때문으로, 실제로 펩티드 결합의 C−N 결합은 일반적인 C−N 결합에서보다 그 결합 길이가 더 짧다(표 5.4).

펩티드 결합은 단백질을 구성하는 주요한 결합이다. 두 개의 아미노산의 축합에 의해 만들어진 디펩티드(dipeptide)는 하나의 유리 α−amino기와 하나의 α−carboxy기를 가지고 있다. 유리 amino기를 제공하는 아미노산을 N−말단(amino terminal), 유리 carboxy기를 제공하는 아미노산을 C−말단(carboxy terminal)이라 한다. 이러한 펩티드 결합에 의해 아미노산이 일렬로 결합하여 수백 개 이상 연결될 수 있다. 이를 폴리펩티드(polypep-

표 5.4 표준 결합 길이

결합	결합 길이(Å)
C−N	1.49
C=N	1.27
C−N(peptide)	1.32

표 5.5 일부 oligopeptides의 생물학적 기능

Oligopeptide	아미노산 수	아미노산 배열	기능
Thyrotropin releasine factor	3	Pro−His−Glu	뇌하수체에서 TSH의 방출을 촉진
Met−enkephalin	5	Tyr−Gly−Gly−Phe−Met	뇌에서 생성, 통증을 조절
Leu−enkephalin	5	Tyr−Gly−Gly−Phe−Leu	뇌에서 생성, 통증을 조절
Angiotensin	7	Asp−Arg−Val−Tyr−Ile−His−Pro	승압인자
Bradykinin	9	Arg−Pro−Pro−Gly−Phe−Ser−Pro −Phe−Arg	혈액 중에서 생성 혈관을 팽창
Oxytocin	9	Cys−Tyr−Ile−Gly−Asn−Cys −Pro−Leu−Gly	뇌하수체 후엽에서 분비 자궁수축 및 유즙분비

tide)라 한다. 10개 이하의 아미노산이 연결된 펩티드를 올리고펩티드(oligopeptide)라 부른다. 올리고펩티드 중 강력한 생물학적 활성을 가지고 있는 것들이 있다. 이들 중에는 갑상선호르몬방출인자와 같은 시상하부에서 분비하는 호르몬들과 옥시토신(oxytocin), 바소프레신(vasopressin)과 같은 뇌하수체 호르몬 등이 있으며 내인성 진통물질로 잘 알려진 엔케팔린(enkephalin), 엔도르핀(endorphine)과 P 물질(substance P)이나 브라디키닌(bradykinin) 등의 물질들이 이에 속한다(표 5.5).

4. 단백질의 구조

일반적으로 단백질은 수많은 아미노산이 결합된 복잡한 구조를 가지고 있으므로 이러

한 물질에 대해 연구하기 위해서는 단계적으로 그 구조에 접근하는 것이 쉽다. 단백질의 구조는 일반적으로 4단계로 나누어 설명한다. 하나의 폴리펩티드 사슬을 형성하는 모든 아미노산의 종류와 배열순서 및 이황화결합의 위치와 수에 관한 정보를 **1차구조**(primary structure)라 한다. 다시 말하여 1차구조는 아미노산의 서열(sequence)을 말한다. **2차구조**(secondary structure)는 폴리펩티드 일부분의 형태, 즉 인접한 위치에 있는 아미노산들이 취하는 입체구조라고 생각할 수 있다. **3차구조**(tertiary structure)는 하나의 폴리펩티드가 3차원공간에서 접힌 전체적 입체구조를 말한다. 여러 개의 폴리펩티드 사슬로 이루어진 단백질의 경우 각각의 폴리펩티드가 공간에서 취하는 배치를 **4차구조**(quaternary structure)라 한다.

1) 1차 구조

하나의 폴리펩티드 사슬을 형성하는 모든 아미노산의 종류와 배열순서 및 이황화결합의 위치와 수에 관한 정보를 1차구조(primary structure)라 한다. 다시 말하여 1차구조는 아미노산의 서열(sequence)을 말한다. 단백질의 아미노산 서열은 그 기능과 깊은 관계가 있으며 아미노산의 서열은 단백질의 구조를 결정하고, 독특한 기능을 수행하게 한다.

단백질 중 제일 처음 그 아미노산 서열이 밝혀진 것은 인슐린이다. 1953년 Frederick Sanger에 의해 인슐린의 아미노산 서열이 밝혀진 이후로 수많은 단백질들의 아미노산 서열이 결정되었다.

폴리펩티드 전체의 아미노산 서열을 결정하는 방법으로 많이 쓰이고 있는 것은 Pehr Edman에 의해 고안된 **Edman 분해법**이다. 페닐이소티오시안화물(phenylisothiocyanate ; PITC)을 사용하는 방법으로 폴리펩티드의 N-말단 잔기에 PITC 시약이 작용하여 N-말

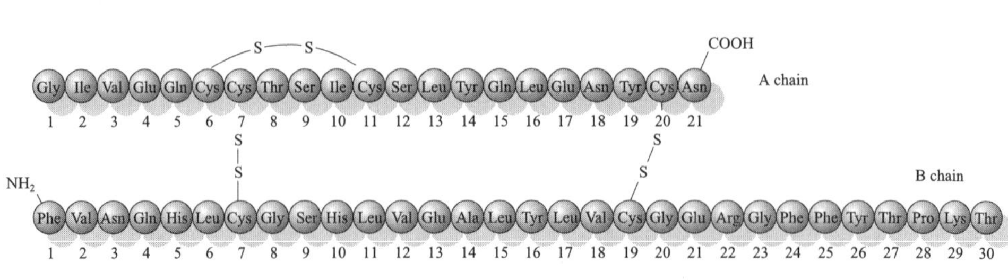

그림 5.13 인슐린의 아미노산 서열
두 가닥의 폴리펩티드 사슬이 이황화결합에 의해 연결되어 있다. 이황화결합이 절단되면 활성이 소실된다. A 사슬은 21개의 아미노산으로 이루어져 있고, B 사슬은 30개의 아미노산으로 구성되어 있다.

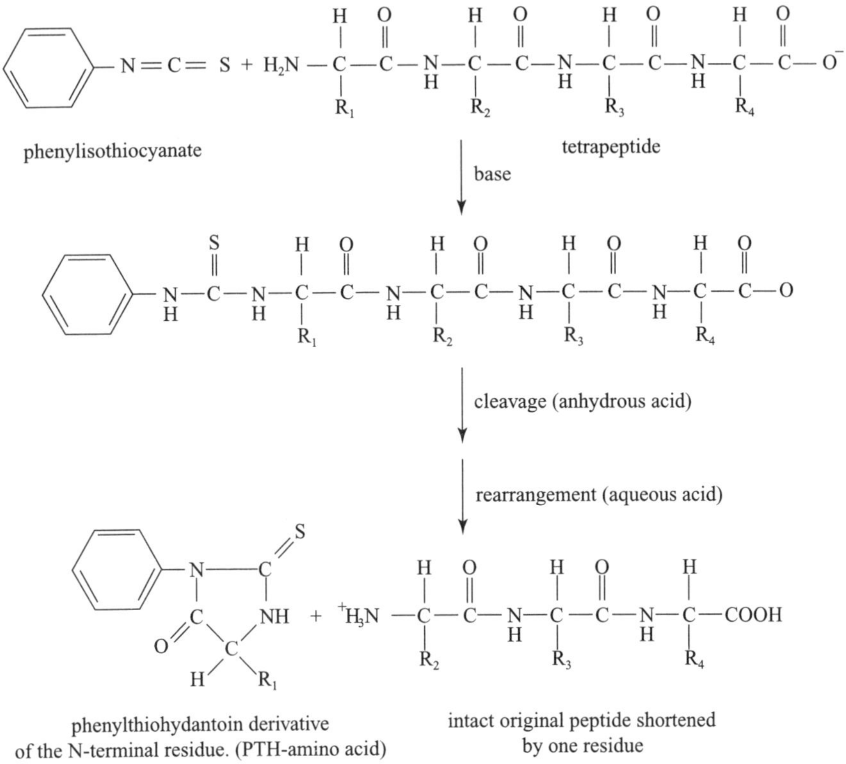

그림 5.14 Edman 분해법

단 아미노산 잔기가 페닐티오히단토인 유도체로서 제거되고 나머지 펩티드 결합은 분해되지 않고 그대로 남아 있게 된다. 같은 방식으로 PITC 시약을 처리하는 과정을 반복하여 전체의 폴리펩티드 사슬의 아미노산 서열을 확인할 수 있다. 이 방법을 기계적으로 수행할 수 있는 **서열분석기**(sequenator)가 만들어져서 아주 극소량의 단백질 시료만 가지고도 완벽한 아미노산의 서열을 알아낼 수 있다.

아주 긴 폴리펩티드 사슬의 아미노산 서열을 결정하기 위해서는 우선 작은 단편으로 만들어 단계적으로 각 단편의 아미노산의 서열을 결정하여, 그 결과들을 조합함으로써 전체 폴리펩티드 사슬의 아미노산 서열을 결정하면 된다.

2) 2차 구조

단백질의 2차구조(secondary structure)는 폴리펩티드의 한 부분이 이루는 반복적인 구

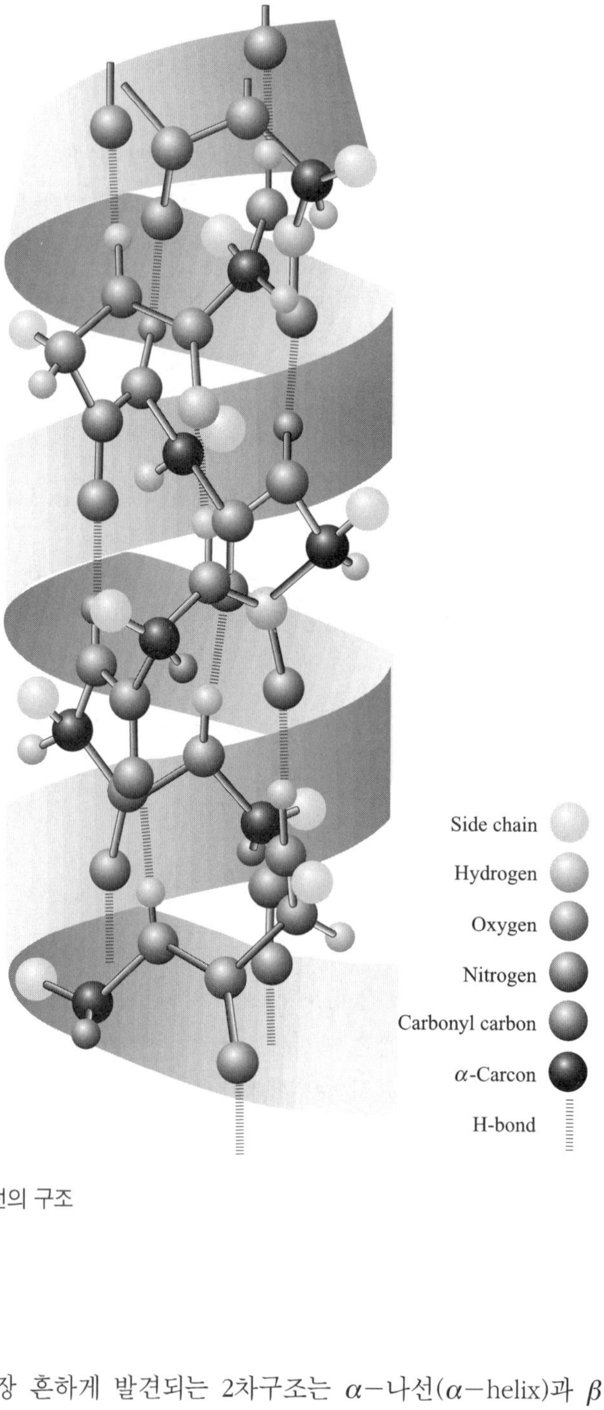

그림 5.15 α-나선의 구조

조를 말한다. 가장 흔하게 발견되는 2차구조는 α-나선(α-helix)과 β-병풍구조(β-pleated structure)이다. 펩티드 결합의 경직성으로 인해 α-탄소 부위에서 폴리펩티드 사슬이 꺾이게 되고 그 결과 전체적으로 나선구조나 병풍구조의 형태를 취하게 된다.

α–**나선구조**에서 α–탄소에 결합되어 있는 치환기(R group)는 나선구조의 바깥쪽을 향해 뻗어나가게 되며, 한 아미노산의 N–H기와 다음 네 번째에 위치하고 있는 아미노산의 C=O기의 사이에 수소결합을 형성하여 구조의 안정화에 기여한다. 단백질을 구성하는 아미노산 중 몇몇은 α–나선구조를 이루는 데 부적합하다. 예를 들면, 글리신(R=H)의 경우는 치환기의 크기가 너무 작아 부적합하며, 특이한 구조를 가진 프롤린의 경우는 α–나선구조를 수용할 수 없다. 그러므로 프롤린의 함량이 유난히 높은 단백질인 콜라겐의 경우 나선구조를 취하지 않고 독특한 구조를 가지게 된다. 이외에도 전하를 가지는 글루탐산 및 아스파르트산이나 부피가 큰 치환기를 가지는 트립토판은 α–나선구조를 형성하기에 부적합하다.

β–**병풍구조**는 둘 이상의 폴리펩티드 사슬이 평행하게 달리고 있을 때 형성된다. 이 구조는 α–나선구조보다 더 신장된 구조를 취하고 있다. 축을 중심으로 꼬여있는 α–나선구조와는 달리 β–병풍구조에서는 폴리펩티드 사슬의 골격이 지그재그(zigzag)형으로 뻗어 있다. 지그재그형의 폴리펩티드 사슬이 서로 나란히 배치되어 있는 또 다른 사슬과 수소결합을 형성하여 β–시트(β–sheet) 구조를 이룬다. α–탄소에 결합되어 있는 R기는 β–시트의 위와 아래를 향하여 교대로 돌출되어 있다.

또 하나의 독특한 2차구조로 β–**회전**(β–turn)을 들 수 있다. α–나선이나 β–병풍구조들이 연속적으로 이어지는 이음새 부분에서 폴리펩티드 사슬의 방향이 급격히 바뀌는 부분에 적합한 구조이다. 아미노산 중 글리신이나 프롤린이 이 부분에서 많이 나타난다.

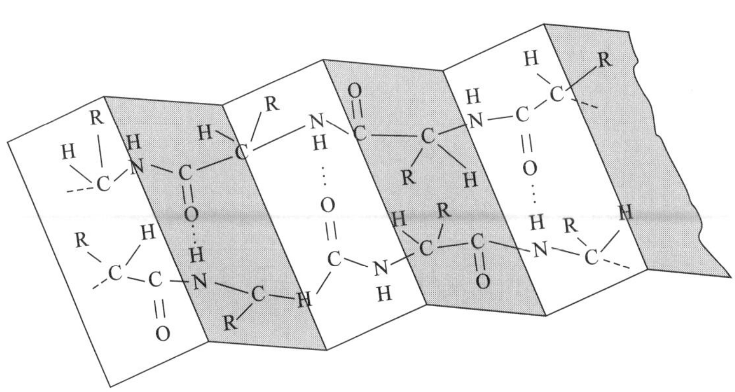

그림 5.16 β–병풍 구조

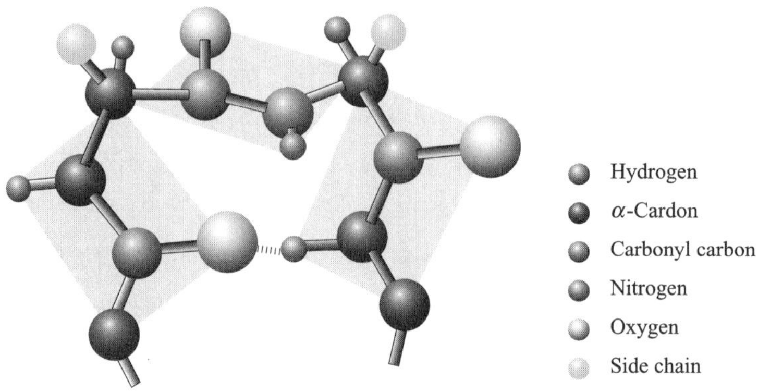

그림 5.17 β-회전의 구조

3) 3차 구조

하나의 폴리펩티드 사슬을 구성하는 모든 원소들의 전체적인 입체배열을 3차구조(tertiary structure)라 한다. 3차구조는 폴리펩티드 사슬이 가지는 1차구조와 다양한 2차구조들에 다양한 힘이 작용하여 열역학적으로 가장 안정한 형태를 취한 것이다. 이 때 작용하는 힘에는 다음과 같은 것들이 있다.

- **수소결합**(hydrogen bond) : α-나선 혹은 β-sheet 사이의 수소결합 또는 수소결합이 가능한 아미노산의 측쇄들 사이에서 이루어진 수소결합.
- **이황화결합**(disulfide bond) : 두 개의 시스테인 잔기들 간에 형성된 공유결합.
- **정전기적 인력**(electrostatic force) : 아미노산의 치환기 중 양전하인 것과 음전하를 띤 것 사이에 작용하는 인력으로 염결합(salt bridge)이라고도 한다.
- **소수성 상호작용**(hydrophobic interaction) : 소수성 치환기를 가진 아미노산의 측쇄들 간의 상호작용.
- **용매와의 상호작용** : 폴리펩티드 사슬을 구성하는 원소들이 주위의 용매와 상호작용하여 위에 열거한 다양한 결합을 할 수 있다.

폴리펩티드 사슬의 특이적인 3차구조는 물리·화학적인 처리에 의해 변형될 수 있는데 이를 단백질의 **변성**(denaturation)이라 한다. 단백질의 변성요인으로는 열, 강산 또는 강염기, 유기용매 및 고농도의 염 용액의 처리를 들 수 있다. 이러한 요인이 단백질의 용액에 가해지면 위에서 살펴본 단백질을 안정화시키는 다양한 힘을 결과적으로 파괴한다. 그

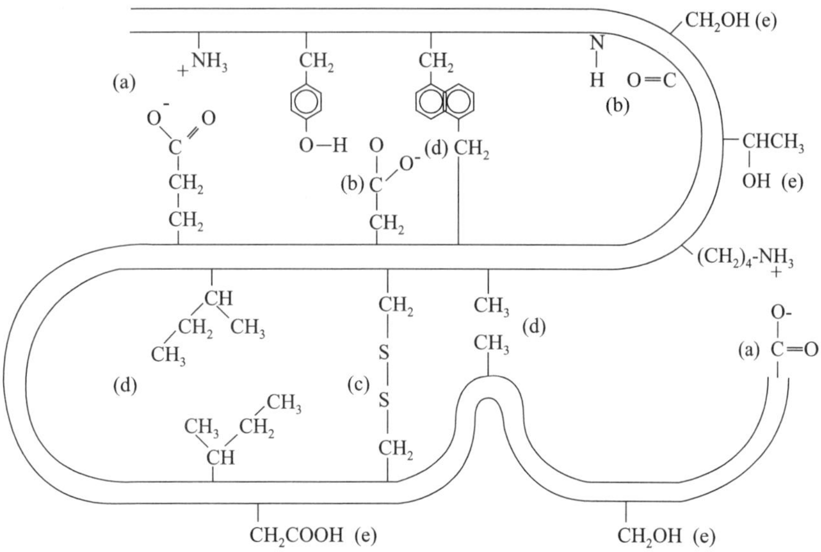

그림 5.18 단백질의 3차구조를 안정화시키는 상호작용
(a) 정전기적 인력, (b) 수소결합, (c) 이황화결합, (d) 소수성 상호작용, (e) 용매인 물과의 극성 상호작용

결과, 물에 대한 용해도가 감소하는 물리적인 변화가 일어나는 것은 물론 고유한 생물학적 활성마저도 잃게 된다. 변성된 단백질은 특수한 조건하에서 그 변성인자를 제거해 주면 원래의 모양으로 돌아오며, 어떤 경우에는 본래의 생물학적인 활성까지 되찾기도 한다.

4) 4차 구조

어떤 단백질은 여러 개의 폴리펩티드 사슬을 가지고 있다. 이러한 단백질을 **올리고머**(oligomer)라 하는데, 이때 함유하는 폴리펩티드 사슬들은 모두 동일한 것일 수도 있고, 서로 다른 사슬을 가지고 있는 경우도 있으며 보통 짝수 개의 사슬을 가진다. 올리고머의 경우 각각의 폴리펩티드 사슬을 **소단위체**(subunit)라고 부른다. 이렇게 여러 개의 폴리펩티드 사슬로 구성되어 있는 복잡한 단백질이 가지고 있는 입체구조, 즉 각 소단위체들 간의 입체 배열을 **4차구조**(quaternary structure)라고 한다.

단백질의 입체적인 형태에 따라 섬유상 단백질(fibrous protein)과 구상 단백질(globular protein)로 대별하기도 한다. 섬유상 단백질의 대표적인 예는 α−케라틴(α−keratin)과 콜라겐(collagen)이 있다. α−케라틴은 머리카락, 털, 피부, 손 · 발톱을 구성하는 단백질로 거의 대부분 α−나선구조로 이루어진 폴리펩티드이다. 콜라겐은 포유동물이 가장 풍부하게 함유하고 있는 단백질로서 결체조직을 이루는 주성분이다. 콜라겐은 세 가닥의 트로포콜라겐(tropocollagen) 분자가 서로 나선형으로 꼬여 있는 구조이며 아미노산의 조성도 특이하다. 콜라겐을 구성하는 아미노산의 1/3이 글리신이며 프롤린과 4−히드록시프롤린이 30% 이상을 차지한다. 섬유상 단백질은 물에 불용성이며 척추동물에서 몸의 구조를 지탱해 주고 외면을 보호하는 기능을 담당한다. 그러나 일반적으로 **구상 단백질**은 물에 대한 용해도가 크며, 대부분의 효소, 운반단백질, 운동단백질, 조절단백질, 면역글로불린 등의 많은 단백질이 구상 단백질 형태를 취한다.

5. 산소운반 단백질

단백질의 기능을 이해하기 위해 단백질의 3차원적 구조를 아는 것이 매우 중요하다. 단백질의 구조는 언제나 일정한 정적구조(static structure)가 아니고 상호작용하고 있는 다른 분자들과의 결합에 의해 크거나 작은 변화를 받는 동적구조(dynamic structure)이다. 가장 먼저 연구되고 많이 알려져 있는 미오글로빈과 헤모글로빈의 구조를 살펴봄으로써 단백질의 구조와 기능에 관한 이해를 넓혀보도록 하자.

1) 미오글로빈

미오글로빈(myoglobin)은 대부분의 포유동물의 근육에서 발견되는 비교적 간단한 산소와의 결합력이 높은 단백질이다. 이것은 바다 속에서 장시간 생활하는 고래와 같은 포유동물에 특히 많이 함유되어 있다. 153개의 아미노산 잔기를 가지는 글로빈 단백에 하나의 **헴**(heme) 구조가 단단하게 결합되어 있다. 헴 분자처럼 단백질에 단단하게 결합되어 있는 분자단을 **보결분자단**(prosthetic group)이라 하며 여기에 산소가 가역적으로 결합하게 된다.

2) 헤모글로빈

헤모글로빈(hemoglobin)은 4개의 폴리펩티드 사슬을 가지는 4량체로 α사슬 2개와 β사슬 두 개를 가진 $\alpha_2\beta_2$ 구조이다. 각각의 소단위체에 한 분자씩의 헴을 가지고 있어 산소가 풍부할 경우에는 헤모글로빈 한 분자에 4분자의 산소와 결합할 수 있다. 적혈구 내에

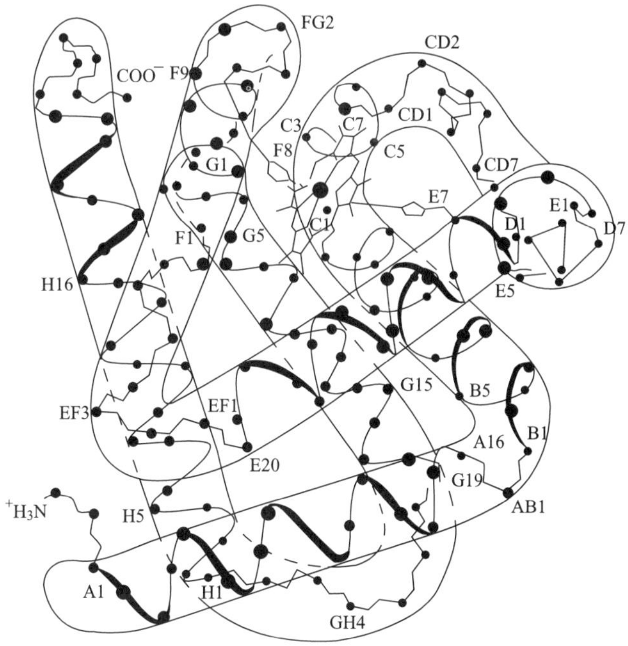

그림 5.19 미오글로빈의 구조

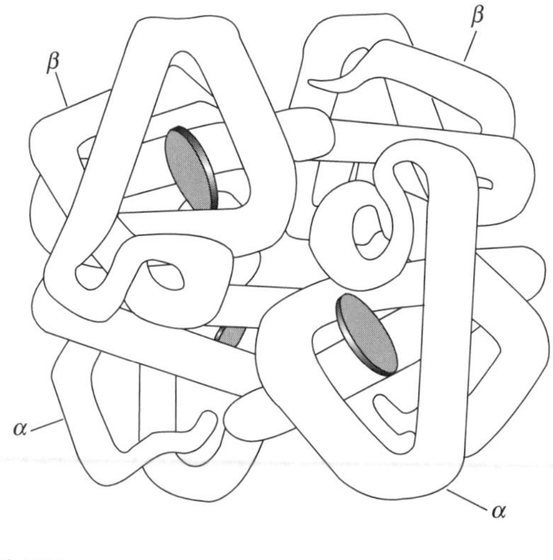

그림 5.20 헤모글로빈의 구조

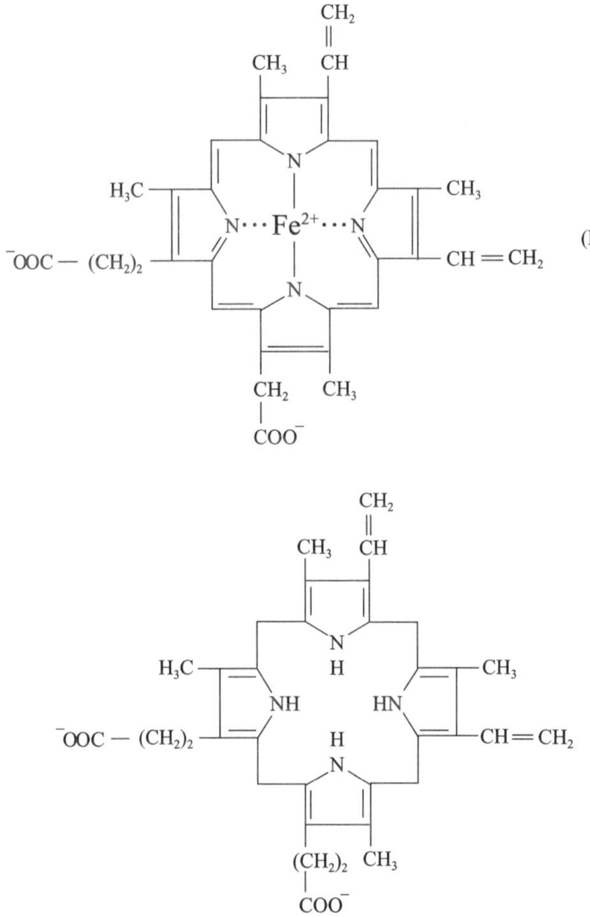

그림 5.21 Protoporphyrin IX 및 heme의 구조

다량으로 함유되어 있으며 혈액의 붉은 색을 나타낸다.

헤모글로빈은 분자량이 64,600으로 거의 구형이다. α소단위체는 아미노산 잔기 141개, β소단위체는 146개의 아미노산 잔기로 이루어져 있다. α소단위체와 β소단위체의 아미노산 배열은 유사성이 별로 없으나 전체적인 구조는 매우 유사하며 미오글로빈의 구조와도 유사하다. 헤모글로빈의 4차구조는 소단위체들 간의 상호작용에 의해 아주 밀접하게 연합되어 있다. Max Perutz는 X선으로 헤모글로빈을 분석하여 R 상태(relaxed state)와 T 상태(taut state)의 두 가지 상태가 있다는 것을 알아내었다. 두 가지 모두 산소와 결합할 수는 있으나, R 상태의 경우 산소와의 친화력이 훨씬 높고, 산소와 결합함으로써 R 상태가

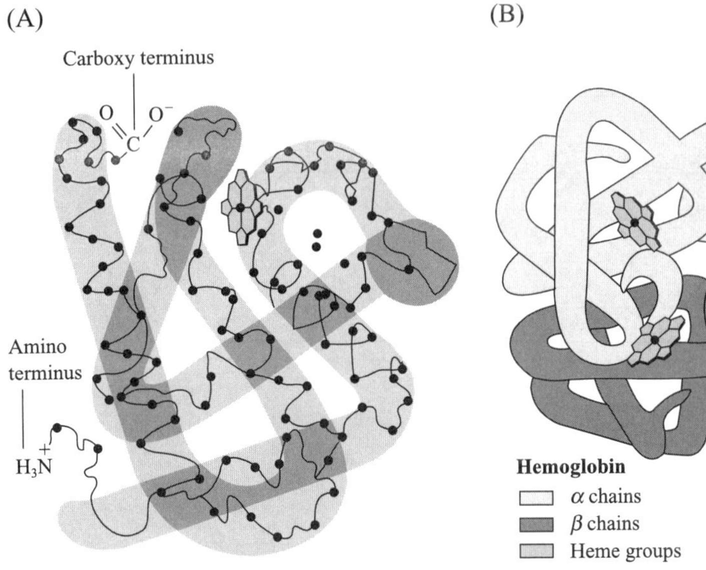

그림 5.22 Myoglobin(A)과 hemoglobin(B)의 구조

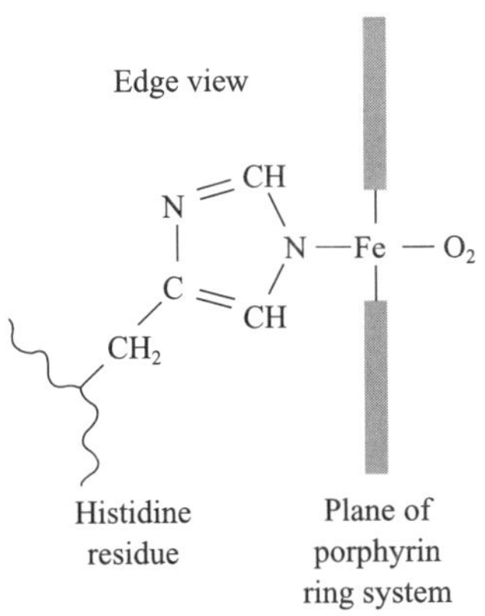

그림 5.23 Heme 기의 측면구조
산소의 결합부위를 설명한다.

더욱 안정해지는 것을 관찰하였다. 산소 1분자가 어느 한 소단위체와 결합하면 다른 소단위체가 산소분자와 결합하도록 더욱 촉진한다. 그러므로 4개의 소단위체는 서로 협동적

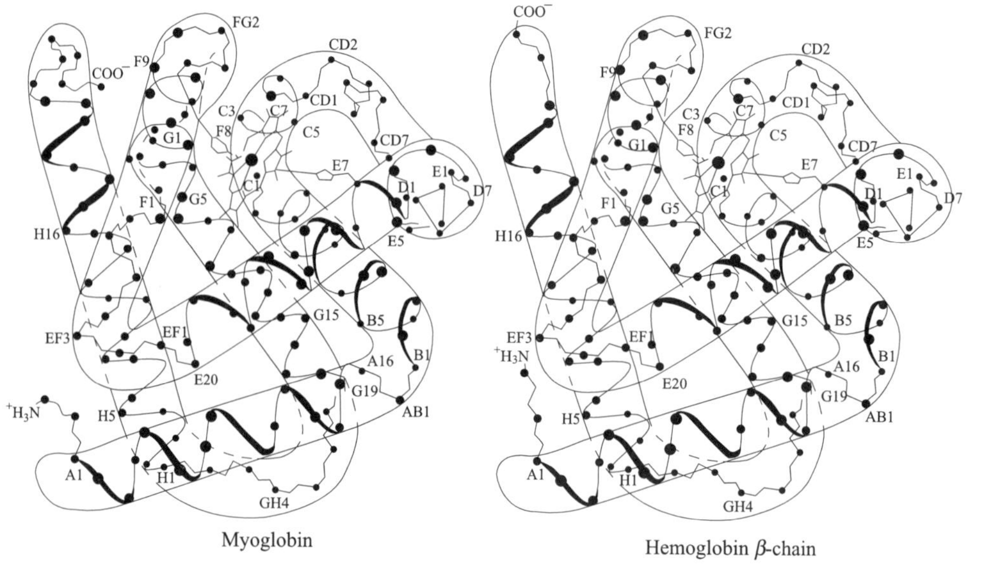

그림 5.24 Myoglobin과 hemoglobin β subunit의 구조
헤모글로빈의 각 소단위체는 미오글로빈과 구조적으로 유사하다

으로 산소의 결합을 촉진시킨다. 이 현상을 **협동성**(cooperativity)이라 한다. 미오글로빈은 한 개의 소단위체로만 이루어져 있으므로 이러한 협동성은 보이지 않는다.

3) 산소결합곡선

산소결합곡선(O_2-binding curve)은 산소분압에 따른 헴기의 산소포화도를 그래프로 나타낸 것으로 **산소해리곡선**(O_2-dissociation curve)이라 부르기도 한다. 폐포(alveolus)의 산소분압(pO_2)은 약 100mmHg(torr), 폐의 모세혈관에서는 90mmHg, 수축하고 있는 근육에서는 20mmHg까지 낮아진다.

미오글로빈과 헤모글로빈의 산소결합곡선은 모양이 다르다. 미오글로빈의 산소결합곡선은 **직각쌍곡선**(rectangular hyperbola)이다. 이것은 미오글로빈이 다음과 같은 평형을 이루기 때문이다.

$$Mb + O_2 \rightleftarrows MbO_2$$

헤모글로빈의 산소결합곡선은 S-자 모양이다. 헤모글로빈은 산소분압이 낮을 때 산소

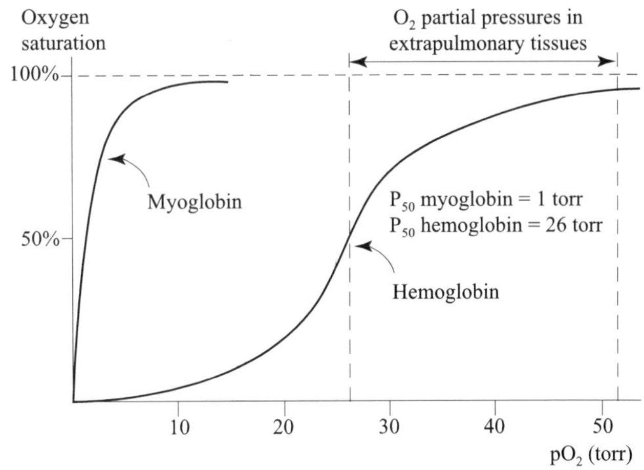

그림 5.25 Myoglobin과 hemoglobin의 산소결합곡선

와의 결합력이 매우 낮다. 그러나 헤모글로빈을 구성하는 소단위체들의 협동작용으로 두 번째, 세 번째, 네 번째 산소의 헤모글로빈과의 친화력은 점점 증가한다. 이를 **양성 협동성**(positive cooperativity)이라 한다

미오글로빈은 헤모글로빈에 비하여 언제나 높은 산소결합능력을 보여 준다. 이것은 생리학적으로 매우 중요한 일인데, 미오글로빈이 산소에 대한 친화력이 언제나 더 크므로 헤모글로빈으로부터 산소를 빼앗게 된다. 폐포로부터 헤모글로빈이 산소를 운반하여 근육에 도달하면 산소는 헤모글로빈 분자를 떠나 미오글로빈과 결합하고 결과적으로 근육에서 에너지 대사에 쓰이게 되는 것이다.

헤모글로빈은 폐포로부터 조직으로 산소를 운반하는 이외에도, H^+와 CO_2의 조직 내 운반에도 관여한다. 세포 호흡의 결과 발생된 노폐물인 H^+와 CO_2를 그들의 배출장소인 신장과 폐로 운반한다. 잘 알고 있듯이 CO_2는 물에 잘 녹지 않는다. 그러므로 CO_2를 혈액 중에 녹여 폐포까지 운반하기 위해서는 특별한 대책이 필요하다. 적혈구에는 **탄산탈수효소**(carbonic anhydrase)가 풍부하게 있다. 이 효소의 작용에 의해 CO_2는 다음과 같이 반응한다.

$$CO_2 + H_2O \quad H^+ + HCO_3^-$$

CO_2의 일부는 헤모글로빈의 N－말단 잔기의 $-NH_2$기와 결합하여 카르밤산(carbamate)을 형성하여 운반된다.

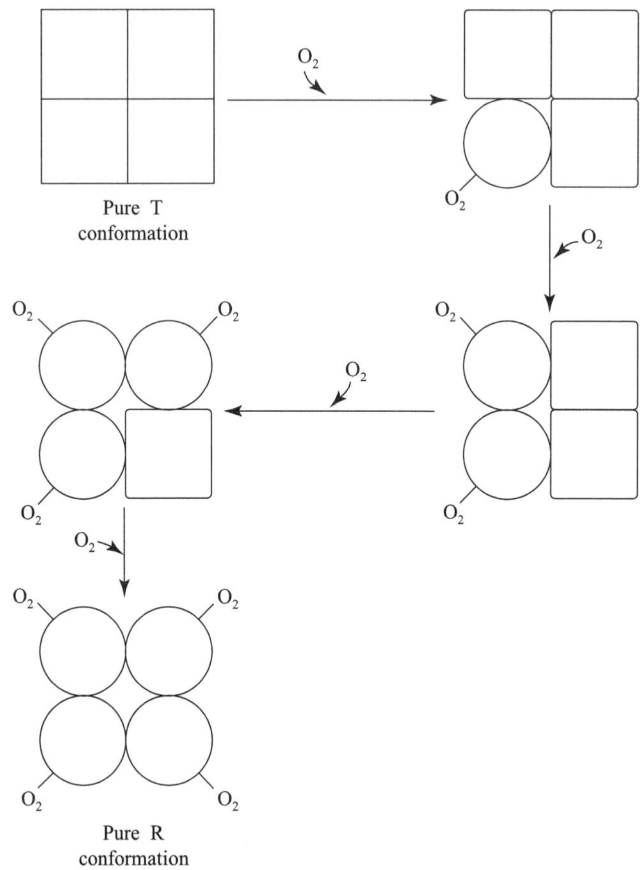

그림 5.26 Koshland의 sequential binding model
사각형으로 표시된 소단위체는 산소와의 친화력이 낮은 T 상태, 원형으로 표시된 소단위체는 R 상태를 나타내었다.

H^+는 헤모글로빈을 구성하는 아미노산에 수소화되는 방식을 결합하여 운반된다. 혈액 중의 H^+가 많이 있으면, 즉 혈액이 산성화되면 헤모글로빈의 산소에 대한 친화력이 현저하게 감소한다. 이 현상은 대사작용이 왕성한 조직에서 CO_2의 발생이 증가하고 이로 인하여 pH가 저하되는 점을 고려할 때, 산소 소모량이 늘어나는 생체의 필요에 부응하기 위한 메커니즘이라 생각하면 이해하기 쉬울 것이다.

헤모글로빈의 산소결합능력에 영향을 주는 중요한 대사물질이 있다. 2,3-**비스포스포글리세르산**(2,3-bisphosphoglycerate ; BPG)가 바로 그것이다. 앞에서 미오글로빈에 비해 헤모글로빈의 산소결합능력이 언제나 낮았던 것을 기억하자. 그러했던 가장 큰 이유는 바

$$\text{Hemoglobin} - NH_2 + CO_2 \rightleftharpoons \text{Hemoglobin} - NH - \underset{\text{carbamate}}{\overset{O}{\overset{\|}{C}}} - O^- + H^+$$

그림 5.27 Hb에 의한 이산화탄소의 운반
N-말단 잔기에 carbamate를 형성하여 운반된다.

로 BPG 때문이다. BPG는 헤모글로빈의 소단위체들의 집합체에 결합하여 산소에 대한 결합력을 낮춘다. 미오글로빈에는 BPG가 결합하는 부위가 없으므로 영향을 받지 않는다.

4) 낫세포 헤모글로빈(sickle-cell hemoglobin)

낫세포빈혈은 초승달 또는 낫 모양의 적혈구를 가지는 상염색체 열성유전 질환이다. 미국 흑인 인구의 약 9%가 지니고 있는 심한 빈혈증세를 호소하는 질환이다. 이러한 환자들의 적혈구 모양이 낫 모양을 가진 데서 이 이름이 지어졌다. 이들의 적혈구 내에 있는 헤

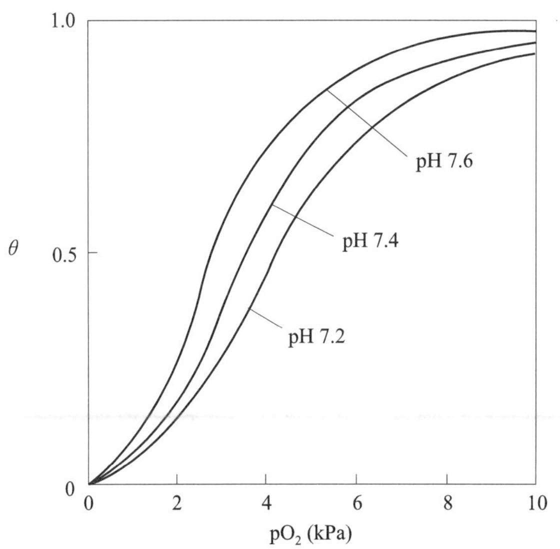

그림 5.28 헤모글로빈의 산소결합에 대한 pH의 영향
혈액의 pH가 낮아질수록 곡선은 아래에 위치한다. 즉, 산소에 대한 친화력이 떨어진다.

모글로빈은 정상 헤모글로빈과는 약간 다르다. 이 헤모글로빈을 **헤모글로빈** S(HbS)라 하며, 정상 헤모글로빈과의 차이는 β−소단위체의 6번 위치에 있는 Glu가 Val으로 치환된 것 뿐, 다른 아미노산들은 모두 동일하다. 이렇게 아미노산 잔기 하나가 치환됨으로써 β−소단위체의 표면에 서로 붙을 수 있는 소수성 결합자리를 형성하게 된다. 특히 산소와 결합하지 않은 상태에서 이러한 현상이 심각하여 HbS 분자들끼리 상호작용하여 긴 섬유상 집합체를 형성하고, 그 결과로 적혈구 형태적 이상을 초래하고 용혈현상을 유발한다. 치료를 받지 않으면 조기 사망을 초래한다. 열성유전질환이므로 **동형접합체**(homozygote)인 경우는 그 증세가 발현되나 **이형접합체**(heterozygote)인 경우는 증세가 나타나지 않고 다만 말라리아에 대한 얼마간의 저항성을 보유하게 된다.

6. 단백질과 아미노산의 대사

아미노산은 생체 단백질을 구성하여 여러 가지 중요한 기능을 수행하며, 여분의 아미노산은 에너지 생산에 이용되기도 한다. 인체는 에너지 급원으로 당질과 지질을 주로 사용하나, 기아나 특정한 대사질환(예; 당뇨병)의 경우에는 단백질을 생체 연료로 사용하게 된다. 또 생체가 필요로 하는 것보다 많은 단백질을 섭취한 경우 소화 흡수된 과잉의 아미노산은 분해되어야 한다. 아미노산에서 α−아미노기가 제거되고 남은 탄소골격 부분은 이산화탄소와 물로 산화되어 에너지원으로 이용되거나, 뇌 또는 다른 조직의 에너지원으로 쓰일 수 있는 글루코오스로 전환된다.

1) 단백질의 소화와 아미노산의 흡수

음식물 중의 단백질을 섭취하면 위장관 내에서의 여러 단계의 소화과정을 거쳐 궁극적으로 유리 아미노산으로 분해된다. 이들 아미노산은 소장 내강에서 상피세포층으로부터 흡수되고 모세혈관으로 들어가 신체 각 부위로 수송되어 쓰인다.

식이단백질이 위에 도달하면 **가스트린**(gastrin)이라는 호르몬이 분비되고, 이 호르몬은 위액 분비를 자극한다. 위벽의 주세포(chief cell)에서 분비되는 **펩시노겐**(pepsinogen)은 활성이 없으나, 벽세포(parietal cell)에서 분비되는 염산에 의해 **펩신**(pepsin)으로 전환되어 폴리펩티드 사슬을 펩티드로 분해한다. 이 산성 내용물이 소장으로 이동하면 장에서는 **세크레틴**(secretin)이라는 호르몬이 분비된다. 이 호르몬의 자극에 의해 췌장으로부터 **트립신**(trypsin), **키모트립신**(chymotrypsin), **카르복시펩티다아제**(carboxypeptidase)의 전구효소

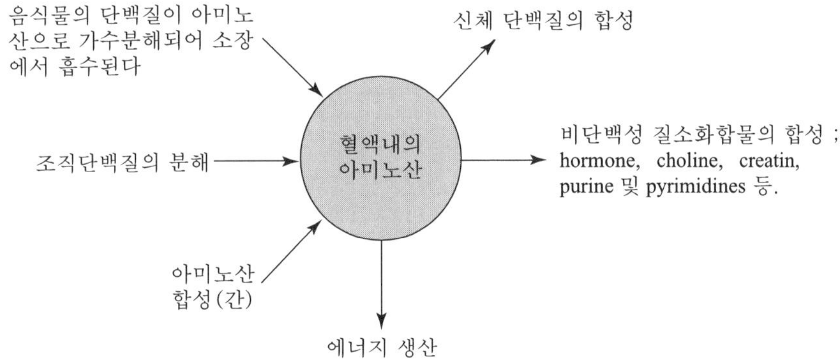

그림 5.29 단백질과 아미노산 대사의 개요

인 트립시노겐(trypsinogen), 키모트립시노겐(chymotrypsinogen) 및 프로카르복시펩티다아제(procarboxypeptidase)가 분비된다. 이 효소들은 위에서 펩신에 의해 분해된 펩티드들을 더 작은 펩티드로 가수분해한다. 펩신, 트립신 및 키모트립신이 각기 다른 아미노산에 대한 특이성을 가지므로 이 효소들에 의한 단백질분해는 매우 효과적으로 수행된다. 펩신은 페닐알라닌, 트립토판 및 티로신 잔기의 아미노 말단의 펩티드 결합을 분해하고, 트립신은 리신과 아르기닌 잔기의 카르복시 말단의 펩티드 결합을, 또 키모트립신은 페닐알라닌, 트립토판 및 티로신 잔기의 카르복시 말단의 펩티드 결합을 선택적으로 가수분해한다. 이들 효소들의 연속적인 작용에 의하여 유리 아미노산의 혼합물이 형성되고, 이들은 소장 상피세포에서 모세혈관을 통해 흡수되어 문맥(portal vein)을 거쳐 간으로 들어간다. 간에 도달한 아미노산들은 간세포 내에서 효소, 핵산, 포르피린 등의 다양한 생체분자를 합성하는 데 이용되며 여분의 아미노산은 분해되어 에너지 발생에 이용된다.

2) 아미노산의 분해

아미노산의 분해가 이루어지기 위해서는 우선 아미노기가 제거되어야 한다. 제거된 아미노기는 다른 질소를 함유하는 생체성분을 합성하는 데 이용되거나 체외로 배설된다. 아미노기가 제거되고 남은 탄소골격은 궁극적으로는 구연산회로를 거쳐 완전 연소될 수도 있고, 이들로부터 다른 생체물질의 합성에 이용되기도 한다. 피루브산이나 구연산회로의 중간체로 대사되는 아미노산은 글루코오스를 합성하는 데 쓰일 수 있다. 이러한 아미노산을 당원성(glucogenic) 아미노산이라고 한다. 그리고 아세토아세틸-CoA와 아세틸-CoA로 분해되는 아미노산은 케톤체(ketone body)와 지질을 만드는 데 쓰일 수 있으므로 케톤

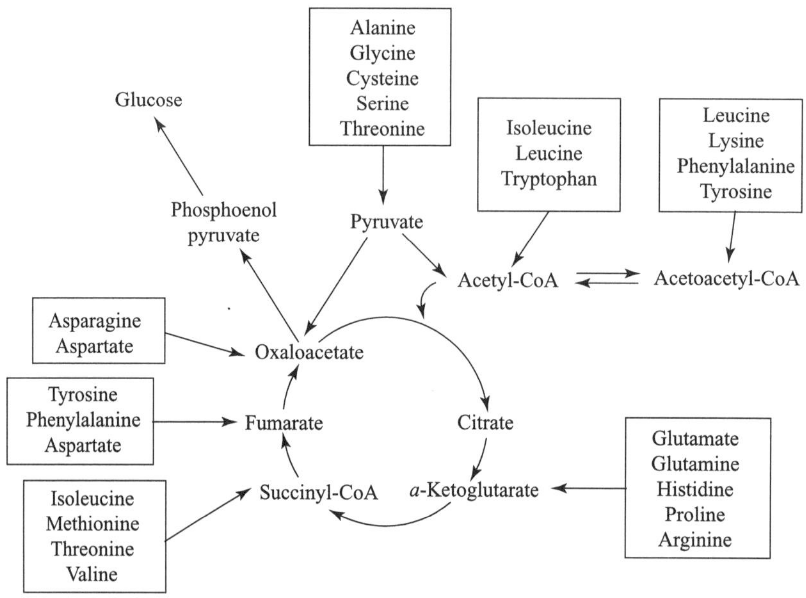

그림 5.30 아미노산의 분해대사경로

원성(ketogenic) 아미노산이라고 한다. 로이신은 유일한 케톤원성 아미노산이다. 페닐알라닌, 티로신, 트립토판, 리신 및 이소로이신은 당원성과 케톤원성의 양쪽 성질을 다 가지고 있으며, 나머지 14종의 아미노산은 당원성 성질만 가지고 있다.

아미노산 대사과정과 관련있는 유전적 결함이 있다. 예를 들어 페닐케톤뇨증의 경우는 페닐알라닌 대사과정의 첫 번째 효소인 phenylalanine hydroxylase가 결핍되어 나타나는 질환으로 페닐알라닌이 티로신으로 전환되지 않는다. 그 결과 조직 중에 페닐알라닌과 그 대사산물인 phenylpyruvate가 축적되어 정신발달지연(mental retardation) 현상이 나타난다. 아미노산 대사과정과 관련된 몇 가지 유전질환을 표 5.6에 정리하였다.

(1) 아미노기 전달효소의 반응

아미노산의 분해반응의 첫 단계에는 아미노기 전달효소(aminotransferase 또는 transaminase)라고 하는 효소가 작용하여 아미노기를 제거한다. 이 반응을 아미노기 전달반응(transamination)이라 한다. 이때 아미노산의 α−아미노기는 α−케토글루타르산(α−ketoglutarate)의 α−탄소에 전달되고, 아미노산의 나머지 부분은 α−케토산(α−keto acid)이 된다. α−아미노기를 받은 α−케토글루타르산은 글루탐산으로 전환되고, 이 글

표 5.6 아미노산 대사과정과 관련된 유전질환

질환명	빈도*	결손효소	증세
Albinism	3	Tyr hydroxylase	색소결손, 백모
Phenylketonuria	8	Phe hydroxylase	정신지체, 신생아 구토
Alkaptonuria	0.4	Homogentisic acid−1,2 −dioxygenase	
Homocystinuria	0.5	Cystathionine−β−synthase	
Maple−syrup urine disease	0.4	Branched chain α−keto acid dehydrogenase complex	
Methylmalonic acidemia	〈 0.5	Methylmalonyl CoA mutase	구토, 발작

* 빈도는 인구 10만 명당 발생 빈도임.

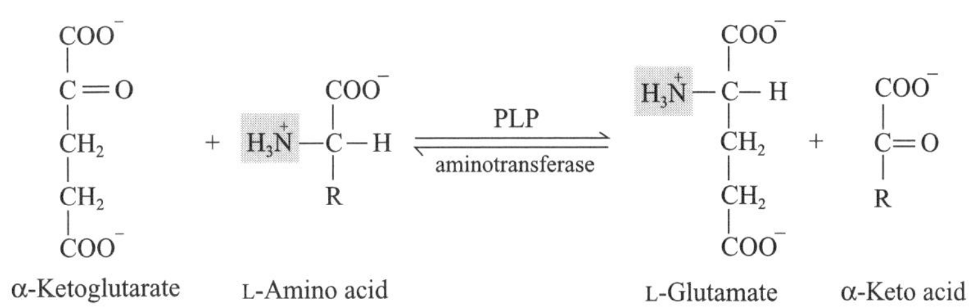

그림 5.31 아미노기 전달반응

루탐산으로부터 여러 가지 생체분자가 만들어지거나 질소배설물이 만들어져서 뇨 중으로 배설된다.

아미노기 전달효소들은 공통적으로 피리독살 인산(pyridoxal phosphate ; PLP)이라는 보조효소를 필요로 한다. PLP는 이 효소의 활성 부위에서 아미노기를 운반하는 기능을 담당한다. 혈청 중의 알라닌 아미노기 전달효소(alanine amino transferase)와 아스파르트산 아미노기 전달효소(aspartate amino transferase)의 수준을 측정하는 것이 임상 진단에서 중요한 지표가 되고 있다.

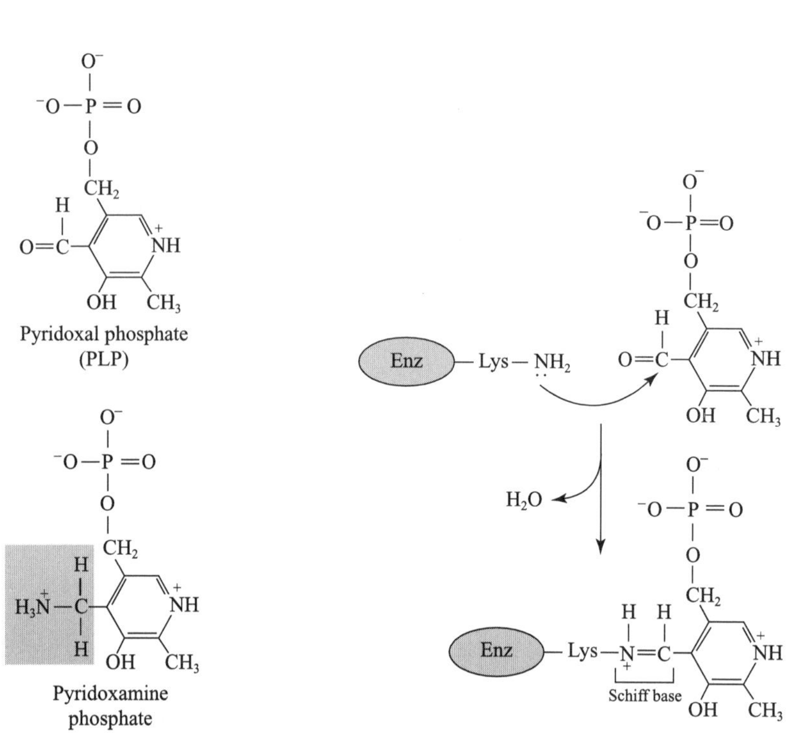

그림 5.32 Pyridoxal phosphate의 작용
아미노기 전이효소의 보결분자단으로서 중요한 역할을 담당한다. PLP가 아미노기를 전달받으면 pyridoxamine phosphate로 전환되며, 이 과정에서 Schiff base가 형성된다.

(2) 글루탐산 탈수소효소의 반응

위에서 살펴본 바와 같이 아미노기 전달효소의 반응에 의해 대부분의 아미노산의 아미노기는 글루탐산의 형태로 모아진다. 이 글루탐산으로부터 어떻게 아미노기가 제거되어 질소배설물을 만들게 되는지 알아보자.

글루탐산은 간세포에서 미토콘드리아 속으로 운반되고, 그곳에 있는 효소인 **글루탐산 탈수소효소**(glutamate dehydrogenase)에 의해 산화적 탈아미노반응(oxidative deamination)을 거친다. 산화적 탈아미노반응이란 산화반응(oxidation)과 아미노기 제거반응(deamination)이 동시에 이루어지는 반응을 말한다.

글루탐산 탈수소효소의 반응에 의해 유리되는 아미노기로부터 질소배설물인 요소(urea)가 만들어진다. 그 과정은 요소회로에서 살펴보기로 한다.

글루탐산 탈수소효소는 포유류의 간에 있는 효소로 보조효소로서 NAD^+ 또는 $NADP^+$를 필요로 하는 효소이다. 그러므로 이 효소의 산화적 탈아미노반응에 의해 NADH 또는

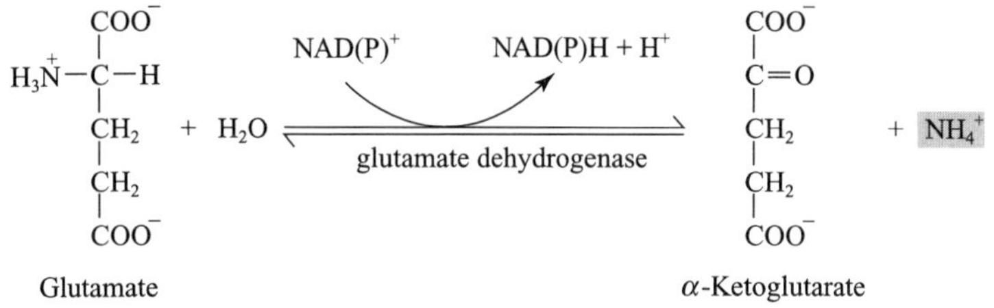

그림 5.33 Glutamate dehydrogenase의 반응

이 효소의 작용으로 NH_4^+가 제거되면서 NAD(P)H의 형태로 전자 한 쌍이 제거되는 반응, 즉 산화반응이 일어나므로 산화적 탈아미노반응이라 한다.

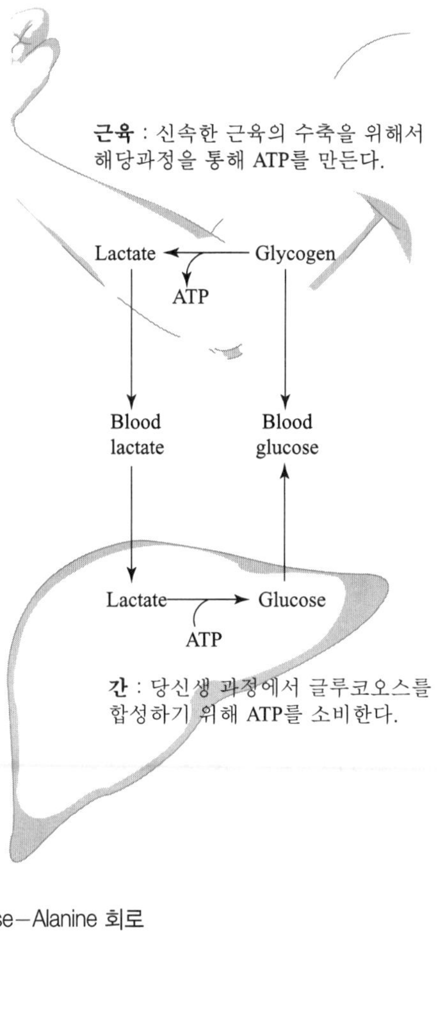

그림 5.34 The Glucose–Alanine 회로

NADPH가 만들어지며, NADH는 ATP 생성에, NADPH는 생합성과정에서 환원제로 쓰이게 된다.

혈액 중에서는 암모니아가 글루타민의 형태로 운반된다. 세포 내에서는 암모니아의 운반체로서 글루탐산이 일반적이나 세포 밖에서 암모니아를 운반하기 위해서는 암모니아가 글루탐산과 결합하여 글루타민의 형태를 취한 후 혈액 중으로 방출된다. 이 과정에서 **글루타민합성효소**(glutamine synthetase)가 작용한다.

또한 근육 중에서 생성된 암모니아를 처리장소인 간으로 보내기 위해서는 **글루코오스-알라닌회로**(glucose-alanine cycle)를 이용한다. 활동하는 근육 중에 많이 있는 피루브산(pyruvate)이 알라닌 아미노기 전달효소의 작용에 의해 아미노기를 전달받으면 알라닌으로 전환된다. 이 때 형성된 알라닌이 혈액을 타고 간으로 이동하여 간세포에서 아미노기를 떼어 주고 피루브산으로 전환되고 이 피루브산은 당신생과정을 거쳐 글루코오스로 전환되어 다시 혈액을 타고 근육으로 전달되어 에너지원으로 쓰이게 된다.

우리는 여기서 한 가지 생각해 볼 필요가 있다. 왜 이렇게도 복잡한 과정에 의해 아미노산의 아미노기 질소를 운반해야 하는 것인가. 그것은 바로 암모니아가 인체에 유독하기 때문이다. 혈액 중에 암모니아의 농도가 정상보다 높은 것을 **고암모니아혈증**(hyperammonemia)이라 하며, 이때 발생하는 암모니아 중독 증상은 혼수상태를 포함하여 뇌의 장해를 일으키기 때문에 독성이 없는 형태를 만들어 혈액 중에서 운반할 필요가 있는 것이다.

3) 요소회로

동물의 종에 따라 아미노산성 질소의 배설 형태가 다르다. 사람을 포함한 영장류는 요소를 만들어 배설하므로 요소 배설성(ureotelic) 생물이라 하고, 대부분의 수중동물은 암모니아 형태로 바로 배설하기 때문에 암모니아 배설성(ammonotelic) 생물이라 한다. 조류와 파충류는 요산(uric acid)의 형태로 배설하므로 요산 배설성(uricotelic) 생물이라 한다.

요소 배설성 생물의 경우, 간세포의 미토콘드리아로 보내진 암모니아는 요소회로(urea cycle)를 통해 요소로 전환된다. 이 회로는 1932년에 H. Krebs와 K. Henseleit에 의해 발견된 것으로 Krebs-Henseleit 회로라고도 한다. 여러 종류의 효소를 필요로 하는 다단계 반응으로 구성되어 있고, 여기서 만들어진 무해한 요소가 혈류를 따라 신장으로 가서 소변 중으로 배설된다.

요소회로의 첫 반응은 미토콘드리아 내에서 시작되지만, 그 중 몇 단계는 세포질에서 일어나는 반응이다. 자세한 반응은 그림 5.35를 참고하자. 이 회로에서 1분자의 요소가 만들어지기 위해서는 2분자의 암모니아와 1분자의 중탄산음이온(HCO_3^-)이 필요하며 특히 주목할 것은 4분자의 ATP가 필요하다는 것이다.

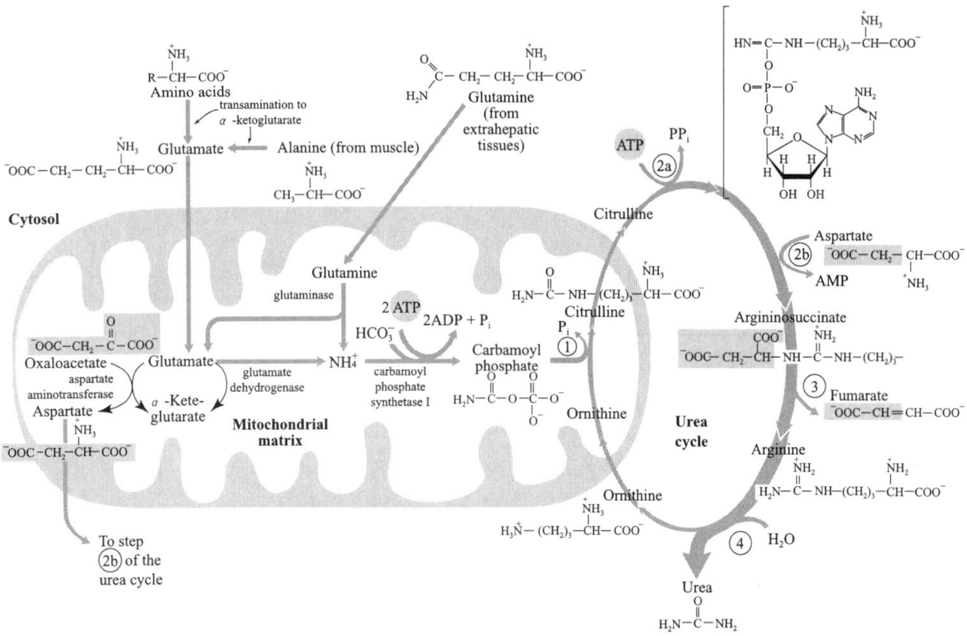
Amino acids
transamination to
α -ketoglutarate
Glutamate
Alanine (from muscle)
Glutamine
(from
extrahepatic
tissues)
Cytosol
Glutamine
glutaminase
Oxaloacetate
aspartate
aminotransferase
Aspartate
Glutamate
α -Kete-
glutarate
glutamate
dehydrogenase
2 ATP
2ADP + P_i
HCO_3^-
carbamoyl
phosphate
synthetase I
Carbamoyl
phosphate
Mitochondrial
matrix
Citrulline
Ornithine
To step
2b of the
urea cycle
ATP
PP_i
2a
Aspartate
2b
AMP
Argininosuccinate
3
Fumarate
Urea
cycle
Arginine
4
H_2O
Urea

그림 5.35 요소 회로

요 약

단백질은 20종의 L-α-아미노산으로부터 만들어진다. 20종의 아미노산은 그 치환기의 수용액(pH 7)에서의 특성에 따라 비극성 아미노산, 극성이나 전하를 갖지 않는 아미노산, 음전하를 띤 아미노산, 즉 산성 아미노산 그리고 양전하를 띤 아미노산, 즉 염기성 아미노산의 4군으로 분류된다. 자연계의 단백질 중에는 이 20가지 L-α-아미노산 이외의 다른 형태의 아미노산도 있는데 이들은 단백질이 합성된 후 변형되는 과정에서 생성된 것이거나 대사과정에서 만들어지는 산물이다.

아미노산은 펩티드 결합으로 연결되어 단백질을 형성한다. 펩티드 결합의 평면적인 성질로 인해 단백질의 고유한 입체구조가 만들어진다. 단백질의 구조는 1차구조, 2차구조, 3차구조 및 4차구조가 있다. 1차구조는 단백질을 구성하는 아미노산의 배열순서이다. 2차구조는 인접한 지역에 있는 아미노산 잔기들의 배열형태로 α-나선, β-병풍구조, 콜라겐 구조 등이 있다. 3차구조란 폴리펩티드 사슬 한 개의 완전한 입체구조이다. 4차구조는 여러 개의 폴리펩티드 사슬로 이루어진 단백질의 완전한 입체구조를 말한다.

단백질의 구조는 활성을 결정한다. 열이나 염 용액 또는 pH의 변화 등에 의해 단백질의 구조가 바뀌는 것을 변성이라 한다. 단백질이 변성되면 단백질의 활성이 소실된다.

미오글로빈은 근육 중에 존재하며 산소와 결합하는 단백질이다. 미오글로빈은 153개의 아미노산으로 이루어진 글로빈 단백과 헴이 이루어져 있다. 헤모글로빈은 $\alpha_2\beta_2$로 되어 있는 사량체 구조로 각 소단위체에 하나의 헴이 결합되어 있다. 헤모글로빈은 4개의 사슬로 되어 있어 각 사슬이 협동성을 나타내어 S자 형의 산소결합곡선을 나타낸다. 헤모글로빈의 β-사슬의 6번 위치의 Glu이 Val으로 치환되면 낫세포헤모글로빈이 형성된다. 이 경우 낫세포 적혈구가 만들어져서 산소운반이 잘 안되고 빈혈증세가 나타나게 된다.

단백질은 소화관에서 펩신, 트립신, 키모트립신, 카르복시펩티다아제 등의 다양한 소화효소에 의해 소화되어 아미노산 단위가 된 후 능동적 수송에 의해 소화관에서 흡수된다. 흡수된 아미노산은 소장의 모세혈관으로 흡수되어 간 문맥을 통해 간으로 전달된다. 아미노산이 분해되면 탄소사슬은 에너지원으로 쓰이거나 탄수화물이나 지방으로 전환되고 아미노산성 질소는 요소의 형태로 전환되어 신장을 통해 배설된다. 요소를 생합성하는 과정은 요소회로라 하며 요소의 합성과정에서는 ATP를 필요로 한다.

CHAPTER 06 핵산

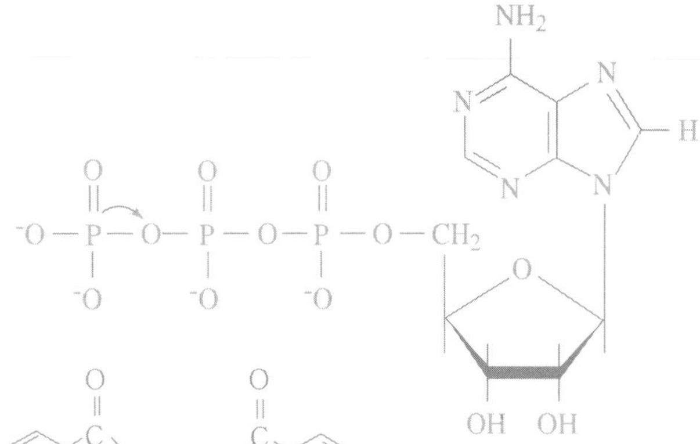

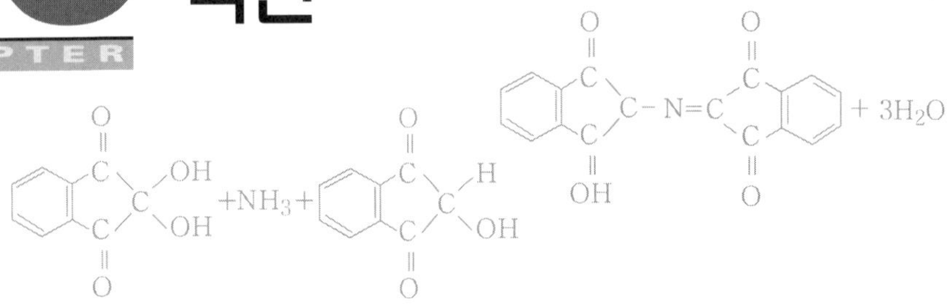

학/습/목/표

핵산의 구성 및 특성을 이해하고 이의 대사과정을 이해한다.

핵산(nucleic acid)은 생물체의 세포 속에 존재하는 고분자 물질로서 유리상태 또는 단백질과 결합한 핵단백질로 존재한다. 또한 핵산은 생물의 증식과 생명유지, 단백질을 합성하는 데 필요한 유전정보를 보존, 전달, 번역하는 역할을 한다. 핵산의 연구는 1869년 스위스의 Fredrick Miescher와 독일의 Hoppe Seyler가 백혈구에서 세포핵을 분리하고 분석한 바 인산함량이 많은 물질이 들어있음을 확인하고 이를 nuclein이라 명명했다. 이후 nuclein은 산성 물질임이 밝혀졌고, 1889년 Altman이 핵산으로 명명하여 사용되고 있다. 또한 핵산은 뉴클레오티드(nucleotide)의 중합체로 뉴클레오티드는 퓨린(purine)염기, 피리미딘(pyrimidine)염기, 인산, 리보오스 또는 2－데옥시리보오스(2－deoxyribose)로 구성되어 있다. 따라서 오탄당으로 2－데옥시리보오스를 갖는 핵산을 DNA라 하며, 리보오스(ribose)를 갖는 핵산을 RNA라 한다.

1. 핵산의 구성

핵산은 고분자의 중합체로 이루어진 거대분자이나 부분적으로 가수분해되면 뉴클레오시드(nucleoside)나 뉴클레오티드(nucleotide)가 되며, 완전 가수분해되면 퓨린 또는 피리미딘염기, 당, 인산으로 된다.

1) 핵산염기

핵산염기에는 퓨린 핵을 가진 것과 피리미딘 핵을 가진 것이 있다. 퓨린염기에는 아데닌(adenine, A)과 구아닌(guanine, G)이 있으며, 이는 DNA나 RNA에 모두 존재한다. 피리미딘염기는 DNA와 RNA에 공통으로 존재하는 시토신(cytosine, C)과 DNA에만 존재하는 티민(thymine, T), 그리고 RNA에만 존재하는 우라실(uracil, U)이 있다(그림 6.1).

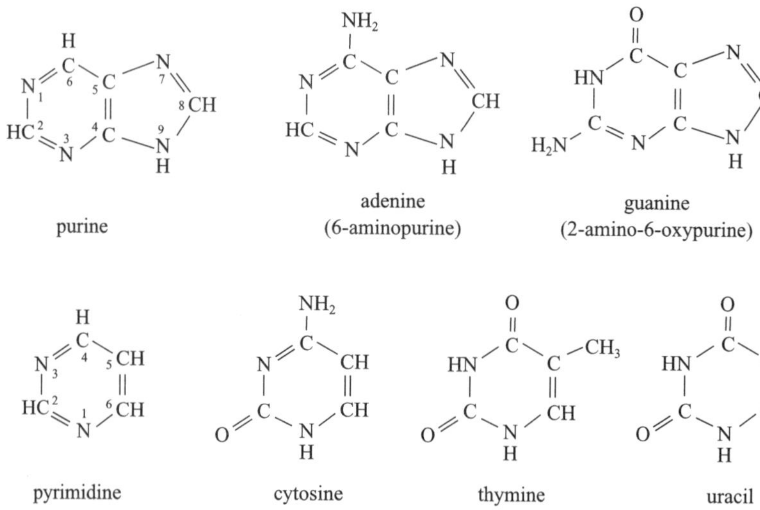

그림 6.1 Purine 염기와 pyrimidine 염기의 구조

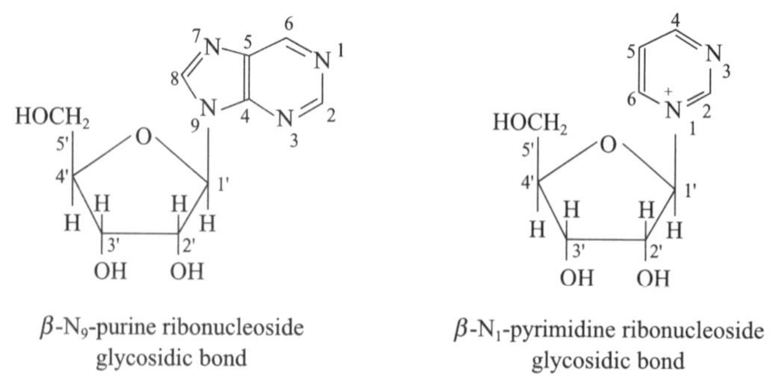

그림 6.2 Glycoside 결합

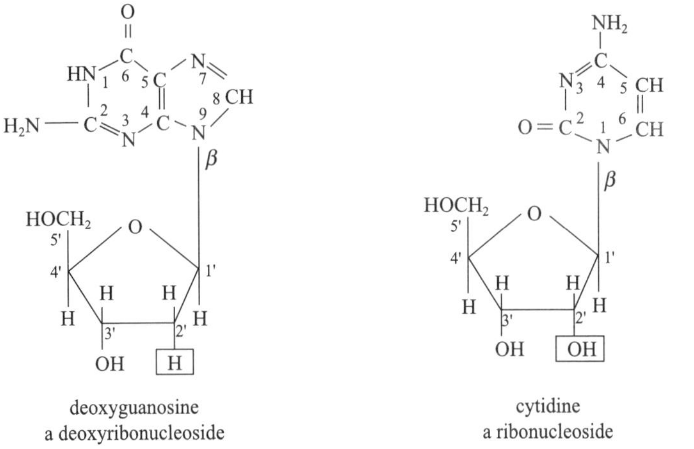

그림 6.3 Deoxyribonucleoside와 ribonucleoside의 구조

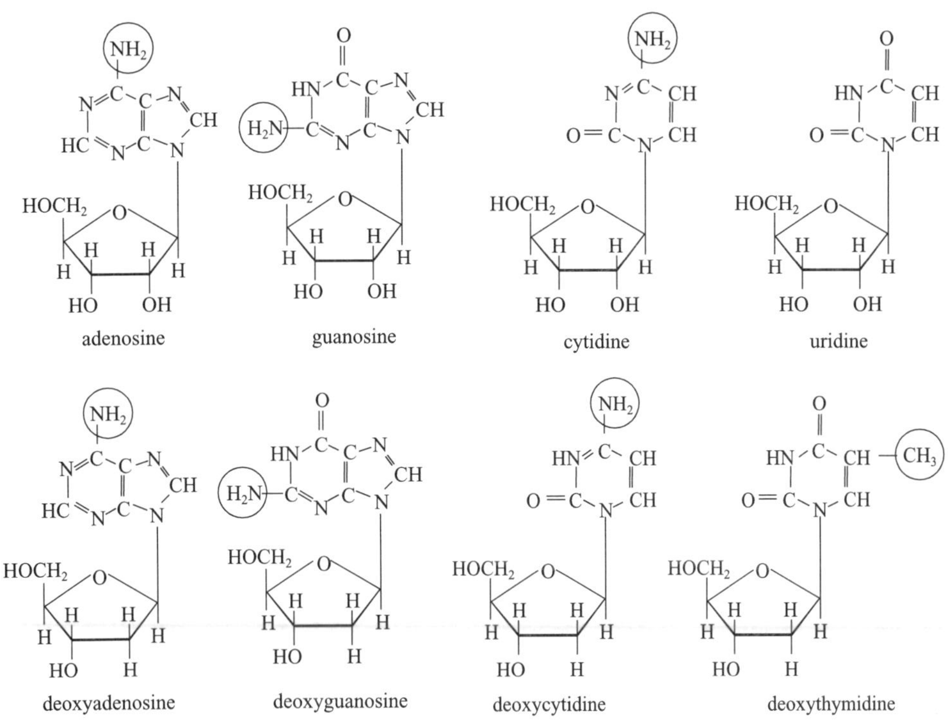

그림 6.4 Nucleoside의 구조

2) 뉴클레오시드(nucleoside)

뉴클레오시드는 염기가 당에 글리코시드 결합(glycosidic bond)에 의해 연결되어 형성된 화합물이다(그림 6.2, 3). 뉴클레오시드의 글리코시드 결합은 당의 아노머 탄소 C−1′에 피리미딘의 N−1 또는 퓨린의 N−9가 연결되는 것으로 N−글리코시드이다. 글리코시드 결합은 아노머 탄소원자에 대한 상대적인 방향에 따라 α 또는 β일 수가 있으며, 이와 같은 글리코시드 결합은 항상 β−배열이다. 이와 같은 뉴클레오시드의 주된 구조는 그림 6.4와 같다.

3) 뉴클레오티드(nucleotide)

핵산을 구성하는 기본 단위인 뉴클레오티드(그림 6.5)는 뉴클레오시드의 오탄당에 있는 하나의 −OH기에 인산이 에스테르화될 때 생긴다. 뉴클레오시드에 접미어 일 인산(monophosphate)을 붙여 이름을 붙인다. 인산 에스터(ester)의 위치는 에스터화하는 −OH 위치의 탄소원자 번호에 의해 결정된다.

뉴클레오티드의 유도체 중에서 생화학 반응에서 중요한 기능을 하는 것은 인산무수형 뉴클레오티드이다. 이중 특히 중요한 것은 adenosine 5′−triphosphate(ATP)이다(그림 6.6). 이와 같은 뉴클레오티드의 인산기에 추가적인 인산기가 결합될 수 있으며, 즉 AMP(adenosine 5′−monophosphate)에 두 번째 인산기가 추가되면 ADP(adenosine 5′−diphosphate)가 되고 세 번째 인산기가 추가되면 ATP가 형성된다(그림 6.7).

2. 핵산의 종류와 구조

DNA(deoxyribonucleic acid)와 RNA(ribonucleic acid)는 뉴클레오티드가 phosphodiester 결합으로 연결된 고분자 화합물이며, 이것은 5′−뉴클레오시드 일 인산이 그 앞의 뉴클레오시드의 3′−OH기에 연속적으로 첨가될 때 형성된다(그림 6.8, 9).

1) DNA의 구조와 기능

DNA를 구성하고 있는 염기는 adenine(A), guanine(G), thymine(T), cytosine(C)이다. Watson과 Crick은 1953년 X선 회절분석법(X−ray diffraction analysis)을 이용하여 DNA가 이중나선구조(double helix structure)로 되어있음을 밝혔다(그림 6.10). 나선 구조의

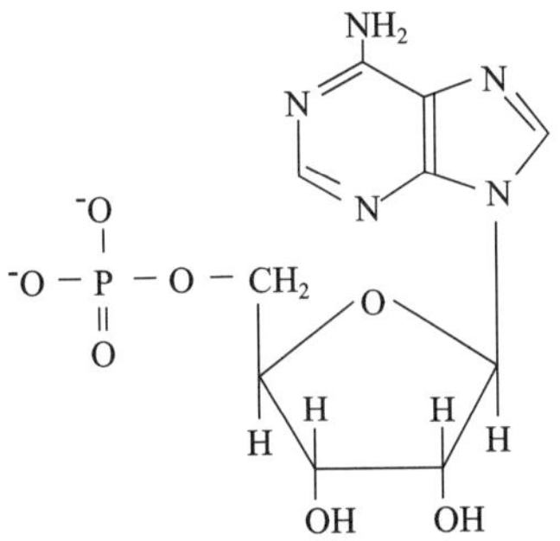

adenosine 5'-monophosphate

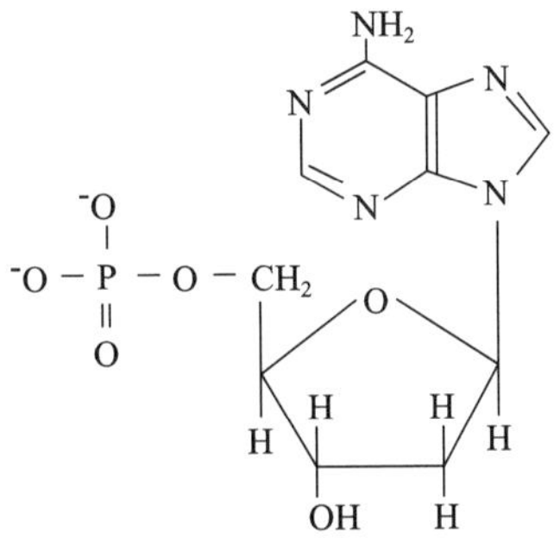

deoxyadenosine 5'-monophosphate

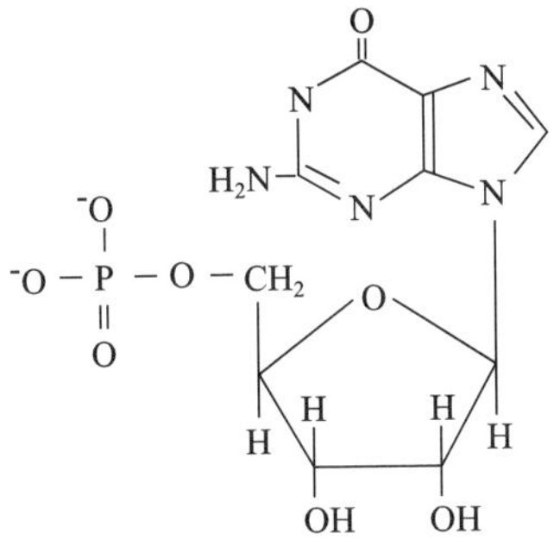

guanosine 5'-monophosphate

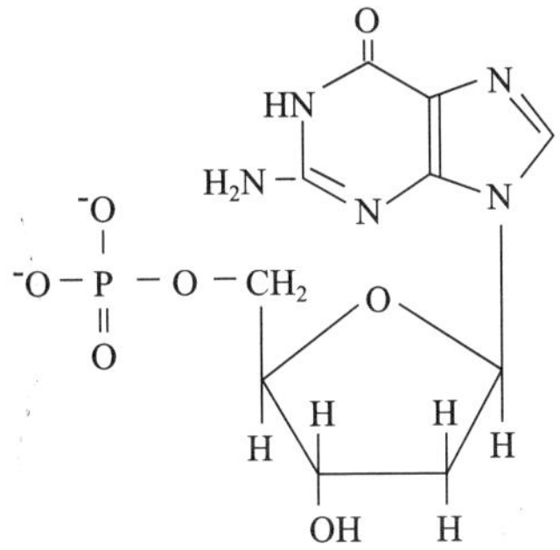

deoxyguanosine 5'-monophosphate

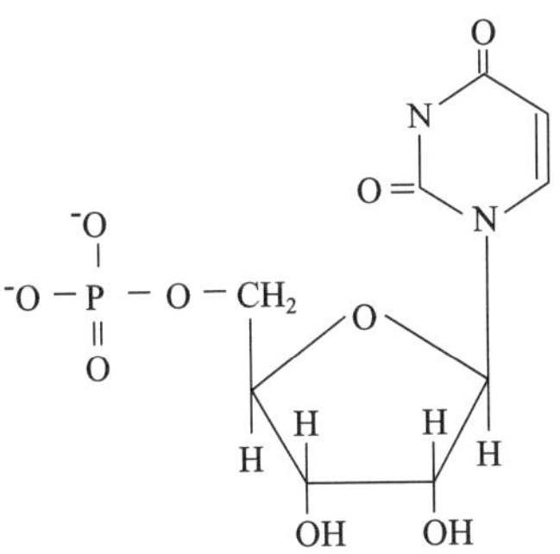

uridine 5'-monophosphate

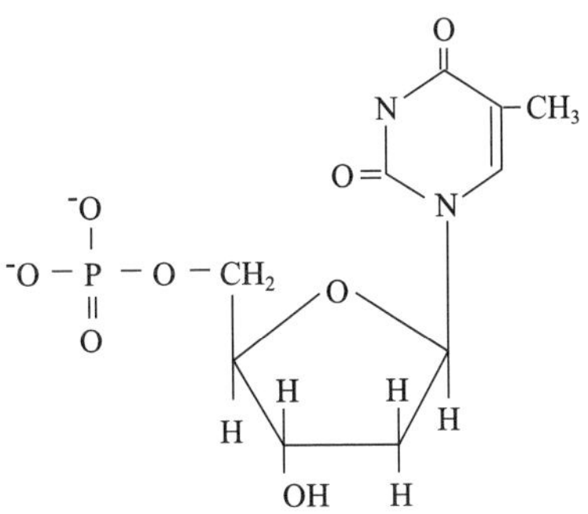

deoxythymidine 5'-monophosphate

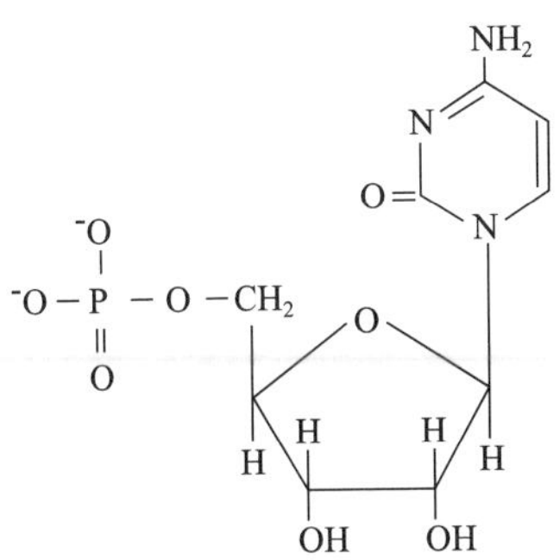

cytidine 5'-monophosphate

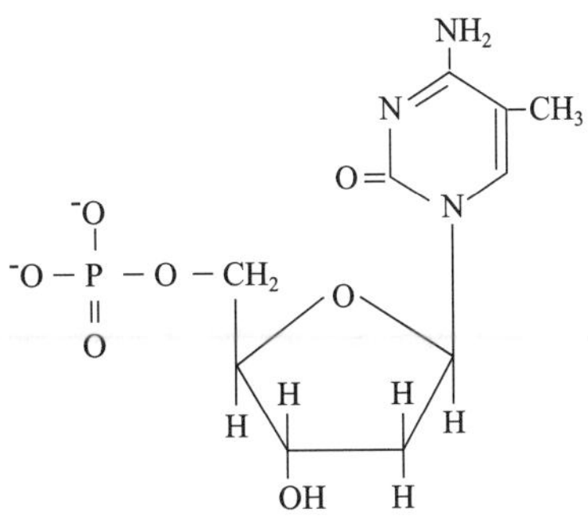

deoxycytidine 5'-monophosphate

그림 6.5 Nucleotide의 구조

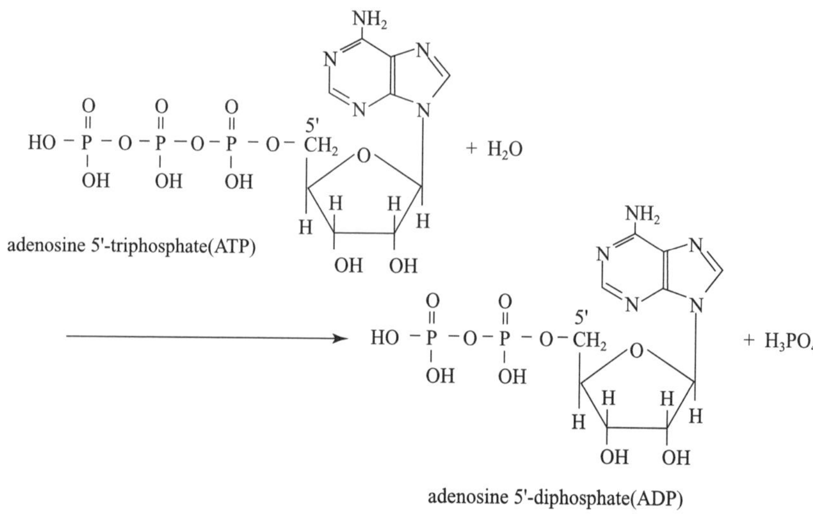

그림 6.6 Adenosine-5′-triphosphate(ATP)의 구조와 가수분해

외경은 20Å이며, 1회전할 경우 10개의 염기쌍이 포함되고 길이는 나선 축을 따라 34Å이다. 또한 이중나선구조를 하고 있는 DNA 외측에는 두 개의 홈을 가지는데 하나는 넓고 깊은 큰 고랑(major groove)이고, 다른 하나는 얕고 좁은 작은 고랑(minor groove)이다. 두 가닥의 폴리뉴클레오티드(polynucleotide)로 구성된 이들 두 가닥은 서로 역평행(하나의 사슬은 3′에서 5′으로, 다른 하나의 사슬은 5′에서 3′으로 평행하게 반대 방향으로 진행)을 한다(그림 6.11). 또한 이들 폴리뉴클레오티드 사슬을 구성하고 있는 퓨린염기와 피리미딘 염기는 서로 상보적으로 수소결합을 하고 있다. 즉 A와 T는 2개의 수소결합(A=T)을 하고, G과 C은 3개의 수소결합(G≡C)을 하고 있다(그림 6.12). 또한 이것은 종에 관계없이 모든 DNA에 있어서 A와 T, G와 C의 양은 동일하다. 이것의 기능은 세포분열시 염색체를 형성하여 유전형질을 전하며, 단백질을 합성할 때 아미노산의 배열순서의 지령을 mRNA에 전한다.

2) RNA의 구조와 기능

RNA는 보통 세포핵의 속에서 유전정보 전달과정에서 중요한 역할을 하는 물질로 DNA와는 달리 하나의 가닥(single strand)으로 된 고분자 물질이며, RNA 분해효소, 즉 RNase에 의해 보다 작은 단위의 polynucleotide로 분해될 수 있다. 세포에 존재하는 RNA에는 3

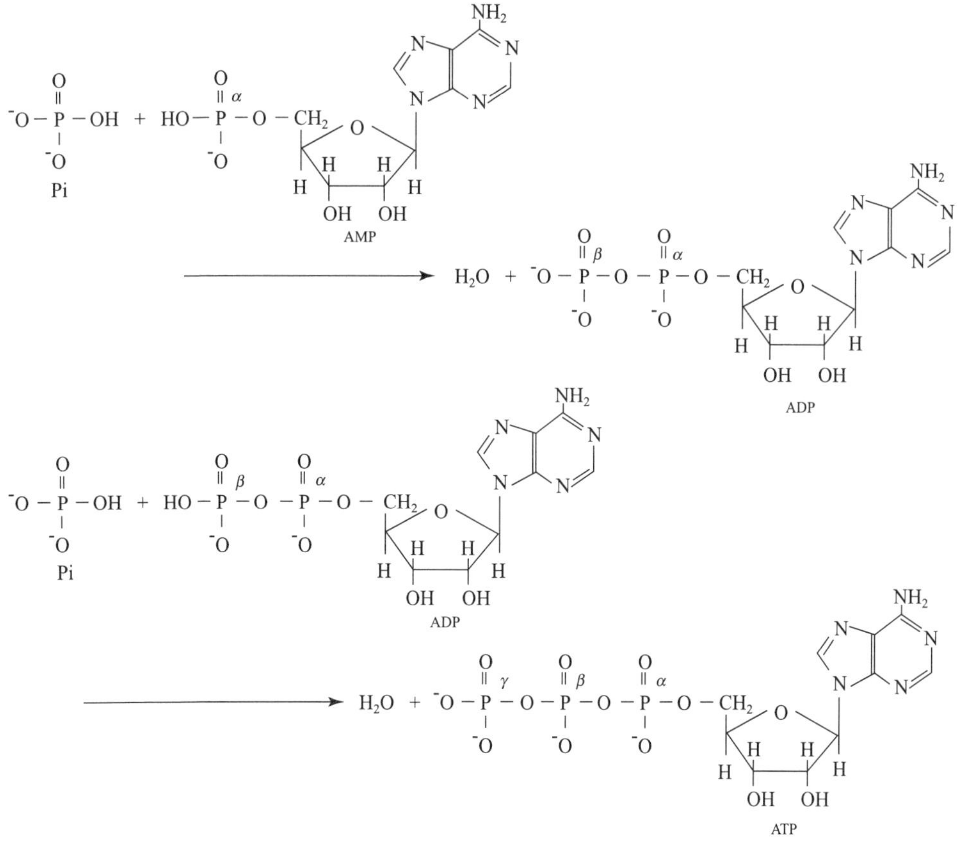

그림 6.7 ATP의 생성과정

가지 유형이 알려져 있으며, 특정 RNA마다 특정 분자량과 그에 따른 침강계수를 갖는다. 그것은 전령 RNA(massenger RNA; mRNA), 전달 RNA(transfer RNA; tRNA), 리보솜 RNA(ribosomal RNA; rRNA)가 있다.

(1) mRNA

세 종류의 RNA 중에서 가장 양이 적어 대부분 세포에서 총 RNA 중 5~10% 정도를 넘지 않는다. mRNA는 DNA에 저장되어 있는 유전정보를 세포질로 운반해 와서 리보솜(ribosome)과 tRNA가 이를 단백질 합성에 이용할 수 있도록 해준다. 또한 mRNA의 염기서열은 단백질에 있어서 아미노산의 순서를 결정하며, mRNA는 핵 내에서 DNA의 뉴클레오티드의 배열로 기록되어 있는 유전정보의 일부에 근거하여 합성된다. 그

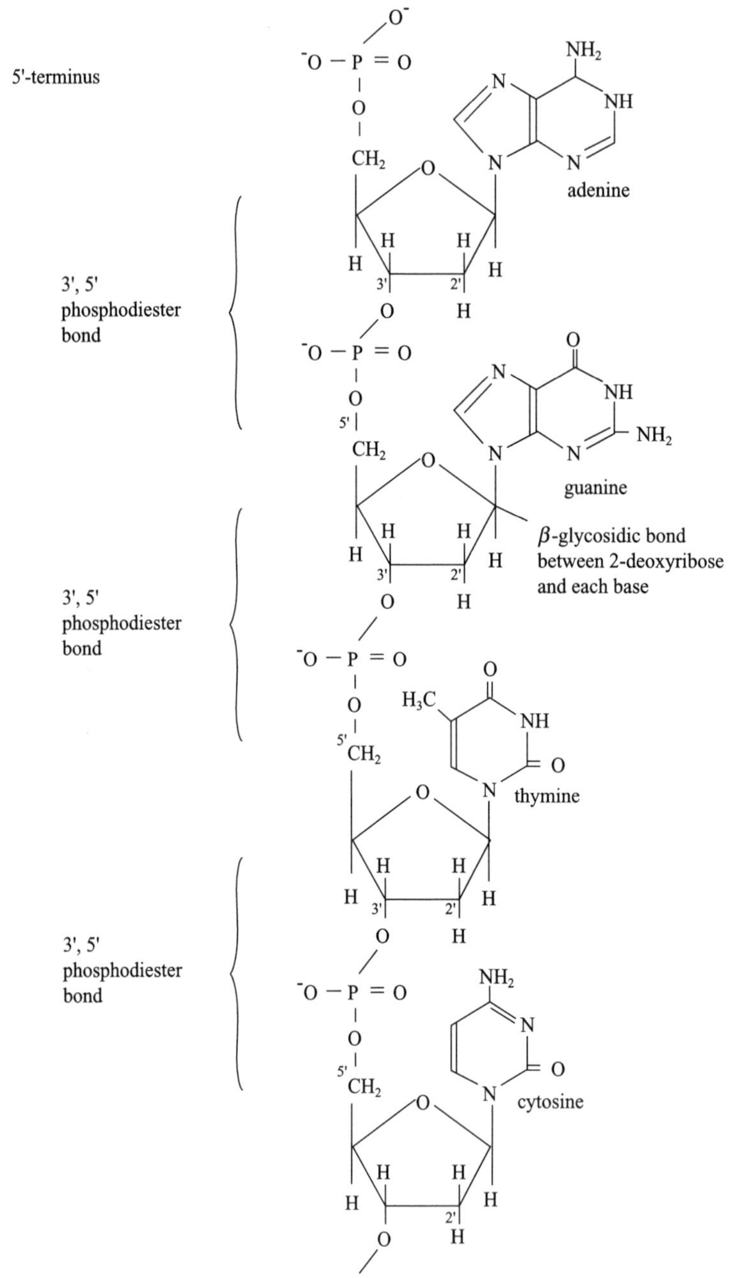
5'-terminus
3', 5'
phosphodiester
bond
3', 5'
phosphodiester
bond
3', 5'
phosphodiester
bond
adenine
guanine
β-glycosidic bond
between 2-deoxyribose
and each base
thymine
cytosine

그림 6.8 DNA의 구조

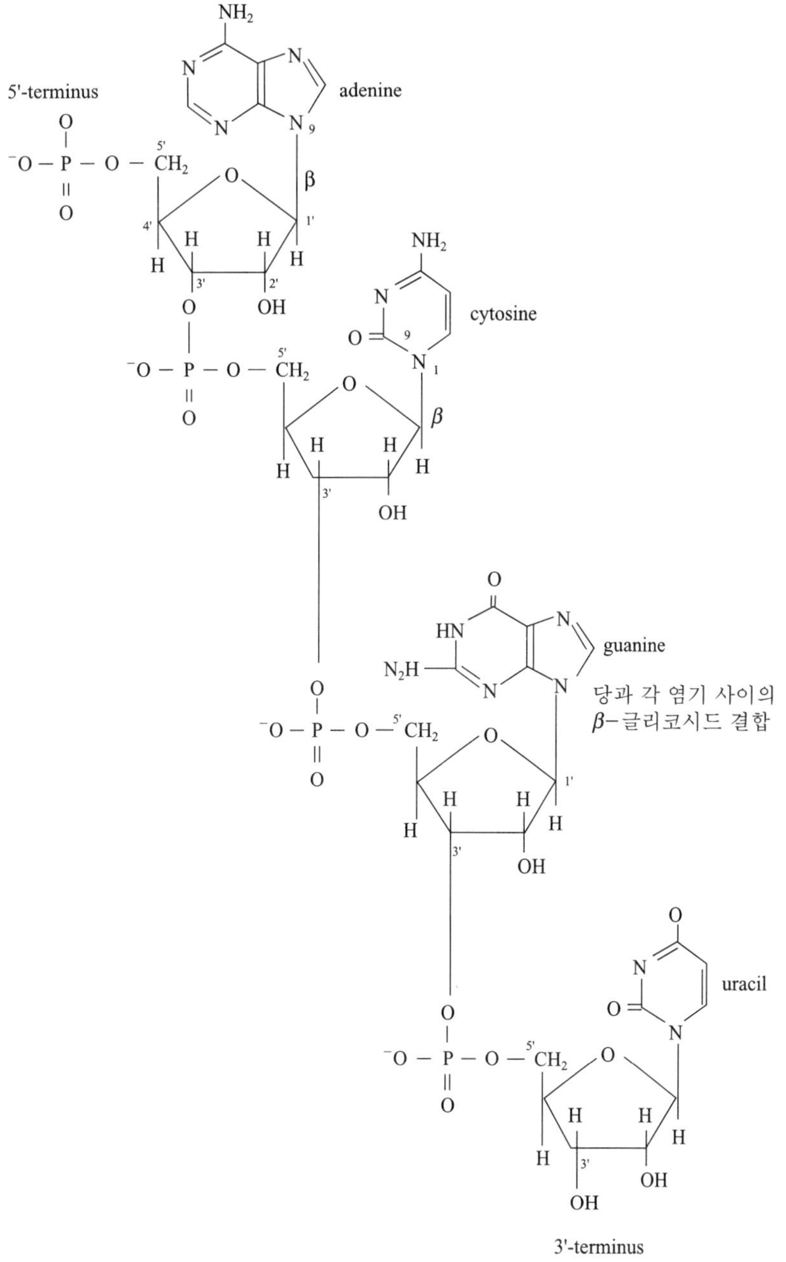
5'-terminus
adenine
cytosine
guanine
당과 각 염기 사이의
β-글리코시드 결합
uracil
3'-terminus

그림 6.9 RNA의 구조

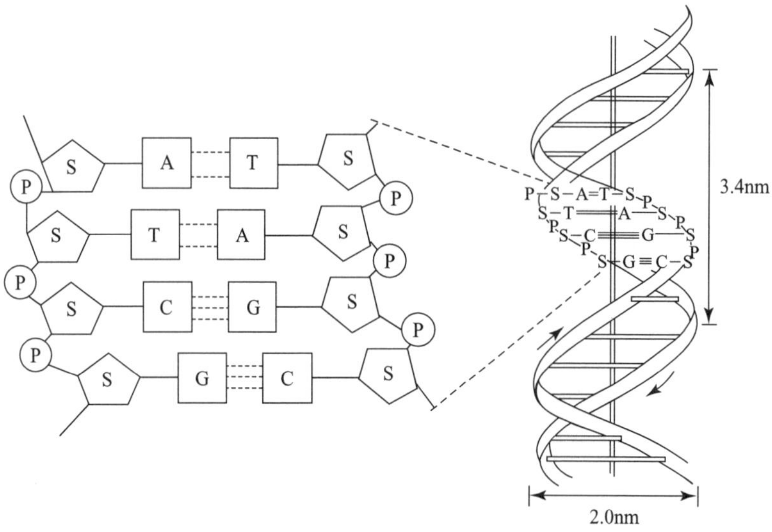

(A = adenine, C = cytosine, G = guanine, T = thymine, P = phosphate, S = sugars)

그림 6.10 Watson과 Crick에 의한 DNA 이중나선구조

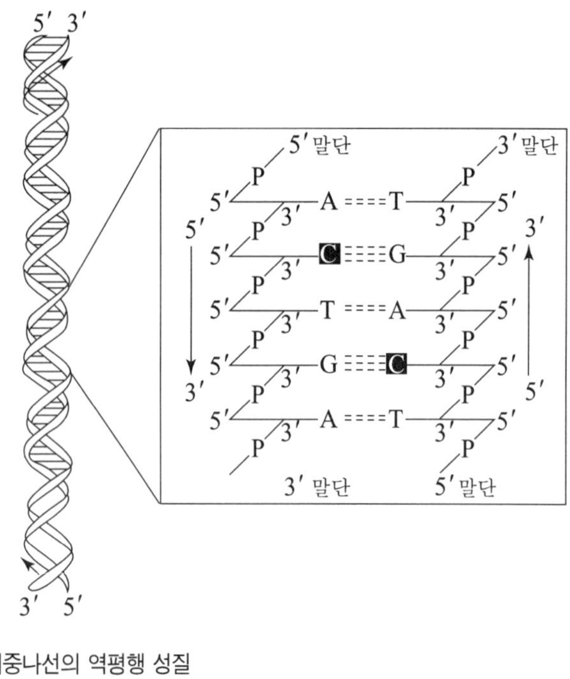

그림 6.11 DNA 이중나선의 역평행 성질

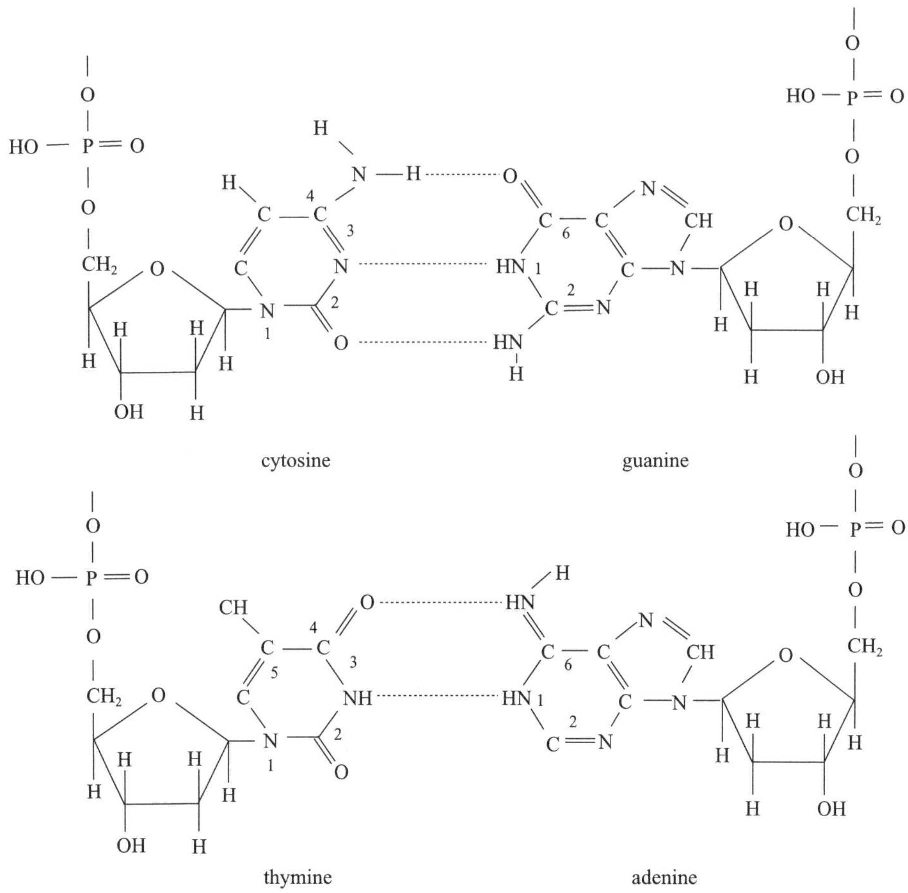

그림 6.12 염기쌍의 수소결합(A=T, G≡C)

결과 mRNA는 DNA 분자의 일부와 염기배열이 상보적으로 되어 있으며 분자 중에 DNA의 유전정보가 전사(transcription)되어 있다.

(2) tRNA

tRNA는 1959년 Robert Holley에 의해 처음 분리되었으며, RNA 중 가장 작다. tRNA 중의 염기는 강한 수소결합을 만드는데 짝에 따라 배열하면 그림 6.13과 같은 형태로 되며, 이것이 클로버 잎 모양과 비슷하여 클로버 잎 형 모델(clover leaf structure)이라 한다. 클로버 잎에 해당하는 부위에는 특별한 구조를 가진 염기가 많아 수소결합을 하

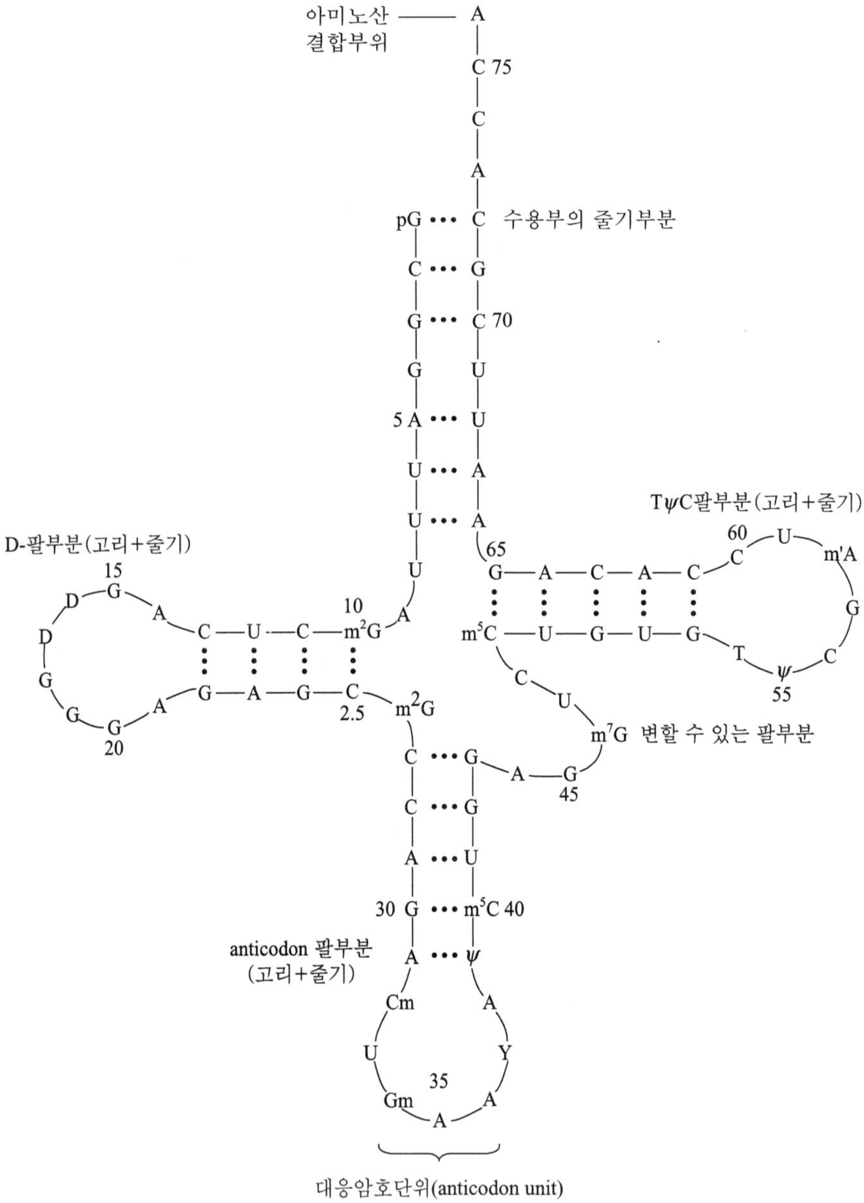

그림 6.13 효모 페닐알라닌 tRNA의 평면구조

D = dihydrouridine, ψ = pseudouridine, m^2G = dimethylguanosine, Cm = methylcytidine

지 못하기 때문에 루프형으로 되어 부풀어져 있다. 분자내의 수소결합된 부분을 줄기(stem)라 하고, 결합되지 않은 부분을 고리(loop)라 한다.

이것의 분자량은 23,000~30,000달톤(dalton)이고, 약 80개 이상의 뉴클레오티드로 이루어지는 단일 가닥의 폴리뉴클레오티드로 되어 있다. 이것은 mRNA의 유전정보를 아미노산 서열로 바꾸어 주는 역할, 즉 단백질 생합성시 대응하는 아미노산과 결합하여 리보솜으로 운반하는 역할을 한다. 즉 단백질 합성과정에서 tRNA와 mRNA 모두 일정한 공간적 배치로 리보솜과 결합함으로써 합성되는 폴리펩티드(polypeptide) 사슬의 정확한 아미노산 순서를 결정한다. 염기쌍은 A－U, G－C을 형성하면서 클로버 잎 구조를 가진다.

그림 6.13은 효모의 페닐알라닌 tRNA의 평면구조이다. 이것을 구성하는 염기에는 pseudouracil이나 methyl화된 것 등 특별한 것이 많다. Anticodon 부분에는 1종류의 아미노산에 대응하는 3개의 뉴클레오티드 단위의 코돈(codon)과 상호 작용하여 단백질의 아미노산 배열을 결정한다(translation). 아미노산이 결합하는 부분은 3′－말단이 모든 tRNA에 공통적으로 CCA의 구조를 가지고 있으며, 그 말단 adenosine의 3′－OH에 그 tRNA와 대응하는 아미노산이 acyl화하여 결합한다. 효모 tRNA의 X－선 회절법에 의한 3차원 입체구조는 그림 6.14와 같으며, 클로버 잎 모형이 L자형으로 겹쳐진 입체배위를 하고 있음을 알 수 있다.

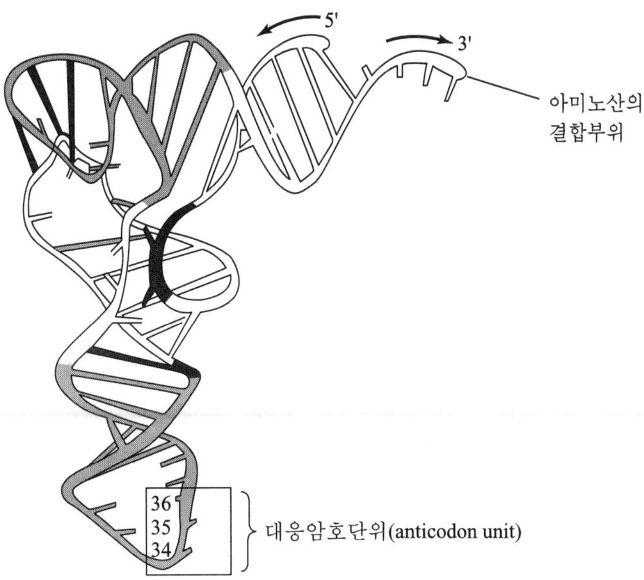

그림 6.14 tRNA의 3차구조

(3) rRNA

한 세포의 전체 RNA 중 80~85%를 차지하며, 리보솜 위에서 mRNA와 tRNA 분자가 상호작용하여 유전자로부터 전사된 정보를 특정단백질 분자로 해독한다. 또한 rRNA는 리보솜을 구성하는 RNA이며, 50종류 이상의 단백질과 복합체를 만들어 리보솜을 형성한다. 리보솜의 RNA 부분은 총 무게의 60~65%를 차지하며, 단백질 부분이 나머지 35~40%를 차지하고 있다. 원핵생물이나 진핵생물의 리보솜은 모두 크고 작은 두 개의 소단위체로 구성되어 있다. 이중 작은 소단위체는 하나의 커다란 RNA와 약 20개의 다른 단백질로 구성되어 있으며, 큰 소단위체는 원핵생물의 경우 두 개의 RNA를 가지며, 원핵생물과 진핵생물 모두에서 약 35종류의 단백질을 함유하고 있다. 예를 들어 대장균의 리보솜은 전형적으로 70S(50S+30S)의 침강 계수를 갖는다. 여기에서 30S 소단위체는 16S rRNA와 21종류의 단백질을 포함하며, 50S 소단위체는 5S rRNA, 23S rRNA 그리고 34종류의 다른 단백질을 가지고 있다. 이에 비해 진핵생물의 리보솜은 80S(60S+40S)의 침강계수를 가진다. 진핵생물의 40S 소단위체는 18S rRNA를 포함하며, 60S 소단위체는 5S, 5.8S 그리고 28S의 RNA를 포함하고 있다. 여기에서 5S rRNA는 여러 종류의 박테리아로부터 분리되었으며, 염기서열이 밝혀져 있고, 약 120개의 뉴클레오티드 잔기를 가지고 있으며, 분자량은 약 40,000달톤이다. 또한 몇몇의 16S와 23S rRNA의 염기서열이 결정되어 있으며, 이들의 거대 분자들은 각각 1500과 2500 가량의 뉴클레오티드의 잔기의 길이를 가지고 있다. 16S RNA의 분자량은 약 50만 달톤이고, 23S rRNA의 분자량은 약 100만 달톤에 달한다. 그림 6.15는 16S rRNA의 제안된 이차 구조를 나타내고 있다.

3. 핵산의 물리 · 화학적 성질

핵산은 다양한 특성을 가지고 있기 때문에 생명현상 연구에 이용되기도 하며, 여러 가지 물리 화학적인 요인에 의해 영향을 받기도 한다.

1) 자외선에 의한 영향

핵산에 들어있는 퓨린과 피리미딘 염기는 260nm의 자외선을 강하게 흡수한다. 자외선은 염기부분과 반응하여 nucleotide 부분의 탈락이나 변환을 일으켜 변이, 즉 티민이량체(thymine dimer)가 나타나기도 한다(그림 6.16).

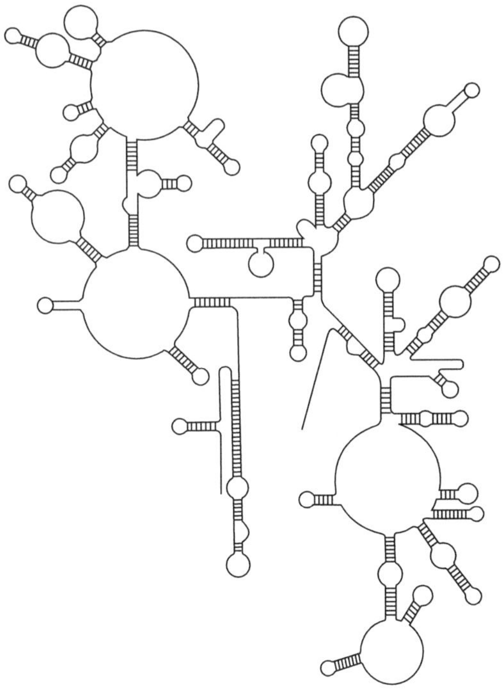

그림 6.15 16s rRNA의 제안된 이차구조

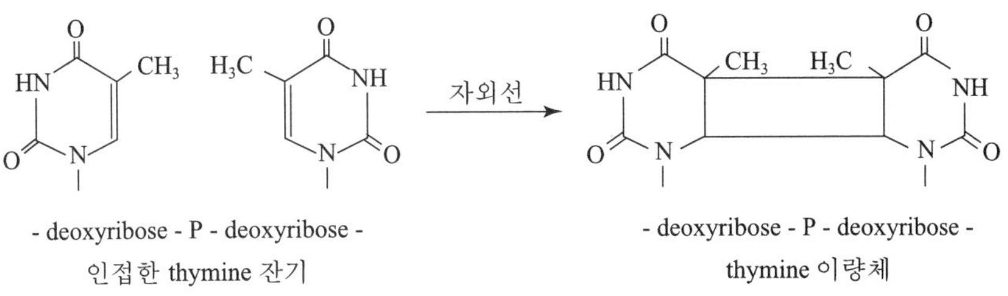

그림 6.16 자외선 조사에 의한 염기의 변화

2) 가열에 의한 영향

이중나선의 DNA는 서서히 열을 가하게 되면 용해(melts)되어 이중나선구조가 파괴되어 두 가닥은 서로 분리되는데 이것을 변성(denaturation)이라 한다. 온도 변화에 따른 DNA의 변화 정도를 나타낸 것을 용해곡선(melting curve)이라고 한다(그림 6.17). 그림에서

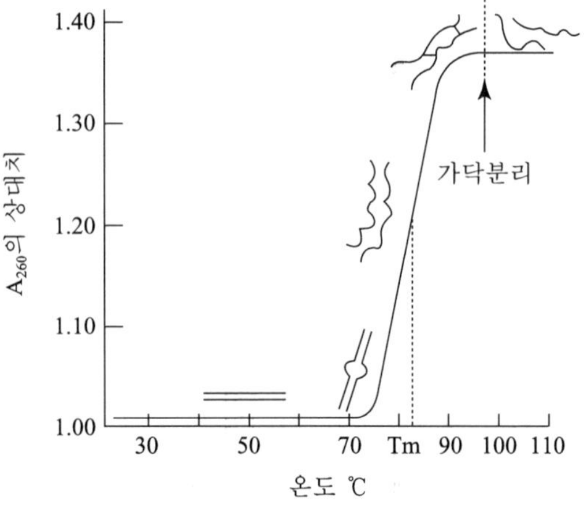

그림 6.17 온도변화에 따른 DNA의 융해곡선

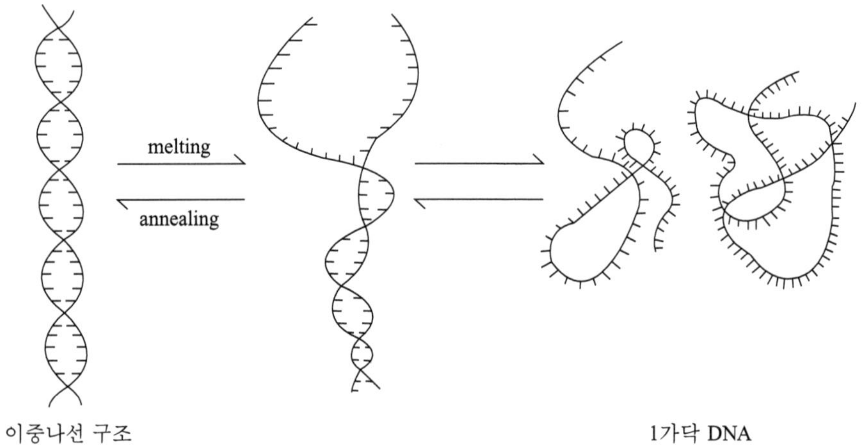

그림 6.18 DNA의 변성과 annealing

보는 바와 같이 DNA의 구조는 흡광도(260nm)가 증가되기 전에는 완전한 이중가닥이다. 따라서 온도를 점차 증가시키게 되면 어느 한계까지는 거의 흡광도의 변화가 없다가 어느 한도에 도달하게 되면 염기쌍이 파괴되어 결국 두 가닥은 완전히 분리된다. 융해의 특징을 나타낼 수 있는 가장 편리한 척도는 흡광도의 상승이 최대값의 $\frac{1}{2}$에 도달했을 때의 온

도이며, 이때의 온도를 용해온도(melting temperature, Tm)라 하고, Tm으로 표시한다. Tm은 DNA를 추출한 생물체에 따라서 상이하며 G+C 함량이 클수록 높다. 일단 열 변성이 일어난 DNA를 천천히 냉각시키면 상보적인 가닥이 부분적으로 수소결합하여 두 가닥의 이중나선이 만들어지는데 이 조작을 annealing이라고 한다(그림 6.18).

3) 산 · 염기에 의한 영향

DNA와 RNA는 산에서 불안정하며, pH 3 정도에서 퓨린 염기가 절단되어 아퓨린산이 되며(그림 6.19), 때문에 이러한 성질은 퓨린 함량의 측정에 쓰인다. 또한 RNA는 알칼리에서 불안정하여 인산에스테르의 절단이 일어난다. 이러한 차이는 두 번째 탄소의 OH기가 존재하지 않아서 생긴다(그림 6.20). pH 12 부근에서는 에놀성 수산기의 이온화가 일어나서 수소결합은 파괴되기 때문에 용이하게 변성한다.

4) 핵산의 가수분해

DNA와 RNA는 효소에 의해 뉴클레오티드로 가수분해된다. 뉴클레아제(nuclease)는 핵

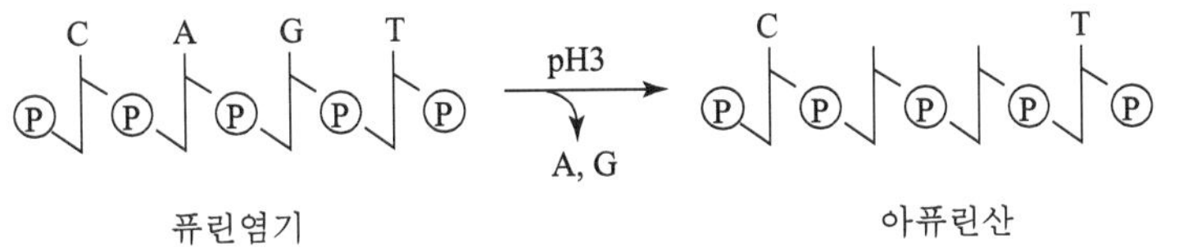

그림 6.19 핵산의 산에 대한 성질

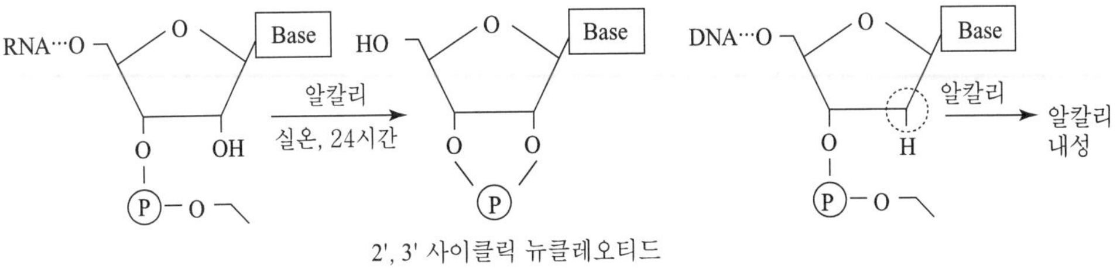

그림 6.20 핵산의 알칼리에 대한 성질

산을 핵중합(depolymerization)시키는 효소들이다. 대부분의 핵산가수분해효소는 화학적 특이성을 가지고 있으며, 크게 DNase(deoxyribonuclease)와 RNase(ribonuclease)로 나누어진다. 대부분의 DNase는 단일가닥 또는 이중가닥 DNA 중 어느 하나에만 작용하나 어떤 것은 두 가지 모두에 작용하는 것도 있다. 또 어떤 핵산 가수분해효소는 핵산의 말단에만 작용하여 한 번에 1개의 뉴클레오티드를 제거하기도 하는데 이것을 엑소뉴클레아제(exonuclease)라 한다. 이들 엑소뉴클레아제는 3′나 5′ 말단 중 어느 한쪽에만 작용한다. 반면에 엔도뉴클레아제(endonuclease)는 가닥 내부에 작용하는데 어떤 것들은 반드시 특정 염기 사이만을 자른다. 이 중에서 제한효소(restriction enzyme)는 특정 염기서열에만 작용하는 일련의 핵산가수분해효소들이며, 이런 핵산가수분해효소는 여러 가지 생물학적 기능을 발휘할 뿐만 아니라, 유전자 조작에 있어서 중요한 효소들이다. 실험실에서 연구에 자주 사용되는 핵산가수분해효소의 종류 및 특성은 제12장 유전공학의 표 12.1에 소개되어 있다.

4. 핵산의 대사

퓨린 및 피리미딘은 신생(*de novo*)경로를 거쳐 합성된다. 이미 뉴클레오시드나 뉴클레오티드가 존재하는 경우에는 재생경로(salvage pathway)에 의해 뉴클레오시드의 인산화나 뉴클레오티드의 상호변환으로 공급된다. 이들은 핵산의 구성성분이 되기도 하고, 분해되면 퓨린은 영장류에서 요산으로 되며, 피리미딘은 β−alanine, NH_3 및 CO_2가 된다.

1) 퓨린의 대사

(1) 퓨린의 생합성

1948년 John Buchanam에 의해 퓨린 생합성의 *de novo* 경로에 대한 실질적인 연구가 이루어졌으며, 또한 그는 새들은 배설물로 물에 녹지 않는 요산의 형태로 과량의 질소물질을 배출한다는 것을 밝혔다. 그는 연구에서 방사성 동위원소로 된 화합물을 비둘기에 먹이고 요산에서 동위원소로 된 원자들의 분포를 추적한 결과 퓨린 고리의(그림 6.21) 9개의 원자들이 아스파르트산(N−1), 글루타민(N−3와 N−9), 글리신(C−4, C−5, N−7), CO_2(C−6), THF의 단일 탄소유도체들(C−2와 C−8)로부터 유래되었음을 밝혔다.

퓨린의 *de novo* 생합성은 그림 6.22에서 보는 바와 같이 퓨린 고리를 형성하는 원

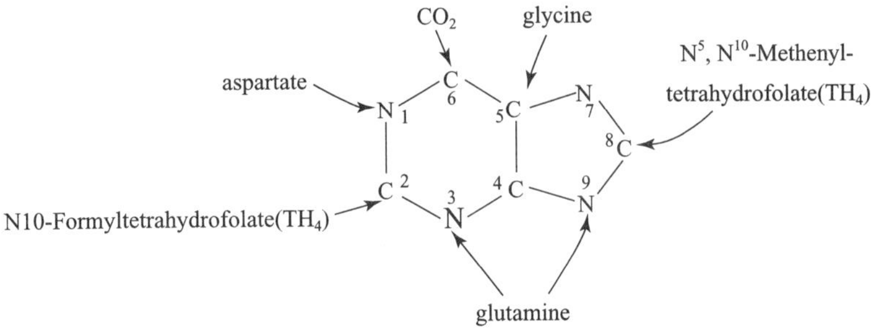

그림 6.21 Purine 고리에서 각 원자들의 기원

자들이 HMP경로에서 유래된 ribose−5−phosphate에 계속적으로 첨가된다. 따라서 퓨린은 퓨린 고리를 구성하는 원자들이 리보오스에 조립됨으로써 뉴클레오티드 유도체들로서 합성된다.

단계 1에서, ribose−5−phosphate는 ribose의 C−1에 ATP의 피로인산기가 직접 운반됨으로써 활성화되어 5−phosphate−α−pyrophosphate(PRPP)을 생성한다.

효소는 ribose−5−phosphate synthetase이다. PRPP는 퓨린 생합성에서 속도조절 기질이다. 두 개의 주요 diphosphonucleoside인 ADP와 GDP는 리보오스−5−인산 피로포스포키나아제의 부정적 영향인자(negative effector)들이다. 그러나 PRPP는 또 다른 신진대사 요구에도 기여를 하기 때문에 다음 반응이 이 경로의 실질적인 개시 단계이다.

단계 2는 glutamine phosphoribosyl pyrophosphate amidotransferase에 의하여 촉진된다. 기질 PRPP의 아노머 탄소는 α−배치이다. 생성물은 β−글리코시드이다. N−글리코시드의 질소원자는 아홉 원자로 된 퓨린 고리의 N−8이 된다. 이것이 고리의 형성에서 첨가되는 첫 번째 원자이다. 글루타민 포스포리보실 피로인산 아미도기 전달효소는 GMP, GDP, GTP와 AMP, ADP, ATP에 의하여 되먹임 저해를 받는다. G계열의 뉴클레오티드들은 효소의 구아닌 특이성 자리와 상호작용하고, 반면에 아데닌 계열은 A−고유자리와 상호작용한다. 뉴클레오티드에 의한 저해방식은 경쟁적이다. 즉, 아데닌과 구아닌 뉴클레오티드 모두의 충분한 양이 합성될 때까지 효소의 잔여 활성이 발현된다. 글루타민 포스포리보실 피로인산 아미도기 전단효소는 글루타민 유사체인 아자세린(azaserine, 그림 6.23)에 의하여 저해된다. 아자세린은 퓨린 생합성 경로에서 글루타민 의존성 효소들을 비활성화하기 때문에 항암제로 사용된다.

단계 3은 글리신아미드 리보뉴클레오티드 합성효소(GAR synthetase)에 의하여 수행

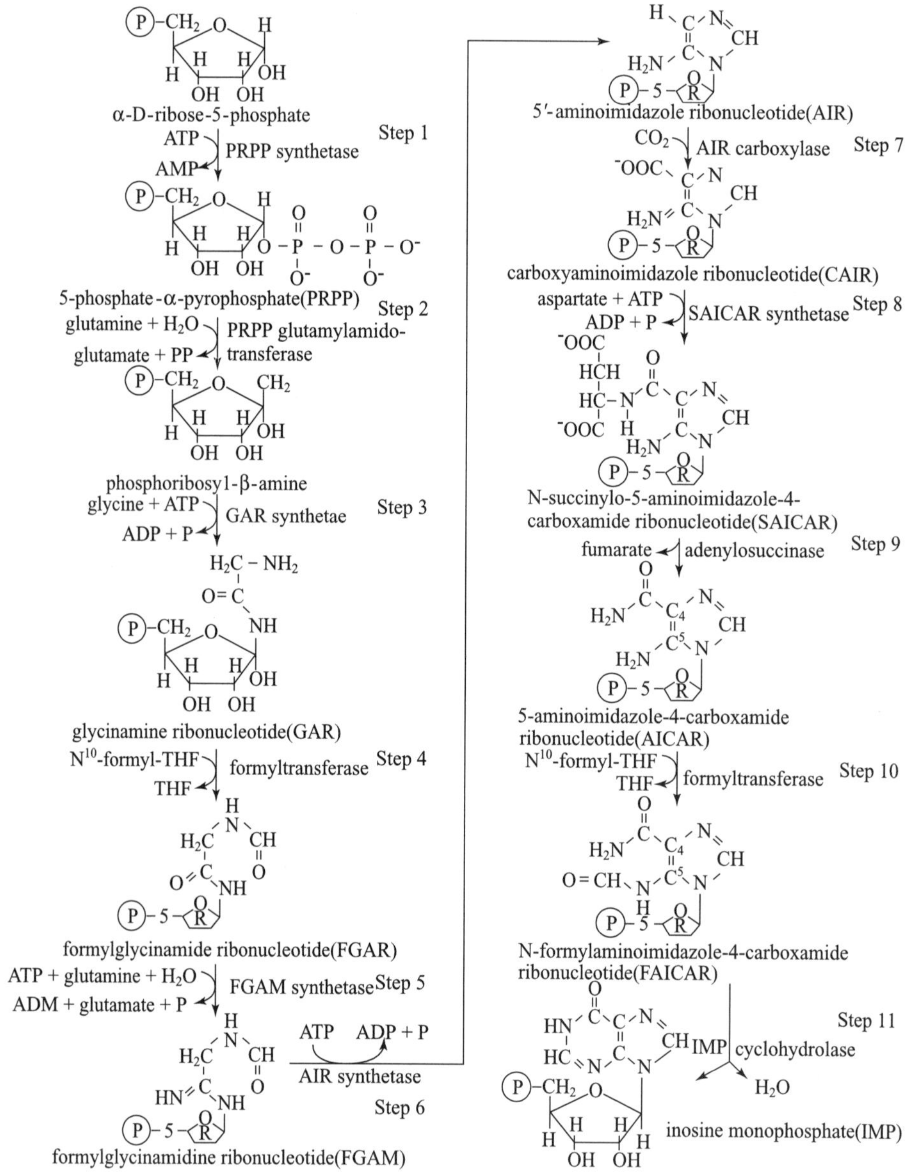

그림 6.22 Purine 합성의 de novo 경로

된다. 이는 글리신의 카르복시기와 5-인산리보실-β-아민의 아민과 ATP-의존성 축합반응을 거쳐서 일어난다. 반응은 두 단계로 진행된다.

첫 번째 반응은 글리신 카르복시기가 ATP 의존성 인산화 반응을 통하여 활성화된다. 다음 아미드 결합이 글리신의 활성화된 카르복시기화−아민 사이에서 형성된다. 글리신은 퓨린의 C−4, C−5, N−7에 기여한다.

단계 4는 퓨린의 두 THF 의존반응 중에서 첫 번째이다. GAR 합성효소는 GAR의 아민기에 N^{10}−포르밀−THF의 N^{10}−포르밀기를 운반하여 α−N−포르밀글리신아미드 리보뉴클레오티드(FGAR)를 합성한다. 그래서 퓨린의 C−8은 포르밀기가 첨가된 것이다. 퓨린 고리의 이미다졸 부분의 모든 원자들이 다 존재하지만 반응 6까지는 아직 고리화되지 않는다.

단계 5는 FGAR 아미도기 전달효소(FGAM 합성효소라고도 함)에 의하여 촉진된다. FGAR의 C−4 카르보닐에 글루타민 아미도기의 ATP 의존성 운반은 포르밀글리신아미딘 리보뉴클레오티드(FGAM)를 생성한다. 먼저 ATP는 C−4 카르보닐의 산소와 인산화 에스테르 중간체를 생성하는 데 사용된다. 효소가 글루타민의 γ−카르복시기와 티올에스테르를 형성할 때, 글루타민의 이미드기가 C−4로부터 인산기를 분해시키고 C−4−이민−N이 되면서 소위 '활성 암모니아'의 상태로 배출된다. 글루타민 의존 효소로서 FGAR 아미도 전달효소처럼 아자세린에 의하여 비가역적으로 비활성화된다. 아미노−N은 퓨린의 N−3가 된다.

단계 6은 이미다졸 고리를 생성하는 ATP의존 탈수반응이다. ATP는 포르밀기의 산소를 인산화시켜서 고리화되는 다음 반응을 활성화시킨다. 효소는 FGAM 고리화 효소로서 K에 의하여 활성화된다. 생성물이 5−아미노이미다졸 리보뉴클레오티드(AIR)이기 때문에 AIR 합성효소라고도 부른다. C−4 이민이 엔아민으로 되는 토토머화는 이미다졸의 방향족화에 기여한다. 새의 간에서 단계 3, 4와 6의 효소활성은(GAR synthetase · GAR transformylase · AIR synthetase) 100kDa로 된 다기능의 단일 폴리펩티드에 존재한다.

단계 7은 이산화탄소로부터 C−6을 얻는 과정이다. 이 카르복시화 반응은 biotin을 필요로 하거나 ATP를 소모하지 않는 예외적인 반응이다. 이산화탄소는 AIR 카르복시화 효소(AIR carboxylase)에 의하여 이미다졸 C−4에 첨가된다. 생성물은 카르복시아

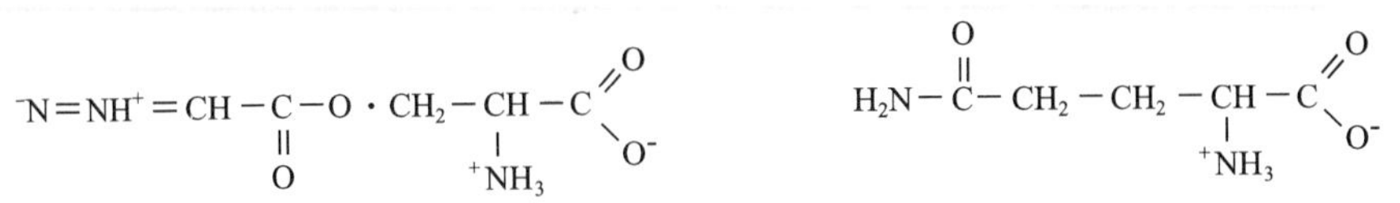

azaserine　　glutamine

그림 6.23 Azaserine과 glutamine의 구조

미노이미다졸 리보뉴클레오티드(carboxyaminoimidazole ribonucleotide, CAIR)이다.

단계 8은 아스파르트산의 아미노-N이 CAIR의 C-6의 카르복시 기능에 연결되어 N-1을 제공한다. ATP 가수분해는 CAIR과 아스파르트산과 축합반응이 일어나게 한다. 생성물은 N-숙시닐-5-아미노이미다졸-4-카르복사미드 리보뉴클레오티드(SAICAR)이다. SAICAR 합성 효소는 이 반응을 촉진시킨다. 단계 7과 8에 관한 효소활성은 새의 간에서는 두 기능을 지닌 단일 폴리펩티드에 존재한다.

단계 9는 Asp의 네 개의 탄소를 비가수적 분해에 의하여 제거시켜 푸마르산을 만든다. 생성물은 5-아미노이미다졸-4-카르복사미드 리보뉴클레오티드(AICAR)이다. 효소는 아데닐로숙신산 분해효소(adenylosuccinate lyase)이다. 아데닐로숙신산 분해효소는 IMP로부터 AMP를 생성하는 경로에도 작용하며, 이름은 이곳의 활성으로부터 유래되었다. AICAR은 histidine의 생합성 경로에도 중간체로서 존재한다. 그러나 그 경로에서는 ATP가 AICAR의 선구물질로서 작용하기 때문에 알짜 퓨린 합성은 이루어지지 않는다.

단계 10은 N^{10}-포르밀-THF의 포르밀 탄소를 퓨린 핵을 형성하는 데 필요한 9번째와 마지막 원자로서 첨가한다. 효소는 AICAR 포르밀전달효소(transformylase)이다. 생성물은 THF와 N-포르밀 아미노이미다졸-4-카르복사미드 리보뉴클레오티드(FAICAR)이다.

단계 11은 탈수반응과 고리화 반응을 포함하고 퓨린 생합성의 초기단계를 완성한다. 효소는 IMP 고리탈수효소(IMP synthase 또는 inosinicase)이다. 단계 6과 달리 이 고리화 반응은 ATP가 필요하지 않다. 새의 간에서 단계 10과 단계 11을 촉진시키는 효소활성은 135kDa의 이합체 폴리펩티드에서 α-67kDa의 두 기능 폴리펩티드에 존재한다.

리보오스-5-인산에서 IMP까지의 퓨린 생합성은 5개의 ATP를 필요로 한다. 단계 1, 3, 4, 6과 8에서 각각 한 개씩이다. 그러나 단계 1의 α-PRPP생성과 제 2단계에서 피로인산의 방출은 2 ATP의 손실에 해당하기 때문에, 6개의 고인산 에너지결합(6 ATP와 동등)이 소모된다.

단계 4와 10에서 엽산에 대한 퓨린 생합성의 의존은 엽산의 신진대사의 저해제(예로 methotrexate)가 간접적으로 퓨린 생성을 저해하고, 차례로 핵산합성과 세포성장 및 분열을 저해한다. 엽산 저해제 중에는 술폰아미드도 있다(그림 6.24). 대조적으로 세균은 ρ-아미노벤조산(ρ-aminobenzoic acid, PABA)과 같은 선구물질로부터 엽산을 생합성한다. 때문에 동물세포보다 술폰아미드에 더욱 민감하다.

IMP는 AMP와 GMP의 선구물질이다. 두 주요 퓨린 핵산들은 IMP로부터 파생되는 특유의 두 단계 신진대사를 경유하여 합성된다. AMP(adenosine 5′-monophosphate)에 이르는 곁가지는 GTP-의존 반응에서 이노신의 6-OH가 아스파르트산(그림 6.25)

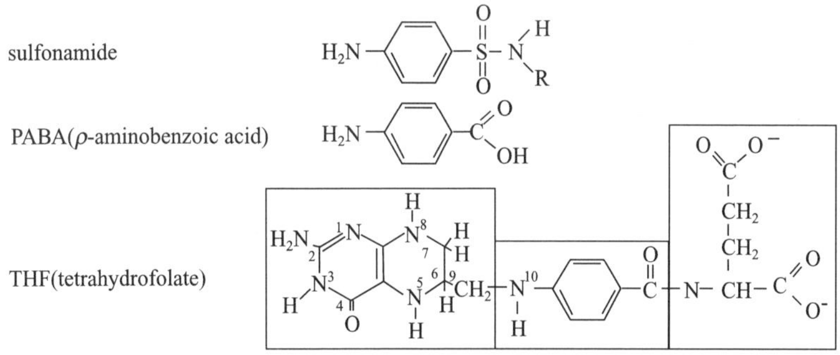

그림 6.24 술파제나 술폰아미드 항생효과와 ρ-아미노벤조산의 구조

으로 대치되는 과정이 포함된다. 다음에는 Asp의 네 번째 탄소골격이 비가수분해적 제거에 의해 푸마르산이 된다. Asp의 아미노기는 AMP의 6-아미노기로 남는다. 아데닐로 숙신산 합성효소(adenylosuccinate synthetase)와 아데닐로숙신산 분해효소(adenylosuccinase)가 이 반응에 참여하는 두 효소이다. 아데닐로숙신산 분해효소는 리보오스-5-인산으로부터 IMP로 가는 과정의 단계 9에서 활동하는 효소이기도 하다.

IMP로부터 GMP의 생성은 퓨린 고리의 C-2에서 산화작용이 일어나고, 글루타민에 의존하는 아미노기 전달효소 반응에 의하여 아미노기의 C-2를 산소로 대치하여 2-아미노, 6-옥시 퓨린 뉴클레오시드 모노인산을 만든다. GMP의 곁가지에 관련된 효소들은 IMP 탈수소효소와 GMP 합성효소이다. 리보오스-5-인산으로부터 AMP를 만드는 데 7당량의 ATP가 소모되고, GMP를 만드는 데는 8당량이 소모된다.

퓨린 생합성의 조절 계통도를 보면 그림 6.26과 같다. 요점을 말하면, 리보오스-5-인산으로부터 IMP로 퓨린 합성하는 과정은 처음 두 단계에서 다른 자리 입체적으로 조절된다. 퓨린 합성의 개시 단계는 아니지만, 리보오스-5-인산 피로인산 카나아제는 ADP와 GDP에 의하여 되먹임 저해반응을 한다. 첫 단계를 촉진시키는 효소인 글루타민포스포리보실피로인산아미노기 전달효소는 두 개의 다른 자리 입체성을 보유한다. 하나는 'A' 관련 핵산들이 결합하여 되먹임 저해반응을 하고, 다른 곳은 'G' 관련된 것들이 결합하고 되먹임 저해반응을 한다. 게다가 PRPP는 이 효소의 정반응 활성화 인자이다. 따라서 이 경로를 통한 IMP 생성은 마지막 생성물(A와 G)의 양적 수준에 영향을 받는다.

퓨린 과정은 IMP에서 AMP와 GMP를 합성하는 과정으로 갈라지는 가지를 형성한다. AMP 가지의 첫 번째 효소는 아데닐로숙신산 합성효소로서 AMP에 의하여 경쟁적

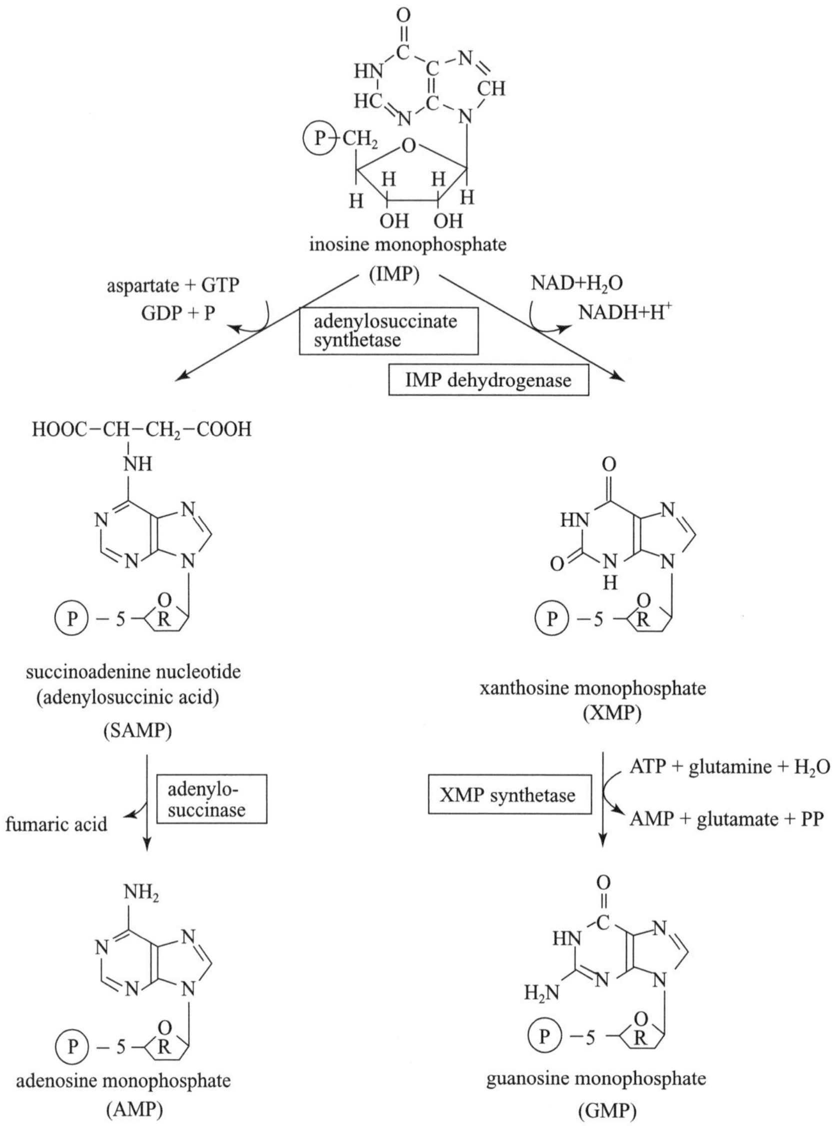

그림 6.25 IMP로부터 AMP와 GMP의 합성

저해를 받는다. GMP 가지의 효소는 IMP 탈수소효소로서 GMP에 의하여 앞의 것과 동일한 방식으로 저해된다. 따라서 AMP와 GMP의 수준에 의하여 IMP의 운명은 결정되고, 주요 퓨린 핵산들의 어느 것이 결핍되어도 자동적으로 교정된다. 조절의 이 같은 상호성은 세포의 요구에 필요한 AMP와 GMP의 생성을 균형잡는 데 효율적인 대사과

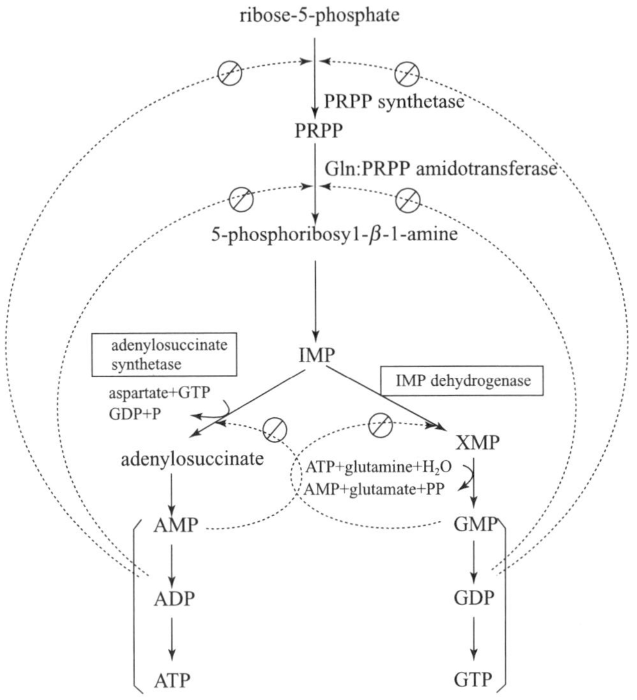

그림 6.26 Purine 생합성을 조절하는 조절회로

정이다. 사용되는 에너지의 양에서도 이 상호성은 명백하다. GTP는 AMP의 합성에 에너지를 제공하고 ATP는 GMP의 합성에 에너지를 제공한다.

(2) 퓨린의 분해

동물들에게 있어서 주요 퓨린 분해과정을 그림 6.27(a)에 나타내었다. 여러 개의 뉴클레오티드들은 세포 내 뉴클레오티드 가수분해효소(intracellular nucleotidase)에 의하여 뉴클레오시드로 변한다. 이들 가수분해효소는 정확한 대사 조절 아래, 여러 중요 과정들의 중간체들로 작용하는 기질들이 최소량 이하로 되지 않게 한다. 뉴클레오시드들은 퓨린 뉴클레오시드 가인산분해효소(PNP)에 의하여 분해되어 퓨린 염기와 리보오스당으로 된다. 대신에 뉴클레오시드들은 아데노신 탈아미노화효소(adenosine deaminase)에 의하여 inosine으로 전환된다. PNP 생성물들은 구아노신 탈아미노효소(guanine deaminase)와 크산틴 산화효소(xanthine oxidase)에 의하여 크산틴으로 되고, 크산틴은 크산틴 산화효소에 의하여 요산(uric acid)으로 산화된다.

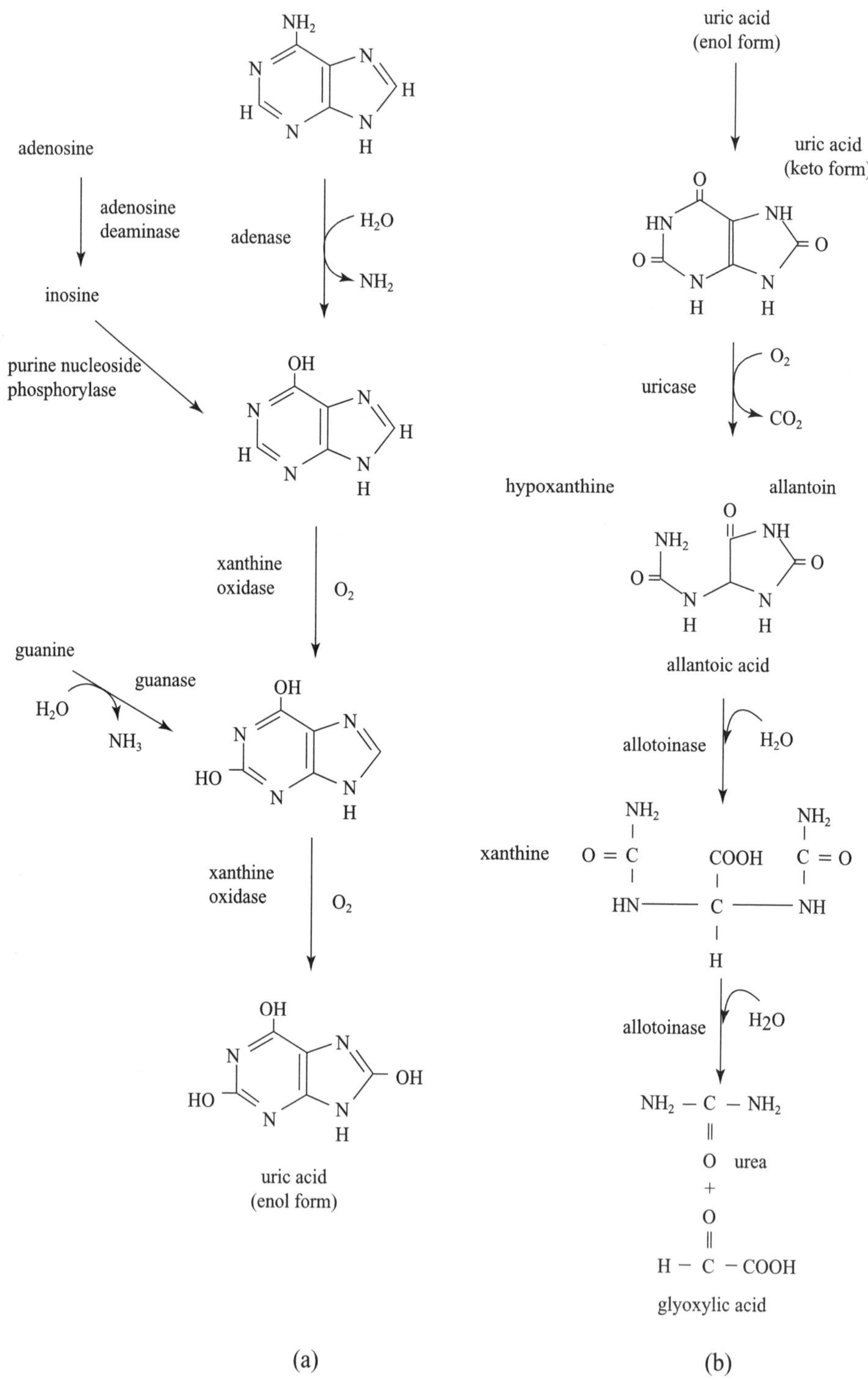

그림 6.27 Purine의 분해반응(a)과 요산의 신진대사 과정(b)

크산틴 산화효소는 Mo(IV)와 Fe(III)를 함유하는 flavoprotein이며, 간, 창자 점액과 우유에 대량 존재하고 hypoxantine을 크산틴으로, 크산틴을 요산으로 산화시킨다. 또한 크산틴 산화효소는 산소분자를 이용하여 퓨린, 프테리딘, 알데히드를 산화시켜 H_2O_2를 생성하는 기질선호도가 넓은 효소이다. 또한 조류와 일부 파충류, 곤충 그리고 달마시안 개, 원숭이, 인간에 있어서 요산은 퓨린대사의 최종 산물로 배설된다. 생물체에서 배출되지 않은 요산의 신진대사적 최후 과정은 그림 6.27(b)와 같다. 포유류(영장류 제외)나 연체동물에서 요산은 요산 산화효소에 의하여 산화되어 알란토인(allantoin : 요소의 산화생성물)이 되어 배출된다. 경골어류와 같은 뼈가 많은 물고기들은 요산의 분해과정이 또 다른 단계를 거치는데, 즉 알란토인이 알란토인 가수분해효소(allantoinase)에 의하여 알란토산(allantoate)으로 가수분해되어 배출된다. 양서류와 연골성 물고기들은(상어) 알란토산 가수분해효소에 의하여 알란토산이 더 분해되어 글리옥실산과 2당량의 요소가 된다. 바다의 무척추 동물들 같은 단순한 동물들조차도 요소 가수분해효소를 사용하여 요소를 CO_2와 암모니아(NH_3)로 가수분해한다. 또한 유해한 질소 찌꺼기 생성물을 제거해야 하는 동물들과는 달리, 미생물들은 질소의 가용도에 따라 성장이 제한을 받는다.

퓨린 대사 장해에 의해 과요산혈증(hyperuricemia), 통풍(gout), 크산틴뇨증(xanthinuria) 등이 일어난다. 과요산혈증은 퓨린 뉴클레오티드 과산의 분해촉진 등으로 요산의 과다 생성, 요 생성저하 그리고 요로 패쇄 등에 의한 요산의 신장에서의 배설 저하 등에 의해 일어난다. 과요산혈증은 통풍을 일으키며, 이것은 관절 내와 주위에 요산나트륨 결정이 침착되어 일어나는 급성 관절염이며, 통풍은 요산의 과다생산에 의해 일어나는 하나의 질병이다. 또한 물에 녹지 않는 요산은 손이나 발의 관절에 집적된다. 통풍을 치료하는 화합물은 알로푸리놀(allopurinol)인데, 이 화합물은 하이포크산틴이 크산틴으로 그리고 크산틴이 요산으로 전화되는 과정을 저해함으로써 요산이 집적되어 증가하는 것을 막는다.

2) 피리미딘의 대사

(1) 피리미딘의 생합성

피리미딘의 생합성 과정(그림 6.28)은 퓨린의 생합성보다 훨씬 간단하며, 퓨린과 대조적으로 피리미딘은 뉴클레오티드의 유도체로 합성되지 않는다. 대신에 피리미딘 고리는 리보오스-5-인산기가 붙기 전에 완성된다.

그리고 9개의 퓨린 고리 원자들에 대하여 7개의 선구물질이 있는 것과는 대조적으로 단지 카르바모일인산(carbamoyl phosphate)과 아스파르트산(aspartic acid)만이 선구물질로서 피리미딘 고리의 원자들을 구성한다(그림 6.29).

포유동물은 카르바모일인산을 합성하기 위하여 두 개의 효소를 가진다. 피리미딘 생합

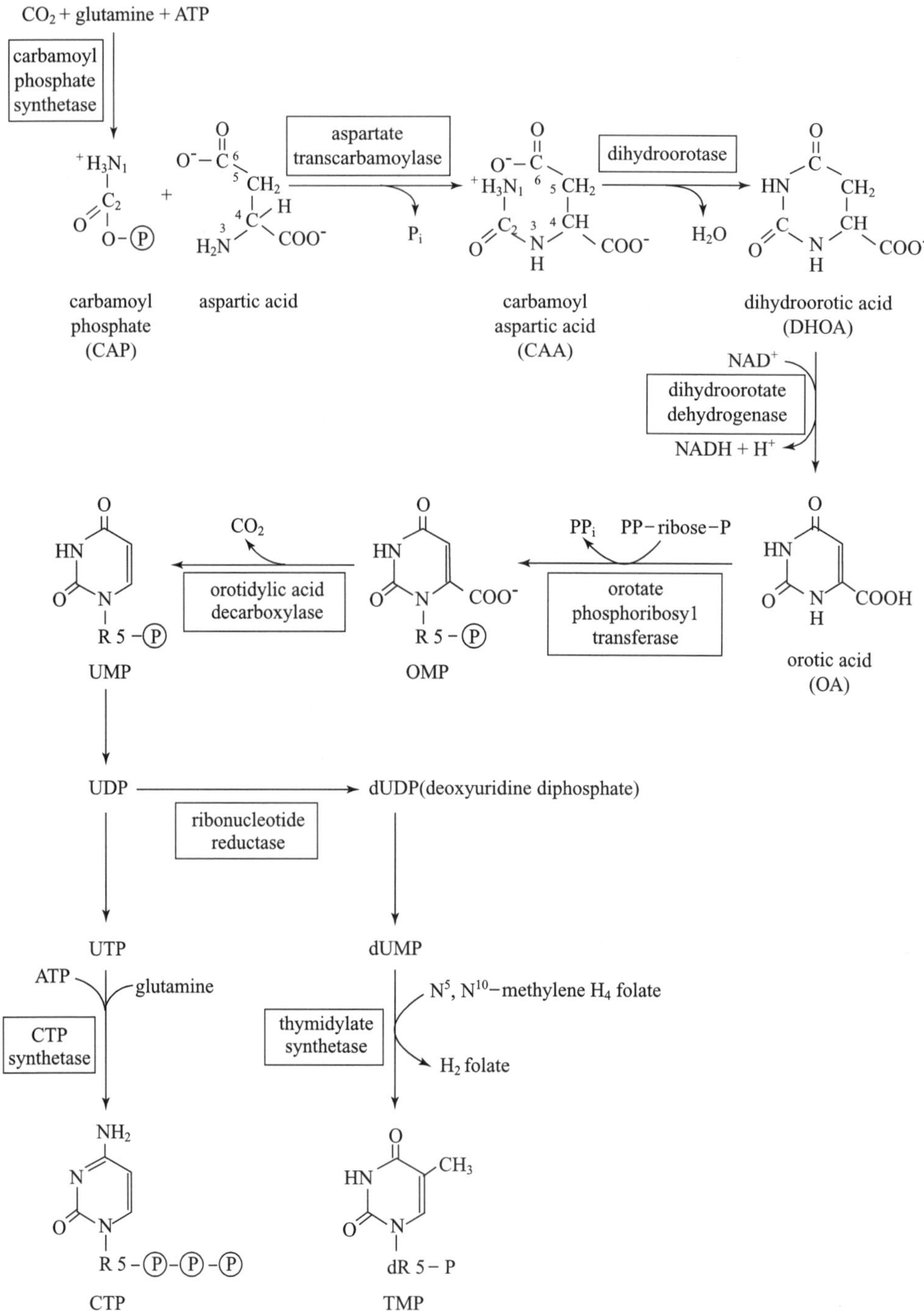

그림 6.28 Pyrimidine nucleotide의 생합성 과정

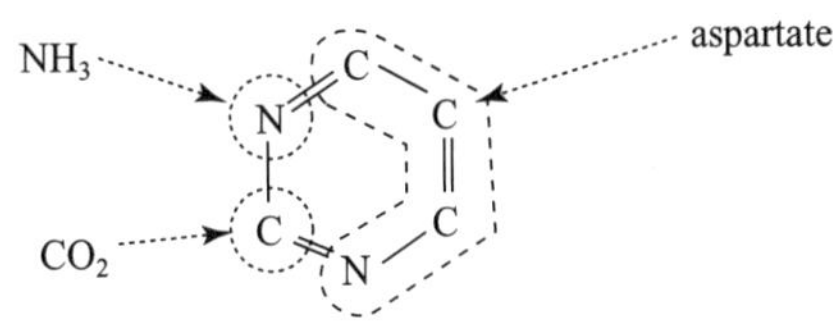

그림 6.29 Pyrimidine 고리를 구성하는 원자의 기원

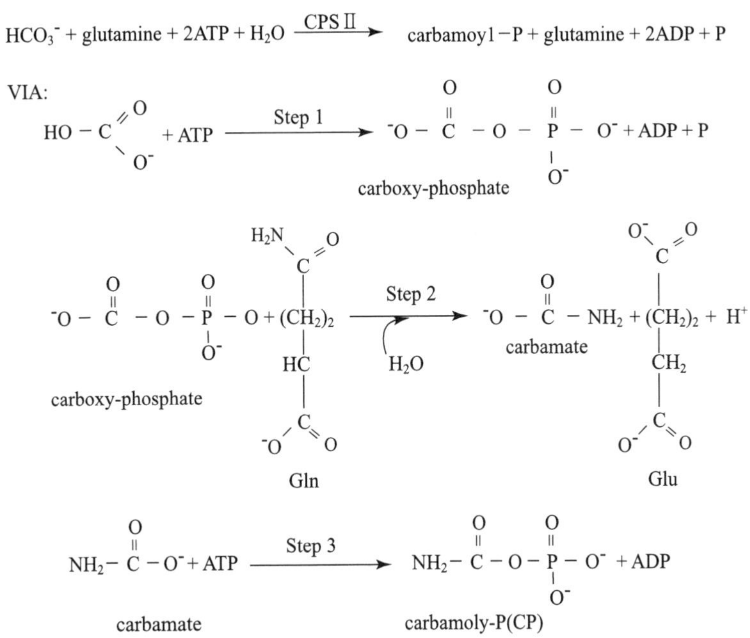

그림 6.30 Carbamoyl phosphate synthetase에 의하여 촉진되는 반응

성에 관련된 카르바모일인산은 원형질 효소인 카르바모일인산 합성효소 II(carbamoyl phosphate synthetase II, CPS II)에 의해 형성된다. 카르바모일인산 합성효소 I은 아르기닌 생합성과 효소회로에 관여하는 미토콘드리아 효소이며, CPS II의 기질은 HCO_3^-·H_2O·글루타민과 2ATP이다(그림 6.30).

포유동물에서 CPS II에 의하여 만들어진 카르바모일인산은 피리미딘에 끼어 들어가는 것 외에는 다름 반응이 없기 때문에 포유동물의 CPS II는 피리미딘 *de novo* 과정의 시작

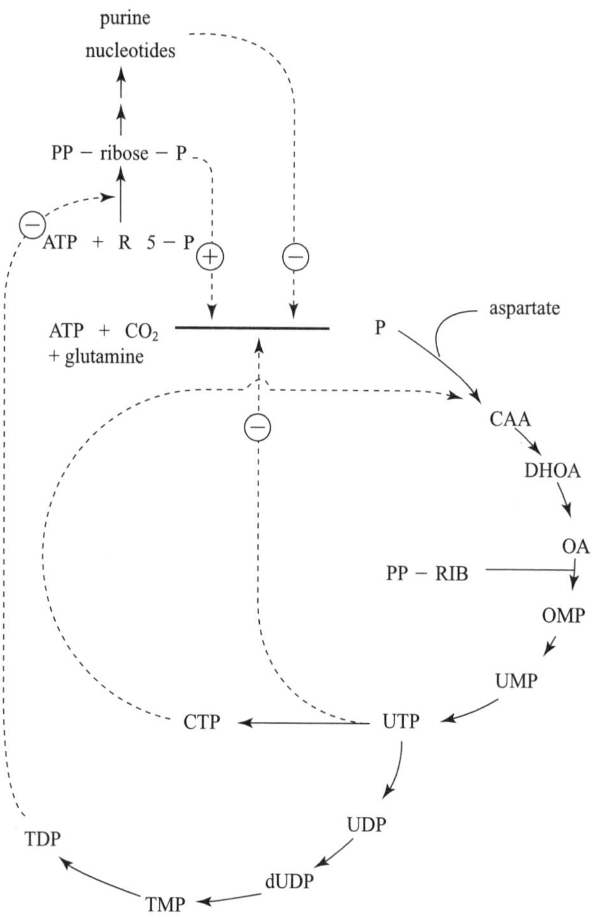

점선은 양(+) 혹은 음(−)의 되먹임 조절을 나타낸다.

그림 6.31 Pyrimidine nucleotide 생합성의 조절기구

단계라고 할 수 있다.

세균은 단 한 개의 카르마보일인산을 가지며, 이것의 생성물은 피리미딘뿐만 아니라 아르기닌에 끼어 들어간다. 따라서 세균 피리미딘 합성의 시작단계는 아스파르트산 카르바모일기 전달효소(asparate transcarbamoylase)에 의하여 촉진되는 반응이다. 대장균 아스파르트산 카르바모일기 전달효소의 구조와 조절은 다른 자리 입체성 효소의 대표적 보기이다. 아스파르트산 카르바모일기 전달효소는 카르바모일인산과 아스파르트산을 축합시켜 카르바모일 아스파트르산을 형성하는 반응을 촉진한다(그림 6.31).

카르바모일인산은 카르바모일의 활성화된 형태이기 때문에 이 단계에는 ATP가 요구되지 않는다. 카르바모일인산의 $-NH_3^+$와 아스파르트산의 $\beta-COO^-$의 결합을 통한 고리 형성과 탈수반응은 디하이드로오르토산 가수분해효소(dihydroorotate dehydrogenase)에 의하여 이루어진다. 이 반응의 생성물은 6각형 고리화합물인 dihydroorotate이다(단계 3).

Dihydroorotate은 아직 피리미딘이 아니고, 이의 산화물인 오로트산은 피리미딘이다. 산화작용(단계 4)은 dihydroorotate 탈수소효소에 의하여 촉진되며, PRPP(5-phosphate-α-pyrophosphate)로부터 리보오스-5-인산이 오로트산의 N-1 위치에 결합하여 피리미딘 뉴클레오티드인 orotidine-5′-phosphate, 즉 OMP를 만든다. 효소는 오로트산 포스포리보실 전달효소이다(단계 5). 그 다음 반응은 OMP 탈카르복시화효소에 의하여 촉매된다. OMP의 탈카르복시화는 두 개의 일반적인 피리미딘 리보뉴클레오티드의 하나인 uridine-5′-phosphate(UMP) 혹은 uridylic acid을 생성한다.

(2) 피리미딘의 분해

피리미딘 뉴클레오티드는 뉴클레오시드를 거쳐 유리염기(uracil과 thymine)로 전환되고, 더욱 분해되면 uracil은 β-alanine, NH_3 및 CO_2가 되고, 티민은 β-aminoisobutyrate, NH_3 및 CO_2가 된다(그림 6.32).

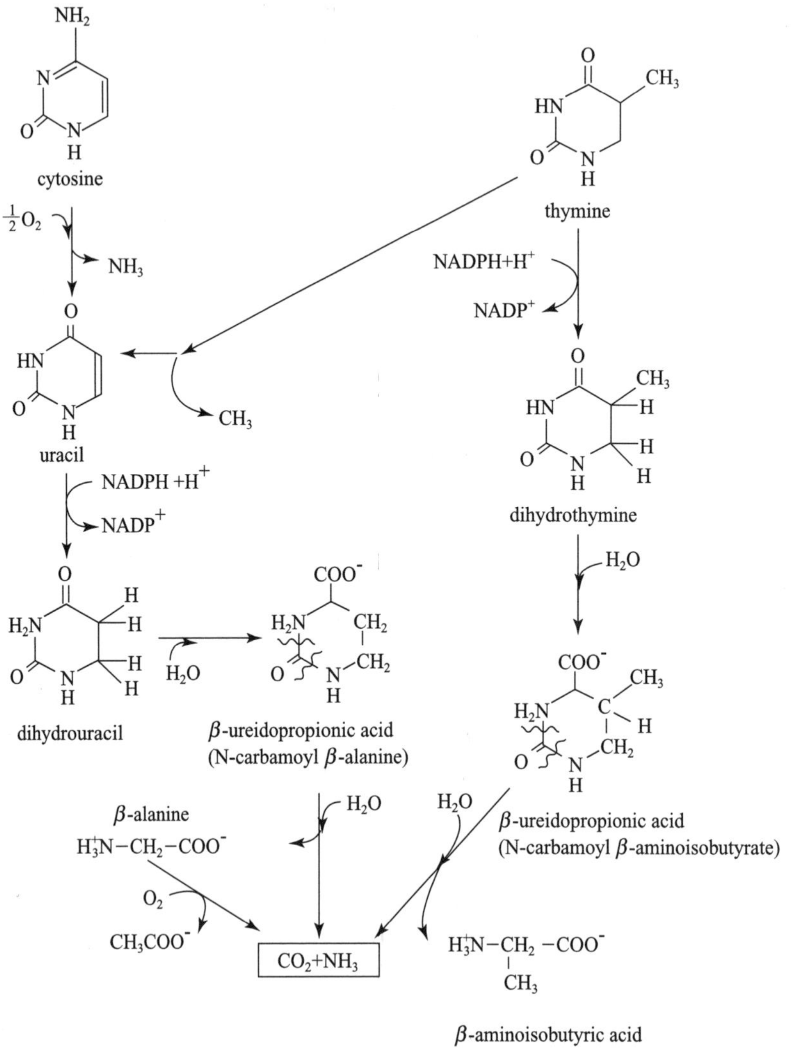

그림 6.32 Pyrimidine nucleotide 분해 경로

요 약

핵산(DNA, RNA)은 생명체의 성장, 진화 및 복제에 필요한 모든 화학 정보를 갖고 있다. Nucleotide는 purine 또는 pyrimidine 염기, 당 및 한 개 이상의 인산기로부터 만들어진다. Purine 화합물은 adenine과 guanine이고, pyrimidine 화합물은 cytosine, thymine 및 uracil이다. DNA는 D−2−deoxyribose로 구성되고, RNA는 D−ribose로 구성되었다. DNA는 이중나선구조로 되어있으며 염기중 A=T, G≡C 수소결합 한다. RNA는 중요한 3가지 종류, 즉 rRNA, mRNA, tRNA가 있다. 핵산은 가수분해, 열, 산과 염기, 핵산분해 효소에 의해 영향을 받는다.

Purine 고리 합성에는 glycine, CO_2, tetrahydrofolate(TH_4) 유도체 및 아미노산인 glutamine과 aspartic acid가 필요하다. Ribose 5−phosphate는 먼저 5−phosphoribosyl−1−pyrophosphate(PRPP)로 전환되고, 나중에 purine 고리가 합성된다.

Pyrimidine은 carbamoyl phosphate와 aspartic acid로부터 중간생성물인 orotic acid을 거쳐 생성된다. Uridylate(UMP)는 orotidylic acid로부터 합성된다.

Cytidine triphosphate(CTP)는 UTP로부터 합성되고, deoxythymidylate(dTMP)는 deoxyuridylate(dUMP)로부터 만들어진다. Purine 염기인 A와 G의 분해는 탈아미노화(deamination)와 산화반응을 거쳐 xanthine을 생성한다. 생성된 xanthine은 요산으로 변하여 배설된다. 요산농도가 상승하면 관절에 요산의 결정이 침착되어 통풍(gout)을 일으킨다. Pyrimidine은 뉴클레오시드를 거쳐 유리염기(uracil과 thymine)로 전환되고, 더욱 분해되면 uracil은 β−alanine, NH_3 및 CO_2가 되고, thymine은 β−aminoisobutyrate, NH_3 및 CO_2가 된다.

07 CHAPTER

효소

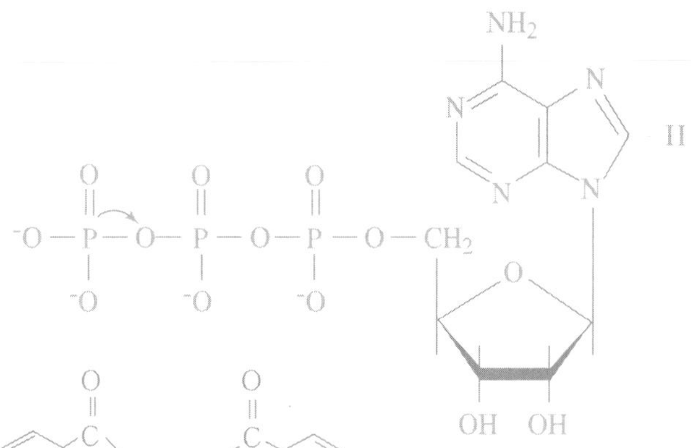

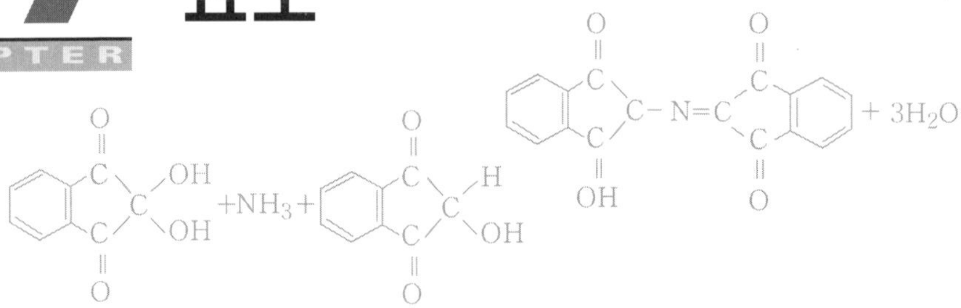

학/습/목/표

이 장을 학습하고 난 후 다음을 할 수 있다.

1. 효소의 일반적인 기능과 특성을 설명할 수 있다.
2. 효소를 분류하고 그 예를 들 수 있다.
3. 효소의 특이성에 관해 설명할 수 있다.
4. 촉매로서의 효소의 작용기전을 설명할 수 있다.
5. 효소반응의 조절기구를 설명할 수 있다.
6. 효소반응의 억제 방식을 설명할 수 있다.
7. 효소의 활성을 조절함으로써 임상에서 활용할 수 있는 예를 들 수 있다.

1. 총론

18세기에 위액에 의해 육류가 소화된다는 것이 처음으로 알려지고, 녹말이 타액이나 맥아 추출물에 의해 분해되는 것이 알려졌다. 1850년대에 이르러 Louis Pasteur가 효모에 의해 당으로부터 알코올이 형성되는 것을 발견하여 알코올 발효(alcoholic fermentation)라 하였다. 1897년에는 Eduard Büchner가 효모의 추출물이 당을 알코올로 발효시키는 능력을 가지고 있는 것을 알아내었고, Frederick W. Kühne은 이 활성 분자를 효소(enzyme)라 명명하였다. 그 후 요소가수분해효소(urease), 펩신(pepsin), 트립신(trypsin)을 비롯한 수많은 효소들이 순수하게 분리되었고 그 조성이 단백질일 것이라고 가정하게 되었다. 오늘날까지 연구된 많은 효소들의 대부분이 단백질로 이루어져 있으며, 단백질이 가지고 있는 기능 중 가장 중요한 것의 하나는 바로 효소로서의 기능이다. 몇 가지 RNA 분자가 촉

표 7.1 효소의 보조인자로 작용하는 무기 원소

원소	효소 명
Cu^{2+}	시토크롬 산화효소(cytochrome oxidase)
Fe^{2+} 또는 Fe^{3+}	시토크롬산화효소(cytochrome oxidase), 카탈라아제(catalase), 과산화효소(peroxidase)
Mg^{2+}	헥소키나아제(hexokinase), 피루브산 키나아제(pyruvate kinase)
Zn^{2+}	탄산탈수효소(carbonic anhydrase), 알코올 탈수소효소(alcohol dehydrogenase)
K^{+}	피루브산 키나아제(pyruvate kinase)
Mo	질소화효소(dinitrogenase)
Ni^{2+}	요소 가수분해효소(urease)
Se	글루타치온 과산화효소(glutathione peroxidase), 슈퍼옥사이드 디스뮤타제(superoxide dismutase)

표 7.2 효소의 보조인자로 작용하는 유기 보조효소

보조효소	기능	식이성 전구체
biocytin	CO_2 운반	biotin
coenzyme A	acyl 기 운반	pantothenic acid
5' –deoxyadenosylcobalamine	H 원자와 알킬기 운반	vitamin B_{12}
flavin adenine dinucleotide(FAD)	전자 운반	riboflavin (vit. B_2)
pyridoxal phosphate	아미노기 운반	pyridoxine (vit B_6)
tetrahydrofolate (FH_4)	C_1 단위 운반	folic acid
lipoic acid	전자와 아실기 운반	–
thiamine pyrophosphate(TPP)	알데히드기 운반	thiamine (vit B_1)

매활성을 보이는 것이 보고되었으나, 대부분의 효소는 단백질로 구성되어 있으므로 우리는 이 장에서 단백질로 이루어진 효소의 특성과 작용에 대해 생각해 보기로 하자.

효소의 활성은 단백질의 구조와 밀접한 관계가 있다. 효소단백질의 구조를 변형시키면 효소가 가지고 있던 활성이 소실된다. 효소는 일반적인 단백질과 마찬가지로 수만에서 수백만에 이르는 분자량을 가지고 있다. 어떤 효소는 아미노산만으로 이루어져 있으며 활성을 나타내나, 대부분의 효소들은 아미노산 잔기 이외에 다른 화학적 구조를 필요로 한다.

효소의 활성을 위해 필요한 화학 성분을 보조인자(cofactor)라 부르며, 이 보조인자에는 Cu^{2+}, Fe^{2+}, Mg^{2+} 또는 Zn^{2+}와 같은 무기원소와 복잡한 유기화합물 또는 금속 유기화합물 분자인 것도 있다.

효소의 단백질 부분을 아포단백질(apoprotein) 또는 아포효소(apoenzyme)라 하며, 보조효소나 금속을 결합하고 있어 완전한 효소활성을 가지는 효소를 홀로효소(holoenzyme)라 한다. 어떤 경우에는 보조효소가 효소단백질과 공유결합에 의해 단단히 결합하고 있는 경우가 있는데 이 때의 보조효소를 보결분자단(prosthetic group)이라 부른다. 예를 들면 혈액 중의 산소운반 단백질인 헤모글로빈은 글로빈 분자에 헴 분자가 공유결합으로 연결되어 있으며, 이 때 헴 분자를 보결분자단이라 한다.

apoprotein(또는 apoenzyme) + coenzyme = holoenzyme

효소의 특성과 작용기구, 그 조절방식을 이해하도록 하자.

2. 효소의 분류

일반적으로 효소의 이름은 기질의 이름에 '－아제(－ase)' 라는 어미를 붙이는 방식으로 명명하고 있다. 즉, 요소 가수분해효소(urease)는 요소(urea)의 가수분해를 촉진하며, 티로시나아제(tyrosinase)는 아미노산 티로신(tyrosine)에 수산기를 첨가하는 효소이다. 그러나 효소 중에는 펩신, 트립신, 키모트립신과 같이 기질의 이름과는 상관없이 명칭을 붙인 경우도 많이 있다. 또한 한 가지 효소에 두 가지 이상의 이름이 붙여진 것도 있고, 새로이 발견되는 효소의 수가 계속 늘어나기 때문에, 효소의 명명 및 분류와 관련된 애매모호함을 피하기 위해 국제생화학회(International Union of Biochemistry ; IUB)에서 효소의 명칭을 부여하는 새로운 방식을 정하였다. 이 방식은 모든 효소를 6가지 군(class)으로 대별하고, 각 군을 다시 여러 가지 아군(subclass)으로 나눈다. 각 효소는 4가지 숫자로 된 분류번호와 그것이 촉매하는 반응을 나타내는 계통명을 가진다. 다음 반응을 촉매하는 효소를 예를 들어 설명해 보자.

D－글루코오스 + ATP → D－글루코오스－6－인산 + ADP

표 7.3 효소의 국제분류법

번호	군(Class)	촉매하는 반응
1	산화환원효소 (Oxidoreductases)	전자의 전이 (ex; dehydrogenases)
2	전달효소 (Transferases)	기 전달반응 (ex; transaminases)
3	가수분해효소 (Hydrolases)	가수분해반응 (ex; esterase)
4	분해효소 (Lyases)	기가 제거되며 이중결합이 형성되거나 또는 그의 역반응(ex; decarboxylases)
5	이성질화효소 (Isomerases)	분자 내에서 기의 전이에 의한 이성질체 형성 (ex; epimerases)
6	연결효소 (Ligases)	두 기질 사이에서 결합이 형성되는 반응 (ex; carboxylase)

이 효소의 분류번호는 2.7.1.1로서 첫 번째 숫자 '2'는 군(전달효소)의 명칭을, 두 번째 '7'은 아군(인산기전달효소)을, 세 번째 '1'은 수용기로서 수산기를, 네 번째 '1'은 인산기의 수용체로서 D－글루코오스를 나타낸다. 이 효소의 계통명은 ATP:글루코오스 인산기전달효소(ATP:glucose phosphotransferase)로서 ATP로부터 글루코오스로 인산기를 전달하는 반응을 촉매함을 나타내고 있다. 분류번호와 계통명 외에도 상용명(trivial name)을 많이 사용하는데 앞에서 언급한 효소의 경우는 헥소키나아제(hexokinase)가 된다.

3. 효소의 성질

효소의 작용양식을 이해하기 위해서는 먼저 촉매의 역할에 대하여 이해할 필요가 있다. 촉매(catalyst)란 자신은 변화하지 않으면서 화학반응의 속도를 증가시키는 물질이다. 효소는 촉매 활성을 가진 유기 분자이다. 즉, 효소는 유기촉매(organic catalyst)이다. 일반적으로 촉매는 화학반응에 참여하여 반응속도를 증가시키나 소모되는 일이 없고 반응과정 중 변화하더라도 재생되어 다시 쓰이므로 효소가 화학반응에 참여하여 변화가 있더라도 궁극적으로는 다시 재생되어 재활용된다.

생체의 세포 내에서는 수천 가지의 서로 다른 효소에 의한 화학반응이 일어나고 있다. 이들 반응에는 에너지 대사과정, 물질의 수송, 새로운 생체 분자의 합성, 운동 및 세포의 복제와 분열을 포함한 많은 반응들이 포함되며, 생체의 필요에 따라 효소의 활성을 적절히 조절함으로써 생명활동이 가능하도록 하고 있다.

일반적으로 반응계의 온도를 올리면 반응속도가 증가하는 것이 보통이다. 효소가 촉매하는 반응의 경우도 어느 온도범위 내에서는 반응속도가 증가함에 따라 온도가 증가한다. 그러나 모든 온도범위에서 그러한 것은 아니다. 온도를 많이 높이면 오히려 반응속도가 급격히 감소한다. 이는 효소를 구성하고 있는 단백질이 가지는 일반적인 성질로서 가온에 의해 효소 단백질이 불활성화되어 나타나는 결과이다. 온도를 극저온으로 낮추어 주면 효소의 활성은 극도로 낮아진다. 이 원리를 이용하여 효소의 반응을 정지시키기 위한 한 방법으로 효소를 포함한 검체를 얼음에 담그거나, 초저온냉동고 또는 액체 질소 중에 보관하기도 한다.

효소의 활성에 영향을 주는 요인으로는 앞에서 살펴 본 온도 요건 이외에도 용액의 액성이 매우 중요하다. 용액의 pH에 따라서 효소 단백질의 전하가 달라지므로 효소의 입체구조 자체가 많이 달라진다. 실제로 대부분의 효소의 경우 일정 pH 범위에서 효소의 활성이 나타나고 그 pH 범위를 벗어나면 효소의 활성이 감소하는 양상을 보인다. 그러므로 효소를 사용하는 경우 최적 pH 범위를 유지하기 위하여 적합한 pH 완충액(pH buffer)을 선택하여 사용한다. 대부분의 효소는 매우 좁은 범위의 pH에서만 작용을 나타낸다. 세포질의 pH는 7에 가까우므로 대부분의 세포의 효소는 이와 같은 중성 pH에서 작용한다. 그

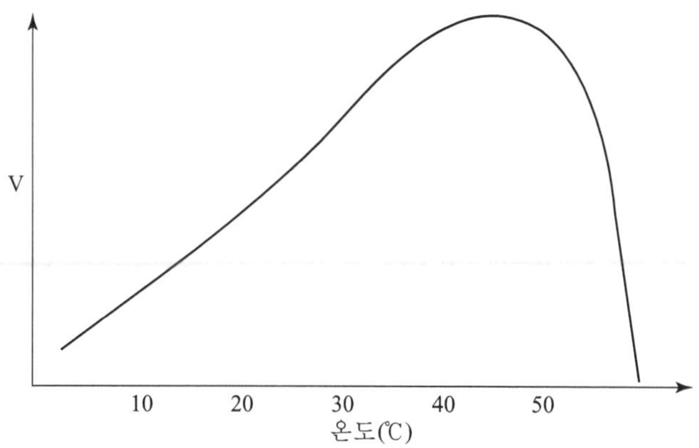

그림 7.1 온도에 의한 효소활성의 변화

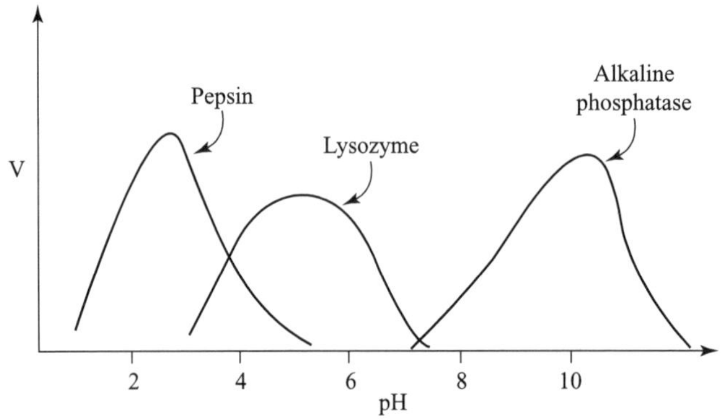

그림 7.2 pH 변화에 따른 효소의 활성

러나 위액 중의 단백질 분해효소인 펩신(pepsin)은 pH 1~2 정도의 산성에서 작용한다. 이와 같이 효소는 각각 최적의 pH(optimum pH)를 가지고 있다. 최적 pH에서 벗어난 액성에서 효소 단백질은 활성을 소실한다.

효소의 반응은 고도의 특이성(specificity)을 가지고 있다. 효소와 기질(substrate)이 결합하는 부위의 구조가 특이하므로 특정한 구조를 가진 물질만이 결합하여 반응할 수 있다. 특정한 구조의 기질만이 효소에 결합할 수 있는 것은 기질특이성(substrate specificity)이라 하며, 하나의 기질에 결합한 효소의 종류에 따라서 반응의 결과를 달리하는 것을 반응특이성(reaction specificity)이라 한다. 기질이 광학활성이 있는 경우 한 가지의 광학이성체만을 기질로 활용할 때 광학특이성(optical specificity)이 있다고 한다. 효소의 기질 결합부위에 결합하여 효소의 반응속도를 저하시키는 물질이 있다. 이러한 물질은 효소의 저해제(inhibitor)라 한다.

효소반응은 크게 두 가지 방법에 의해 조절되는데, 첫째는 효소의 합성과 분해를 통해 효소의 농도를 조절하는 것이며, 둘째는 기존 효소의 활성을 증가 또는 억제함으로써 조절하는 방식이다. 세포 내에 존재하는 수많은 효소들이 언제나 최대의 활성으로 작용하지는 않는다. 정상적 상태에 있는 생체 내의 모든 효소반응은 정확하게 조절되어 생체의 항상성(homeostasis)을 유지하도록 하고 있다.

4. 효소의 작용 기전

앞에서 본 바와 같이 촉매는 화학반응에 참여하여 반응속도를 증가시키기는 하지만 자기 자신은 화학적인 변화를 받지 않는 물질이다. 그러므로 이들은 전체 화학반응식에는 나타나지 않으나 반응속도를 증가시킬 수 있는 것은 기존의, 즉 촉매가 없을 때의 반응경로를 변형시켜서 반응속도를 증가시키거나 전혀 별개의 새로운 경로를 통해서 반응이 일어나도록 해 주기 때문이다.

화학반응에서 반응속도를 향상시키는 무기물 촉매와 동일한 방식으로 효소도 작용한다. 그 촉매 활성이 매우 크지만 평형상수에는 절대 영향을 주지 않으면서 평형에 도달하는 시간만을 단축시키는 역할을 한다. 생명현상의 유지를 위해 인체 내에서 일어나는 수많은 반응들이 신속하게 일어날 필요가 있는데 이를 위해 효소가 큰 역할을 담당하고 있다. 이제부터 우리는 효소가 어떠한 방식으로 작용하여 반응속도를 향상시키는지 살펴보기로 하자.

시험관 내에서의 화학반응의 경우는 고온, 고압, 강한 산성 등의 물리적이거나 화학적인 변화를 주는 것이 가능하지만 생물체에서 일어나는 반응을 위한 세포 내의 환경은 일정한 체온, 대기압력, 중성 부근의 pH 등의 환경이 거의 완만하고 일정한 상태이어야 하므로 생체 분자들에 화학적인 변화를 일으키는 것이 쉽지 않다. 그러나 생체 내에서 필요한 많은 반응이 생명현상의 수행을 위해 필요한 만큼 일어나기 위해서는 이러한 완만한 상황 하에서도 반응을 촉진해 줄 수 있는 강력한 촉매작용을 가지는 무엇인가가 꼭 필요

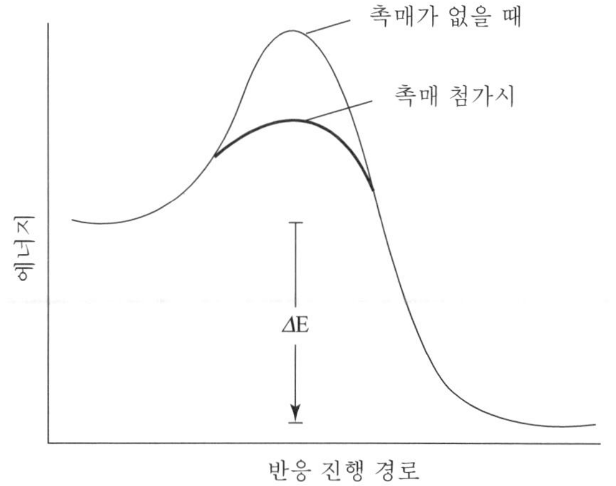

그림 7.3 촉매의 작용: 일반적으로 촉매는 활성화에너지를 감소시켜서 반응속도를 증가시킨다.

한데 바로 효소가 그 촉매 기능을 한다고 하겠다. 일반적으로 효소들의 촉매활성은 무기 촉매에 비하여 훨씬 커서 효소가 없을 때에 비하여 효소가 존재할 때 반응속도가 10^6~10^{12} 배까지 증가한다.

효소에 의해 변화되는 물질을 기질(substrate: S)이라 하며 반응 속도는 기질의 농도에 따라 변화한다. 기질의 농도가 낮을 때에는 기질의 농도가 증가함에 따라서 반응속도도 따라서 증가하나 기질 농도가 높을 때에는 반응속도의 변화가 크게 없이 거의 일정한 값에 도달하게 된다. 이때의 반응속도를 최대속도(V_{max})라 한다. 그림 7.4에서 보여주듯이 이 최대속도의 절반, 즉 $\frac{1}{2}V_{max}$에 도달하기 위해 필요한 기질의 농도를 K_m이라 하며 이를 중요한 상수로 활용하고 있다. K_m이 크다는 말은 최대반응 속도를 얻기 위해서는 기질을 고농도로 사용해야 한다는 것이고, K_m이 작다는 것은 적은 양의 기질로 최대 반응 속도를 얻을 수 있다는 의미로 해석할 수 있다. 즉, 효소에 대한 기질의 친화력을 판단하는 기준이 될 수 있다.

표 7.4 몇 가지 효소에 의한 반응속도 증가 효과

효소명		반응속도 증가효과
Carbonic anhydrase	탈산탈수효소	10^7
Phosphoglucomutase	포스포글루코무타아제	10^{12}
Succinyl−CoA trasferase	숙신산−CoA 전이효소	10^{13}
Urease	요소분해효소	10^{14}

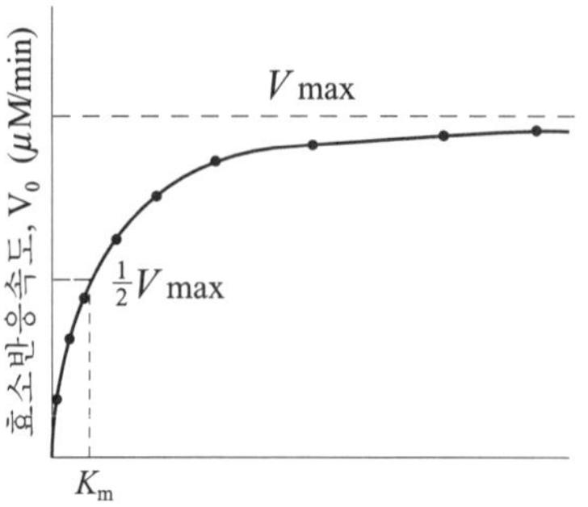

그림 7.4 기질 농도에 따른 반응 속도의 변화

표 7.5 몇 가지 효소의 K_m

효소명	기질	K_m 값(mM)
Catalase	H_2O_2	25
Hexokinase	D-Glucose	0.05
	D-Fructose	1.5
Carbonic anhydrase	HCO_3^-	9
b-Galactosidase	D-Lactose	4.0

효소와 기질분자가 특정한 결합을 형성하기 때문에 이러한 현상이 나타나는 것으로 기질이 결합하는 효소의 부위를 활성부위(active site)라고 한다. 기질 분자가 효소의 활성부위에 특이적으로 결합하면 반응이 진행되어 생성물이 만들어진다. 기질 분자 단독으로는 매우 안정한 분자이므로 생성물질로 전환되기 어려우나 효소와 결합함으로 인해 반응이 촉진된다. 효소가 반응을 촉진하는 방법을 살펴보면 크게 몇 가지 방식으로 나누어 설명할 수 있다. 첫째로 반응물질들과 결합하였을 때 두 반응물질들이 인접한 부위에 있게 되면 당연히 반응이 이루어질 확률이 높아지게 된다. 둘째로 효소분자와 기질이 결합하면 기질 분자의 구조 내에 변화가 유발되어서 생성물로 용이하게 전환된다. 즉, 효소분자와 기질분자의 결합으로 기질분자 내의 특정결합이 약화되어 반응이 일어나게 되는 경우이다. 셋째로 들 수 있는 것은 일반산-일반염기에 의한 촉매작용으로 효소분자의 특정 부분이 기질 분자와 산-염기 촉매를 일으켜서 전체적인 반응계의 액성의 큰 변화 없이도 반응이 일어나는 부위에서 효과적인 산-염기 반응을 수행할 수 있는 경우이다. 소화과정에 관여하는 많은 단백질 분해효소가 이러한 방식으로 작용한다. 이러한 방식으로 작용하여 효소는 생체 내의 완만한 환경하에서도 높은 속도로 반응이 일어나게 할 수 있다.

또한 생물체에서 일어나고 있는 모든 반응들이 언제나 최대한의 속도로 일어나는 것이 아니라 각 상황에서 생물체의 생명현상의 유지에 요구되는 만큼 반응이 일어나도록 정교하게 조절되고 있다.

5. 효소반응의 억제

효소의 반응은 특정 물질에 의해 억제되기도 하므로 이 물질을 적절하게 활용하면 효소의 활성을 조절할 수도 있고 효소의 작용기전을 연구하는 데 중요한 실마리를 제공하기도 한다. 이러한 물질을 억제자(inhibitor)라 한다. 효소 활성을 억제하는 방식에는 가역적 억제(reversible inhibition)와 비가역적 억제(irrevesible inhibition)가 있다. 가역적 억제의 경우는 억제자가 효소의 활성부위에 작용하나 투석 등의 방법으로 제거가 가능하여 원래의 활성을 회복할 수 있는 경우이고, 비가역적 억제의 경우는 억제자가 효소의 활성부위에 공유결합으로 강하게 결합하여 투석 등의 방법으로 제거되지 않으므로 효소의 활성이 회복되지 않는 경우이다.

투석(dialysis) : 분자량에 따라 물질을 분리하는 방법의 하나. 분자량이 작은 분자는 다공성 반투막을 통과하나 분자량이 큰 고분자는 반투막을 통과하지 못하므로 분자량에 따라 물질을 분리할 수 있는 방법이다.

가역적인 억제에는 경쟁적 억제(competitive inhibition), 비경쟁적 억제(noncompetitive inhibition), 반경쟁적 억제(uncompetitive inhibition)로 세분할 수 있다. 원래의 기질과 구조가 유사하여 효소의 활성부위에 결합하여 효소에 기질이 결합하는 것을 경쟁적으로 억제하는 경쟁적 억제자가 있고 활성부위가 아닌 다른 부위에 결합하여 활성을 저해하는 비경쟁적 억제자와 반경쟁적 억제자가 있다.

특정 효소의 반응을 억제하는 억제자들을 적절하게 활용함으로써 질병의 치료 목적으로 활용하기도 한다. 예를 들면 1928년 A. 플레밍에 의해 발견되어 사용되어 온 페니실린은 세균의 세포벽 합성과정에 필요한 벽돌분자와 구조가 유사하기 때문에 세균의 세포벽 합성과정을 차단하는 항생물질이다. 이 경우 페니실린은 공유결합을 형성하여 단단히 결합하고 제거가 되지 않으므로 비가역적으로 세균의 세포벽 합성과정을 차단한다. 페니실린이 일단 결합되면 세균의 세포벽 합성은 중단되어 완성되지 못하기 때문에 세균은 삼투압을 이기지 못하게 된다.

6. 효소와 질병의 진단

혈장 내에는 수많은 효소들이 존재한다. 혈장의 효소들 중에는 혈장 내에만 존재하는 혈장 특이성 효소와 주변 조직에서 만들어져 혈액 중에 함유되는 혈장 비특이성 효소가 있다. 혈장 비특이성 효소는 주변 조직의 손상이 있을 때 손상된 세포로부터 혈액 속으로

표 7.6 질병 진단에 활용되는 효소의 예

기관	효소명	질병
뼈	Alkaline phosphatase	Paget병, 구루병, 변형성골종양
심장	Lactate dehydrogenase(isozyme 1,2)	심근경색증
	Aspartate transaminase	심근경색증
	Creatinine phosphokinase(CPK)	심근경색증
간	Aspartate transaminase	간세포질병
	Lactate dehydrogenase(isozyme 5)	간세포질병
전립선	Acid phosphatase	전립선암
골격근	Creatine kinase	근육장애
	Aldolase	근육분해에 관련된 질환

흘러 들어가므로 조직 손상 시 혈액 내에 함유량이 높아지게 된다. 효소 중에는 특정 기관에 고농도로 존재하는 것들이 있다. 만약 그 기관에 손상이 있는 경우 혈액 중에 그 효소의 농도가 증가하게 될 것이다. 이 효소를 효소분석법에 의해 확인할 수 있으며 이로부터 특정 기관의 질병을 진단할 수 있다. 특정 효소가 증가되는 질병에 관하여 표 7.6에 정리하였다.

요 약

일반적인 화학반응에서 촉매가 반응속도를 증가시키듯이 효소는 생체 내의 완만한 환경하에서 반응속도를 많이 증가시킬 수 있다. 대부분의 효소는 단백질로 이루어져 있으므로 단백질이 가지는 성질을 가지고 있다. 단백질의 구조가 열, 염 용액 및 pH의 변화에 의해 변화하면 효소의 활성을 소실한다.

효소는 산화환원효소, 전달효소, 가수분해효소, 분해효소, 이성화효소 및 연결효소의 6군으로 나눈다.

효소는 고도의 특이성을 갖는다. 특이성에는 기질특이성, 반응특이성, 광학특이성이 있다. 효소의 활성을 저해하는 물질을 저해제라 한다.

인체 내에는 많은 효소들이 발견된다. 특히 혈장 내의 효소들의 농도를 측정함으로써 여러 가지 질병의 진단에 효과적으로 활용하고 있다.

08 CHAPTER 비타민 및 무기질

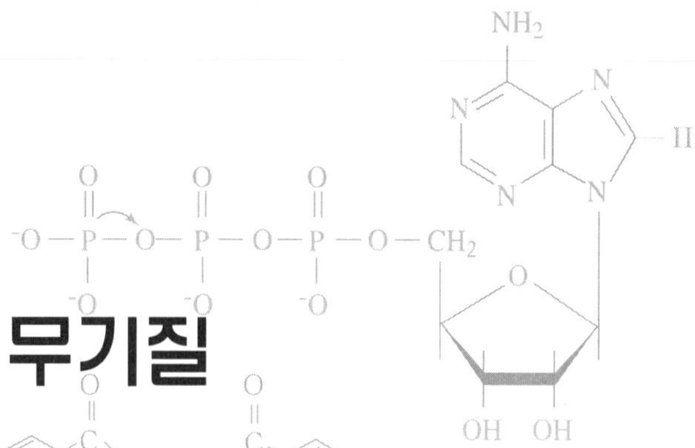

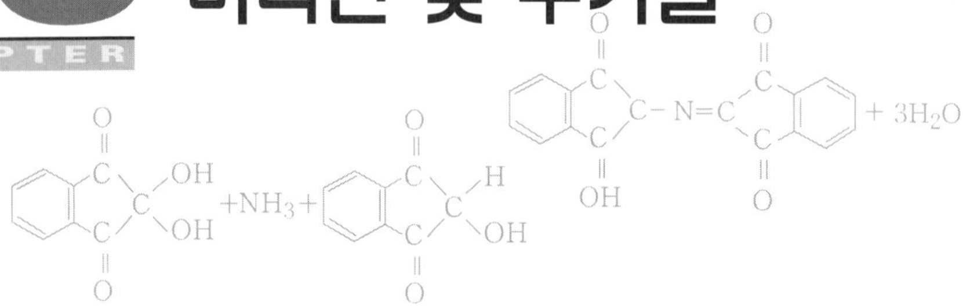

학/습/목/표

비타민과 무기질의 종류와 특성들을 이해함으로써 미용 현장에서 실제적으로 활용 가능하도록 기능과 종류 및 함유 식품들을 체계적으로 학습하고자 한다.

1. 비타민

1) 비타민의 발견

비타민이 발견되기 이전부터 고대 중국, 그리스, 로마, 이집트에서는 어떤 물질의 중요성이 인정되어 왔었다. 그 당시의 의사나 치료사들은 야맹증, 괴혈병, 구루병, 펠라그라, 신경이상 등의 증세에 대해 기록하였으며, 그들의 치료중에 어떤 처방은 성공하기도 하였다. 예를 들면 고대 그리스에서는 야맹증 환자에게 간을 익혀 짠 즙을 눈에 넣어줌으로써 그 병을 치료하기도 하였다. 그 당시 그리스 사람들은 그 성공의 이유를 몰랐지만 우리는 지금 간에 함유된 비타민 A가 야맹증을 치료하는 기능을 가졌다는 것을 알고 있다. 또 다른 예로 괴혈병의 치료를 들 수가 있다. 괴혈병은 군인들의 장기 훈련이나 항해도중에 싱싱한 과일을 섭취하지 못하고 비타민 C가 결핍된 식사를 하면 나타나는 증세이다. 1742년 영국 의사인 James Lind는 괴혈병 치료를 규명하기 위한 실험에서 괴혈병에 걸린 선원에게 과일과 레몬쥬스를 보충하였는데, 과일과 레몬쥬스를 먹지 못한 선원들은 괴혈병을 앓다가 사망하였다. Lind가 이러한 실험을 통하여 괴혈병이 감귤류로 치료된다고 밝힌 몇 년 후, 영국 해군에서는 배에 충분한 감귤류(lime)와 쥬스를 싣도록 요구하였다. 그러나 비타민 C를 화학적으로 규명하고 오렌지와 양배추로부터 추출한 것은 한참 뒤인 1928년의 일이다. 그러나 과학적으로 비타민의 존재를 규명한 것은 20세기 초반으로, 영국의 생화학자인 Frederid Hopkins 경이 식품에는 당질, 지질, 단백질 이외에 어떤 다른 요소가 있음을 밝혔다.

1911년 폴란드 생화학자인 Casimir Funk는 처음으로 쌀겨에서 추출한 amine 성분(질소를 포함하는 유기물)이 퇴행성 신경질환인 각기병을 치료한다는 것을 알았다. 이 수용성 물질이 생명에 필수라는 것을 알았기 때문에 Funk는 이 amine 물질을 'vitamine(vita는 생명력이라는 뜻)' 이라 명명하였다. 그후 모든 비타민이 amine이 아닌 것이 밝혀져 vitamine에서 마지막 'e' 를 제거하여 vitamin으로 쓰게 되었다.

항각기 물질(지금은 티아민이라 함)이 발견된지 10년 후 4개의 비타민이 추가로 더 발견 되었으며 마지막으로 1941년에 엽산(folic acid)이 발견되었다.

2) 비타민의 종류

13종의 비타민이 추출, 분석되고 합성되었으며 대부분 권장량이 정해져 있다. 이 비타민들은 화학적 성질에 따라 지용성과 수용성 비타민으로 분류된다.

(1) 지용성 비타민

지용성 비타민은 비타민 A, D, E, K로 유기용매에 녹으며 간이나 지방조직 세포, 주로 피하지방 조직에 저장되고 대체적으로 조직에 오랫동안 보유된다. 따라서 지용성 비타민 결핍증 증상이 나타나기까지는 수년이 걸린다. 그러나 지용성 비타민은 주로 식품 중의

표 8.1 지용성 비타민의 기능 및 결핍증과 과잉증

비타민	체내주요기능	결핍증	과잉증
Vitamin A	시홍의 구성체 상피세포 보호 뼈의 건강	야맹증, 시력상실 안구건조증	두통, 구토, 식욕감퇴 근육과 뼈의 통증
Vitamin D (calciferol)	뼈의 성장과 석회화 촉진 칼슘 흡수 증진	구루병(어린이) 골다공증(성인)	구토, 설사, 체중감소 신장손상
Vitamin E (tocopherol)	세포손상을 막는 항산화제	적혈구용혈성 빈혈	거의 무독성
Vitamin K (phylloquinone)	혈액 응고	출혈(내출혈)	거의 무독성

지질과 같이 섭취되어 소화가 되기 때문에 지질이 없는 식사를 하거나 지질 소화에 문제가 생기면 이들 비타민의 결핍증 증상이 나타날 수도 있다. 반면 지나친 과잉섭취는 체내에 축적되어 지질 화학물질로 작용하게 되므로 독성을 유발할 가능성이 있다. 탄소, 산소, 수소로만 구성되어 있는 4개의 지용성 비타민은 서로 다른 화학적 구조와 특별한 기능을 가지고 있다.

비타민 A는 산소에 의해 쉽게 산화되고 무산소 상태에서는 120℃까지 가열되는 공기와 빛에 대해서는 불안정하다. 비타민 E는 서서히 산화되는 경향이 있고 자외선에 매우 불안정하여 쉽게 파괴되지만 열에는 비교적 안정하다. 비타민 D는 빛과 공기에 노출되는 경우 파괴된다. 비타민 K는 열, 수분 및 공기에는 비교적 안정하나 산, 알칼리 용액 및 빛에는 불안정하다.

(2) 수용성 비타민

체내의 수용성 매개체를 통해 운반되는 비타민은 수용성으로 분류되며, 이 수용성 비타

표 8.2 수용성 비타민의 기능 및 결핍증

비타민	체내주요기능	결핍증
Vitamin B_1 (thiamine)	에너지 대사에 관련 이산화탄소 제거반응의 조효소	각기병, 말초신경염, 부종, 식욕부진, 허약, 심장비대
Vitamin B_2 (riboflavin)	조효소의 구성 물질	구순구각염, 눈병
Niacin	에너지 대사에 관여 산화환원작용에 관여	펠라그라(pellagra)
Vitamin B_6 (pyridoxine)	단백질 대사에 관여 적혈구 형성에 관여	피로, 우울증, 불면증, 피부질환, 면역력 저하, 설염
Vitamin B_{12} (cobalamin)	DNA 합성에 관여	악성빈혈, 신경장애, 부정맥
엽산 (folacin)	핵산 대사에 관여	거대 적혈구성 빈혈, 설사, 위장장애
Pantothenic acid	조효소 A의 구성물질	피로, 복부경련, 구토 손과 발의 감각 이상
Biotin	지질, 단백질, 글리코겐 합성에 관여	피부염, 피로, 탈모
Vitamin C	콜라겐 합성에 관여	괴혈병, 근육쇠약

민은 체내 조직에 저장되지 않는다. 음식을 통해 섭취된 과량의 수용성 비타민은 신장을 통해 소변으로 방출되므로 이 비타민들은 규칙적으로 매일 또는 수일 내에 섭취해야 한다. 9개의 수용성 비타민은 비타민 C, 비타민 B_1, 비타민 B_2, 비타민 B_6, 비타민 B_{12}, 판토텐산, 엽산, 그리고 비오틴 등 비타민 B 복합체들이다.

이 수용성 비타민들은 지용성 비타민들과 그 구조가 다르며 탄소, 수소 이외에 질소(비타민 B_1, 비타민 B_2, 비타민 B_6, 비타민 B_{12}, 엽산), 황(비타민 B_1, 비오틴), 그리고 코발트(비타민 B_{12})를 함유하고 있다.

비타민 B_1은 산성 용액에서는 안정하며, 120℃에서 30분간 가열해도 파괴되지가 않는다. 비타민 B_2는 산성 용액, 산화제 및 열에는 안정하나 알칼리성에는 매우 약하다. 건조 상태에서는 빛의 영향을 받지 않으나 수용액에서는 자외선과 적외선에 매우 약하다. 비타민 B_{12}는 물에는 약간 녹으며 빛에는 불안정하나 열, 산성 및 알칼리 용액에서는 안정하다. 비타민 C는 건조 상태나 산성 용액에서는 비교적 안정하나 수용액 상태에서는 쉽게 산화되고 가열을 하거나 미량의 구리이온이 관여되면 알칼리성 환경에서 산화가 증가한다.

(3) 비타민 권장량

몇 가지 지용성 및 수용성 비타민의 급원식품과 권장량은 표 8.3과 같다.

2. 무기질

1) 무기질

우리 신체는 적어도 31가지의 화학원소로 구성되어 있으며 그 중 24가지가 생명 유지를 위한 필수 성분들이다. 이 필수 원소들은 다양한 방법으로 결합되어 신체의 여러 조직을 구성하고 있다. 이들 중 가장 많은 양의 비금속 원소는 산소로서 체중의 65%를 차지하고 있고, 탄소(10%), 수소(10%), 질소(3%) 등이 체중의 1%를 차지하고 있다. 신체의 나머지 부분은 '무기질'이라고 불리는 원소들로 구성되어 있으며, 체내의 무기질 양은 비록 소량이지만 세포가 적절한 기능을 수행하는 데 필수적이다.

대부분의 무기질들은 세포 안에서 발견되며 효소나 호르몬, 비타민 등을 구성하고 있다. 또한 무기질들은 뼈에 있는 칼슘 인산염(calcium phodphate)처럼 어떤 특정한 물질과 결합하여 존재하거나, 세포내액에 있는 칼슘 이온과 나트륨 이온처럼 단독으로 존재한다.

표 8.3 지용성 및 수용성 비타민의 급원식품과 권장량

구분	비타민	급원식품	권장량
지용성	Vitamin A (retinol)	우유, 버터, 치즈, 마아가린, 녹황색(카로티노이드 색소가 존재하며 체내에서 비타민 A로 전환됨)	영아:350μg 소아(1~3세):350μg (4~6세):400μg (7~9세):500μg 청소년(10~12세):600μg (13세 이상):700μg 성인(20~49세):700μg 임신(전반):+0μg (후반):+100μg
	Vitamin D (calciferol)	대구 간유, 달걀, 생선 기름, 청어, 강화 우유, 버터, 정어리, 연어	영아(0~4개월):5μg (5~11개월):10μg 소아, 청소년:10μg 성인(20~49세):5μg (50세 이상):10μg 임신(전, 후반):+5μg
	Vitamin E (tocopherole)	씨앗, 녹황색 채소, 쇼트닝, 마아가린, 식물성 기름	영아(0~4개월):3mg (5~10개월):4mg 소아(1~3세):5mg (4~6세):6mg (7~9세):7mg 청소년(10~12세):8mg (13세 이상):10mg 성인(20~49세):10mg 임신(전반):+0mg (후반):+2mg
	Vitamin K (phylloquinone)	녹황색 채소, 곡류, 과일, 돼지의 간, 육류에 소량 존재	없음
수용성	Vitamin B_1 (thiamine)	곡류, 베아, 돼지고기	영아(0~4세):0.2mg (5~11개월):0.4mg 소아(1~3세):0.6mg (4~6세):0.8mg (7~9세):0.9mg 청소년 남(10~12세):1.1mg (13~15세):1.3mg (16~19세):1.4mg 청소년 여(10~12세):1.0mg (13~19세):1.4mg 성인 남(20~49세):1.3mg

표 8.3 지용성 및 수용성 비타민의 급원식품과 권장량(계속)

구분	비타민	급원식품	권장량
수용성			(50~64세):1.2mg (65세 이상):1.0mg 성인 여:1.0mg 임신(전반):+0.3mg (후반):+0.4mg
	Vitamin B_2 (riboflavin)	우유, 고기류, 채소	영아(0~4개월):0.3mg (5~11개월):0.5mg 소아(1~3세):0.7mg (4~6세):1.0mg (7~9세):1.1mg 청소년 남(10~12세):1.3mg (13~15세):1.5mg (16~19세):1.6mg 청소년 여(10~12세):1.2mg (13~19세):1.3mg 성인 남(20~49세):1.5mg (50~64세):1.4mg (65세 이상):1.2mg 성인 여(20세 이상):1.2mg 임신(전반):+0.3mg (후반):+0.4mg
	Niacin	우유, 곡류	영아(0~4개월):2mg (5~11개월):5mg 소아(1~3세):8mg (4~6세):11mg (7~9세):12mg 청소년 남(10~12세):15mg (13~15세):17mg (16~19세):18mg 청소년 여(10~12세):13mg (13~19세):14mg 성인 남(20~49세):17mg (50~64세):15mg (65세 이상):13mg 성인 여(20세 이상):13mg
			임신(전반):+1mg (후반):+2mg

체내 무기질은 다량원소(하루 100mg 이상 필요한 무기질)와 미량원소(하루 100mg 이상 필요한 무기질)로 분류할 수 있으며 체내에 있는 미량원소의 총량은 15g이다.

2) 무기질의 체내 유용성

무기질의 유용성(bioavailability)이란 특정한 무기질이 체내에서 얼마나 잘 흡수되어 생화학적 기능에 유효한지를 나타내는 것이다. 한 종류의 무기질을 과잉 섭취하는 것은 다른 무기질들의 흡수에 영향을 미칠 수 있다. 왜냐하면 몇몇 무기질들은 서로 상호작용하며 경쟁하기 때문이다. 아연의 과도한 섭취는 구리의 흡수를 감소시킬 수 있다.

한편 어떤 무기질과 비타민을 같이 섭취하면 상승작용이 생길 수 있는데, 이것을 비타민–무기질 상호 작용이라고 한다. 예를 들면 철분 흡수는 비타민 C에 의해 증가되고, 비타민 D와 칼슘의 유용성은 섬유소–무기질 상호 작용에 의해서도 영향을 받을 수 있는데, 곡류에 들어 있는 섬유소나 커피에 들어 있는 phytate과 시금치, 차 등에 들어 있는 수산(oxalate)에 의해 흡수율이 감소한다. 실제로 너무 많은 섬유소를 섭취하면 칼슘, 아연, 마그네슘과 철분의 흡수율이 떨어지는데, 이것은 무기질들이 phytate나 수산과 결합하여 대변으로 배출되기 때문이다.

3) 무기질의 기능

무기질은 체내에서 여러 물질의 구성요소가 되며, 생리현상을 조절하기도 한다. 반면, 비타민은 대사과정의 촉매로 생성물의 한 부분이 되지 않으면서 화학반응을 활성화시킨다.

(1) 산–염기의 균형

무기질은 식품으로부터 흡수되어 신체 내에 분포한다. 조직이나 체액 속에 들어 있는 무기질은 많은 대사반응에 필요한 산도 혹은 염기도를 정상으로 유지하도록 조절한다. 혈액, 조직, 세포들의 적절한 산도 혹은 염기도는 비록 다르지만 무기질은 체내에서 적절한 산도를 유지하도록 조절한다. 여러 종류의 무기질 중에서 어떤 무기질은 신체를 산성 쪽으로, 또 어떤 무기질은 염기 쪽으로 이루도록 하는 경향이 있다. 산을 형성하는 무기질은 곡류, 육류, 닭고기, 계란, 생선에 비교적 풍부하며, 이와 대조적으로 체내에 염기반응을 하는 무기질은 과일과 야채에 풍부하다.

(2) 신체의 필수성분

무기질은 신체의 각 부분을 형성한다. 신체를 구성하는 많은 무기질 중에서 칼슘과 인은 뼈와 치아 같은 경조직을 구성하는 데 중요하다. 뼈와 치아의 칼슘, 인, 불소 등의 농도는 경조직의 발달에 많은 영향을 준다. 아연, 구리, 망간 등은 연결조직의 형성에 필수적이다. 또한 신체 내에서 중요하고 많은 기능을 하는 호르몬, 효소, 비타민 등은 무기질을 구성 성분으로 함유한다. 철은 헤모글로빈의 성분으로서 혈중 헤모글로빈의 기능에 중요한 역할을 하며, 염소는 위내 염산의 성분으로서 위에서 일어나는 소화작용에 중요하다.

(3) 물의 균형조절

혈관이나 세포에 들어 있는 물이 한 곳으로부터 다른 곳으로 옮겨지려면 삼투현상에 의해서 반투과성 세포막을 통과해야 한다. 세포막을 투과하여 세포 내외로 이동하는 물의 방향과 양은 무기질의 농도에 의해서 결정된다. 무기질의 균형이 이루어지지 않는 경우에는 체액의 축적 또는 탈수를 일으키기도 한다.

(4) 촉매작용

무기질은 신체 내에서 일어나는 여러 가지 반응에서 촉매의 기능을 한다. 마그네슘은 탄수화물, 단백질, 지방의 분해, 합성과정에 필요하며, 그 외 구리, 칼슘, 칼륨, 망간, 아연 등 많은 종류의 무기원소들은 체내의 이화작용 및 동화작용에서 촉매로서 또는 효소의 구성 성분으로 필요하다. 또한 몇몇 영양소의 흡수는 무기질에 의해서 더 증가되기도 한다. 분자가 대단히 큰 비타민 B_{12}가 창자벽을 통과해 가는 데 칼슘의 도움이 필요하며, 분자가 아주 작은 단당류가 흡수되는 데 나트륨과 마그네슘의 도움을 받는다.

4) 무기질의 종류

(1) 다량원소(무기질)

① 칼슘(Ca)

칼슘은 체중의 약 2%를 차지하며, 그 대부분이 인산칼슘 형태로 뼈와 이의 성분을 이룬다. 이 밖에 혈장 중에 약간 존재하며 근육 및 신경의 기능조절, 혈액 응고에 필요하다. 부갑상선 호르몬은 혈장 중의 칼슘 농도를 정상으로 유지시키는 작용을 한다. 그래서 부갑상선을 제거하면 혈장내 칼슘 함량이 내려가 테타니(tetany)라고 하는 특수한 경련을 일으켜 사망한다.

장에서의 칼슘의 흡수율은 여러 가지 조건으로 다르지만 대체로 3분의 1 정도다. 장이 산성으로 기울면 흡수는 좋아지고, 비타민 B는 흡수를 돕는다.

② 인(P)

인은 칼슘 다음으로 체내에 많다. 그 대부분은 인산칼슘으로서 뼈와 이에 존재하고 나머지는 인지질, 핵산으로서 모든 조직을 구성한다. 또 생물체 내의 물질대사에 기본적으로 중요한 역할을 한다. 음식물 속의 인산화합물은 소화에 의해 무기인산염이 되어 흡수된다. 무기인산염이 되어도 흡수되는 것은 2분의 1 정도다. 영양 소요량으로서 1인 1일당 1g으로 되어 있으나, 한국인은 곡물을 많이 먹기 때문에 1.3g으로 약간 과다하게 섭취하고 있다.

③ 나트륨(Na)

나트륨은 칼륨과 반대로 세포 내에는 적고 세포 외액에 주로 존재하며, 삼투압을 바르게 유지한다. 음식에는 보통 식염의 형식으로 섭취되어 소변으로 배설되지만, 식염의 섭취가 없으면 즉시 신장에서의 나트륨 배설이 정지되어 결핍은 일어나지 않는다. 그러나 땀이 심하게 날 때에는 식염분이 땀과 함께 대량 상실된다. 그러므로 식염을 충분히 보충하지 않으면 나트륨 상실을 초래하여 혈압저하, 근육경련 등의 장애를 일으킨다.

④ 마그네슘(Mg)

마그네슘은 체내의 뼈에 많이 함유되어 있고, 연부조직에도 널리 존재한다. 음식물 속에 충분히 있으므로 결핍증은 일어나지 않는다.

⑤ 칼륨(K)

칼륨은 세포 외액에는 적지만 세포 내에는 다량 존재하며, 세포기능에 중요한 역할을 한다. 혈장 중의 칼륨은 근육 및 신경의 기능조절에 필요하고 이것이 너무 저하되면 근육마비를 일으킨다. 채소류에 많이 함유되어 있으며, 보통 매일 2~3%를 취하면 결핍을 일으키는 일은 없다.

⑥ 염소(Cl)

염소는 보통 나트륨에 수반하여 체내에 분포하며, 위액의 염산으로서 분비된다.식염으로서 나트륨과 함께 섭취되어 대사도 거의 나트륨과 같다. 한국인은 매일 10~20g 이상의 식염을 섭취하고 있다.

표 8.4 다량 무기질의 급원식품, 기능, 결핍증 및 권장량

무기질	급원식품	체내주요기능	결핍증	1일권장섭취량
철(Fe)	간, 귤, 육류, 녹색잎채소, 난황	산소운반에 관여 빈혈, 허약, 면역저하	빈혈, 허약, 면역저하	영아(0~4개월):6mg (5~11개월):10mg 소아(1~6세):10mg (7~9세):12mg 청소년 남(10~12세):12mg (13~19세):18mg 청소년 여:18mg 성인 남:12mg 성인 여:18mg 임신(전반):+8mg (후반):+12mg
아연(Zn)	식품 중에 널리 분포, 간, 해조류	여러 효소 활동에 관여	신체 및 성적 성장 저해, 미각감퇴증	영아:5mg 소아:10mg 청소년 남:10mg 청소년 여:12mg 성인 남:15mg 성인 여:12mg 임신(전, 후반):+3mg
구리(Cu)	간, 귤, 코코아, 견과류, 해조류	헤모글로빈 합성, 뼈의 석회화	빈혈	없음
셀레늄(Se)	해조류, 고기, 곡류	항산화제 역할, 세포막 유지	매우 드묾	없음
불소(F)	불소첨가음료, 해조류	골격 형성, 충치의 예방	충치	없음
요오드(I)	해조류	갑상선 호르몬의 구성 성분, 기초대사율	갑상선종, 크레틴종	없음

(2) 미량원소(무기질)

① 철(Fe)

철은 체내의 절반 이상이 적혈구인 헤모글로빈의 성분으로서 산소 운반에 관여한다. 장에서 흡수하는 것은 무기철염이고, 2가철염이 3가철염보다 흡수는 좋으나, 어느 쪽이든 흡수율은 몇 %에 불과하다. 그러나 출혈에 의한 빈혈, 성장기 등에서는 수요가 커서 흡수율도 좋아진다. 태아는 출산 전에 간에 철을 저장해 둔다. 하지만 수유기간

표 8.5 미량 무기질의 급원식품, 기능, 결핍증 및 권장량

무기질	급원식품	체내주요기능	결핍증	1일권장섭취량
칼슘(Ca)	우유, 치즈, 말린콩, 녹황색 채소	뼈, 치아형성, 혈액응고, 근육수축, 신경자극전달	구루병, 골다공증, 성장위축	영아:500mg 소아(1~3세):500mg (4~6세):600mg (7~9세):700mg 청소년 남(10~12세):800mg (13~19세):900mg 청소년 여:800mg 임신(전, 후반):+300mg
인(P)	우유및유제품, 곡류, 어육류, 견과류	뼈, 치아형성, 산-염기 균형	식욕부진, Ca손실, 근육약화	영아(0~4개월):380mg (5~11개월):420mg 소아(1~3세):500mg (4~6세):600mg (7~9세):700mg 청소년 남(10~12세):800mg (13~19세):900mg 청소년 여:800mg 성인:700mg 임신(전, 후반):+300mg
칼륨(K)	녹황색 채소, 콩류, 바나나, 우유	신경자극전달, 산-염기 균형	근육경련, 식욕저하, 불규칙한 심박동	없음
황(S)	육류, 달걀, 콩류, 조개, 밀의 배아	산-염기 균형, 해독작용, 세포단백질의 구성	보고된 바 없음	없음
나트륨(Na)	소금, 육류, 베이킹소다, 우유 및 유제품, 화학조미료	산-염기 균형, 물의 균형, 신경자극전달	구토, 근육경련, 현기증	없음
염소(Cl)	소금, 야채, 과일	물의 균형, 삼투압 조절, 산-염기 균형, 위산 생성	구토, 설사	없음
마그네슘(Mg)	전곡, 견과류, 녹색잎 채소	단백질합성, 효소활성화, 신경 및 심장기능	성장저해, 행동장애, 식욕부진	없음

이 너무 길어지면 철 저장이 고갈되어 빈혈을 일으킨다. 성인의 필요량은 1일 10mg 정도이며, 출혈성 질환, 월경 개시기, 임신, 출산, 성장기에는 수요가 높아져 음식의 종류에 주의하지 않으면 결핍되기 쉽다.

② 요오드(I)

요오드는 갑상선에 대부분이 모여 그 호르몬의 구성분을 이룬다. 바다에서 떨어진 내륙지방에서는 요오드의 결핍으로 갑상선 기능이 마비되어, 지방병성 갑상선종이 다발한다. 아메리카 내륙의 주에서는 법령으로 식염에 요오드염을 혼입시켜 질병을 예방하고 있다. 한국인은 요오드가 풍부한 해조류를 먹고, 음료수에도 요오드가 함유되어 있어서 요오드 결핍현상이 적다.

③ 망간(Mn)

망간은 식물의 경우 결핍되면 잎의 백화가 일어난다. 동물의 경우는 각종 장기에 있으며 특히 털이나 뼈에 많다. 망간이 결핍되면 쥐는 생식기능의 이상이 생기고 닭은 관절에 이상이 생긴다. 망간을 필수로 하는 효소는 글루타민 합성효소 등의 아미노산 대사에 관여하고, 에놀라제 등의 당 대사에 관여하고, 지질대사에 관여하는 것 등 많이 알려져 있다. 또 이매패류(二枚貝類)의 혈액 색소인 핀나글로빈에도 망간이 함유되어 있다.

④ 아연(Zn)

아연은 모든 동물조직에 존재한다. 특히 간 및 이자에 많이 들어 있다. 아연이 인슐린 속에 들어 있어 인슐린의 생산 장기인 이자에 아연이 많다. 또 장액 속에도 존재하여 디펩티다아제 등 효소의 활성화에 기여한다. 아연이 부족하면 쥐의 경우 성장이 느리고 체모의 발달이 불충분해진다. 사람의 경우 몸무게 1kg당 0.3mg 정도, 하루 10~20mg 정도가 필요하다.

요 약

비타민은 대부분의 동물이 음식물을 통해 어느 정도의 적은 양은 반드시 섭취해야 하는 유기화합물이다. 특히 대사과정을 조절하는 데 조효소와 조효소의 전구물질로 작용한다. 대량영양소와는 달리 에너지를 내거나 신체 구성물질로 작용하지 않는다. 사람에게 이용되는 영양소로서의 관점에서, 비타민은 수용성 비타민과 지용성 비타민으로 분류된다.

수용성 비타민(비타민 B · C)과 지용성 비타민(비타민 A · D · E · K)으로 분류된다. 수용성 비타민은 장(腸)에서 흡수되어 순환계를 통해 비타민이 사용되는 특정한 세포조직으로 운반된다. 이들은 물에 얼마나 잘 녹는가에 따라 구별되며, 또한 이 점은 비타민이 체내를 통과하는 경로를 결정한다. 수용성 비타민을 과다하게 섭취하면 세포에 어느 정도 저장되고 나머지는 요(尿)로 배설된다. 비타민 B는 유리 상태에서는 비활성이므로 체내에서 작용하려면 몇 가지 화학반응을 거쳐야 한다. 비타민 B는 다른 분자의 일부분과 결합하거나 혹은 그 분자에 첨가되어 활성형태가 되는데 이를 조효소라 한다. 조효소는 효소를 활성화하는 아포효소라는 단백질 성분을 가지고 있는 화합물이다. 이렇게 되면 효소는 물질대사나 조절 과정의 촉매로 작용한다(→ 비타민 B군). 비타민 C의 생리학적 기능은 잘 알려져 있으나 정확한 물질대사 메커니즘은 아직도 불확실하다. 또한 비타민 C가 조효소로 작용하는가에 대해서도 밝혀지지 않고 있으며, 단지 뼈와 치아의 발육, 혈관벽과 피하조직의 유지, 상처의 회복 등의 작용이 알려져 있다. 최근 쟁점이 되고 있는 가설은 비타민 C를 많이 섭취하면 감기 예방 및 면역효과가 있다는 것이다.

지용성 비타민은 담즙산염에 의해 장에서 흡수된다. 림프계는 흡수한 비타민을 신체의 각 부위로 전달한다. 인체는 수용성 비타민보다 지용성 비타민을 더 많이 저장하고 있다. 비타민 A와 D는 주로 간에 저장되고, 비타민 E는 체지방(體脂肪)과 생식기관에 약간 저장된다. 비타민 K는 비교적 미량만이 저장된다. 지용성 비타민은 각각 다른 기능을 한다. 비타민 A는 눈의 망막에서 단백질과 결합하여 야맹증을 막아주고, 이외에도 밝혀지지 않은 다른 작용을 한다. 비타민 D는 유기체의 성장, 특히 뼈의 발육과 관련된 칼슘 대사에 필수적이다. 비타민 E는 동물의 성장을 촉진시키며, 결핍되면 불임증에 걸린다. 비타민 K는 혈액을 응고시키는 효소 과정에 참여한다.

무기질은 신체의 성장과 유지 및 생식에 비교적 소량이 필요한 영양소이다. 인체의 구성 성분 중에서 무기질은 체중의 약 4%를 차지하며 나머지 96% 중에서 탄수화물, 지방, 단백질과 같은 대량 영양소가 30% 정도이며, 55~65%의 물과 매우 적은 양의 비타민이 들어 있다. 무기질은 신체 내에 존재하는 양을 근거로 하여 대량 무기질(macromineral)과 미량 무기질(micromineral)로 분류한다. 무기질 중에서 칼슘(Ca), 인(P), 나트륨(Na), 염소

(Cl), 칼륨(K), 마그네슘(Mg), 황(S) 등은 체내에서 체중의 0.05% 이상의 상당량이 발견되므로 이들을 대량 무기질이라고 하고, 반면에 철(Fe), 요오드(I), 망간(Mn), 구리(Cu), 아연(Zn), 코발트(Co) 등은 소량만이 존재하므로 미량 무기질이라고 한다. 또한 대량 무기질은 식사에서 하루에 100mg 이상 필요하며, 미량 무기질은 식사에서의 요구량이 적다.

무기질의 기능으로는 산-염기의 균형을 조절하는 기능, 물의 균형 조절 기능, 촉매작용 등이 있다.

CHAPTER 09

생체의 전자전달과 산화적 인산화

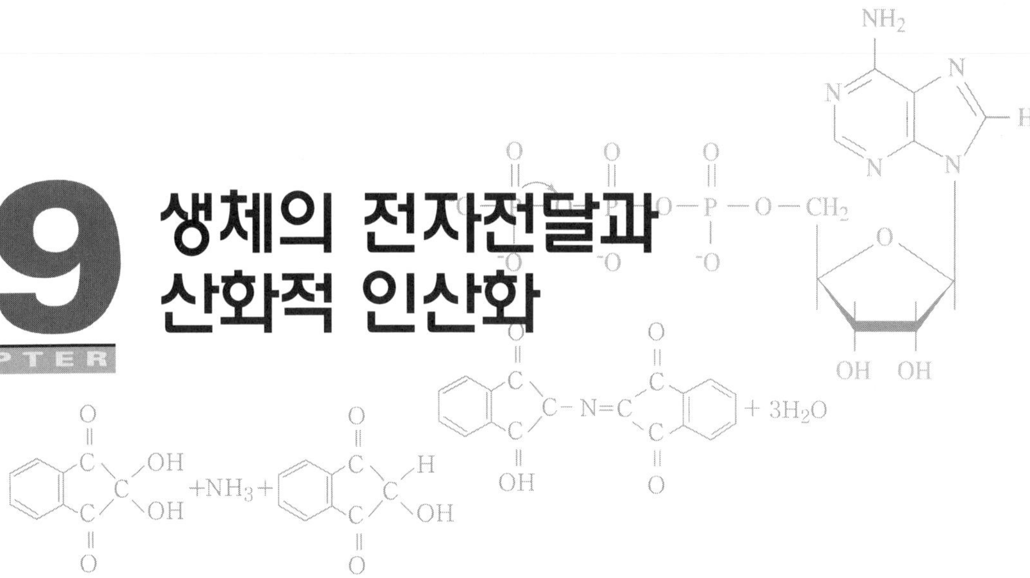

학/습/목/표

전자전달계의 각 구성 성분과 이 계를 통하여 전자가 어떻게 전달되는지를 인지하고, 또한 ATP 합성 기작에 대해 이해한다.

세포 내의 산화와 환원 반응에서 생성된 전자는 NAD^+ 또는 FAD에 수용되어 NADH와 $FADH_2$를 생성한다. 이들 전자전달물질에 수용된 전자는 미토콘드리아(mitochondria) 내막 안쪽 표면에 결합되어 있는 조효소로 구성된 전자전달계(electron transport system)에 전달되어 이 과정에서 산소는 최종 전자수용체로 작용하며 환원되어 물이 된다. 전자의 이동에 의해 다량의 자유에너지가 방출되면 그 중의 일부는 산화적 인산화 과정에서 ADP의 인산화를 촉진하여 ATP 형태로 보존된다.

1. 미토콘드리아 내막의 구조

진핵세포에서 미토콘드리아는 산화적 인산화의 장소라는 것이 이미 1948년 Kennedy와 Lehninger에 의해 발견되었으며, 외막으로 둘러싸인 내부공간에는 cristae 구조를 가진 내막(inner membrane)이 있다. 내막은 단백질이 막 중량의 80%를 차지하며, 불포화 지방산인 cardiolipin과 diphosphatidyl glycerol의 함량이 높다. 또한 외막과 달리 빽빽한 구조로 특정한 것만 통과시킨다. 그 막 중에는 많은 효소와 전자를 전달하는 cytochrome 효소가 존재한다(그림 9.1).

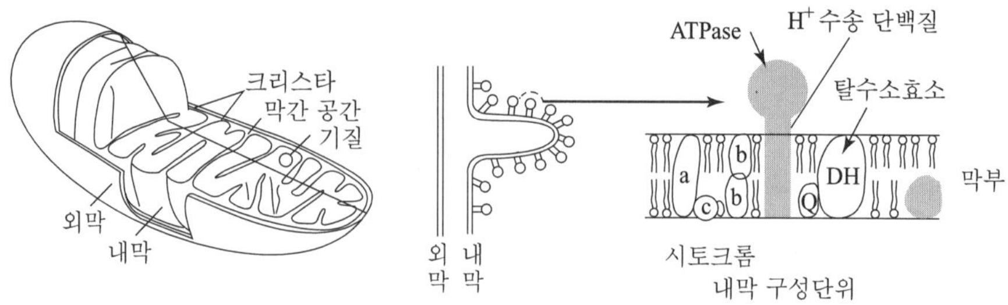

그림 9.1 미토콘드리아와 내막 구조

2. 산화 · 환원 반응

산화 환원 반응(oxidation reduction reaction)은 전자의 이동과 전달을 수반한다. 따라서 전자를 잃는 것을 산화라 하고 전자를 얻는 것을 환원이라 한다. 즉, 전자의 흐름은 생체에서 이루어지는 모든 과정에 직접적으로 관련되어 있다. 대사에 있어서 전자전달 반응은 인산기(phosphate group)의 전달과 더불어 매우 중요한 과정으로 되어 있다. 미토콘드리아의 호흡연쇄의 전자전달 연쇄에서는 전자가 한 성분에서 다른 성분으로 전달되는 일련의 화학반응이 일어나고 있다. 이러한 전자전달체(electron carrier)는 산화형 혹은 환원형으로 존재할 수 있는데 산화형 환원형짝을 산화환원짝이라 한다. 환원제가 전자를 주는 경향 또는 산화제가 전자를 받는 경향은 실험실에서 측정할 수 있으며, 표준산화환원전위

표 9.1 전자전달계 요소의 표준산화환원 전위(pH 7.0)

구성성분	E_0'(volts)
1. NADH	−0.32
2. NADH dehydrogenase($FMNH_2$, FeS)	−0.11 제 1부위 : 1ATP
3. Coenzyme Q	+0.10
4. Cytochrome b	+0.06
5. Cytochrome c_1	+0.02 제 2부위 : 1ATP
6. Cytochrome c	+0.25
7. Cytochrome a/a_3	+0.28
8. Oxygen	+0.82 제 3부위 : 1ATP

(standard oxidation−reduction potentials, E_0')로 표현한다. 표준산화환원전위는 환원제가 전자를 줄 때 혹은 산화제가 전자를 수용하는 상대적 경향으로 정의되며, pH 7.0에서 전자전달계의 표준산화환원 전위는 표 9.1과 같다.

3. 전자전달계

완전한 전자전달계는 그림 9.2에 나타낸 바와 같다. 이 계는 미토콘드리아의 cristae를 구성하는 내막에 묻혀있는 많은 효소들로 구성되어 있다. 개개의 구성 성분들은 그림 9.2에 나타나 있다. 이 계의 반응은 먼저 연료로서의 NADH의 수소원은 탈수소효소(flavo protein D)에 의해 2H가 제거되어 $2e^-$와 $2H^+$로 나눠져서 $2e^-$는 비헴철에 건네준다. 그 뒤 $2H^+$를 얻어서 2H로 된 보효소 Q(coenzyme Q)에 건네고 다시 $2H^+$를 방출해서 $2e^-$가 cytochrome b에 전해진다. $2e^-$는 또한 $2H^+$와 함께 비헴철의 시스틴잔기를 환원하고, $2H^+$를 방출해서 $2e^-$을 cytochrome c_1에 건넨다. 그 후 $2e^-$는 cytochrome c를 개입시켜서 cytochrome a와 a_3로 건네고 최종적으로 O_2에 전달된다.

이 사이에 1분자의 NADH는 $\frac{1}{2}O_2$를 소비하고 1분자의 H_2O를 생성하며 도달하는 과정으로 미토콘드리아의 기질 측에서 3번 $2H^+$를 도입하고, 3번 외막 측으로 방출한다.

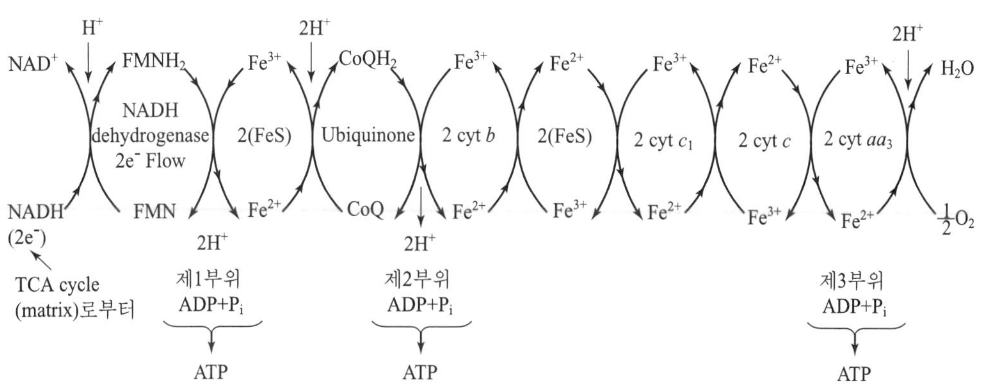

그림 9.2 전자전달계의 배열

4. 전자전달체의 산화 환원 전위와 자유에너지

각 전자전달체(electron carrier)는 고유한 산화환원 전위를 갖는다. 이러한 산화 환원 전위는 전자의 위치에너지로 생각하는 것이 좋고, 전자전달체의 전위 낙차(전위차 E)가 큰 쪽이 큰일을 하게 된다.

그림 9.3에 전자전달체의 상대위치에너지를 나타내었다. ATP를 합성하는 데 필요한 7.3kcal 이상의 자유에너지를 생산할 수 있는 곳은 NADH와 CoQ 사이, Cyt b와 c 사이, Cyt a와 O_2 사이의 3곳임을 알 수 있다. 즉, NADH에서 O_2까지 흐르도록 하는 전자 흐름의 에너지가 연소에너지이고 생체는 이 에너지를 내막을 경계로 한 H^+ 구배로 바꿔나감을 알 수 있다. 이 H^+ 구배를 사용해서 ATP를 합성한다.

5. 산화적 인산화

ATP는 기질수준의 인산화(substrate level phosphorylation) 또는 산화적 인산화(oxida-

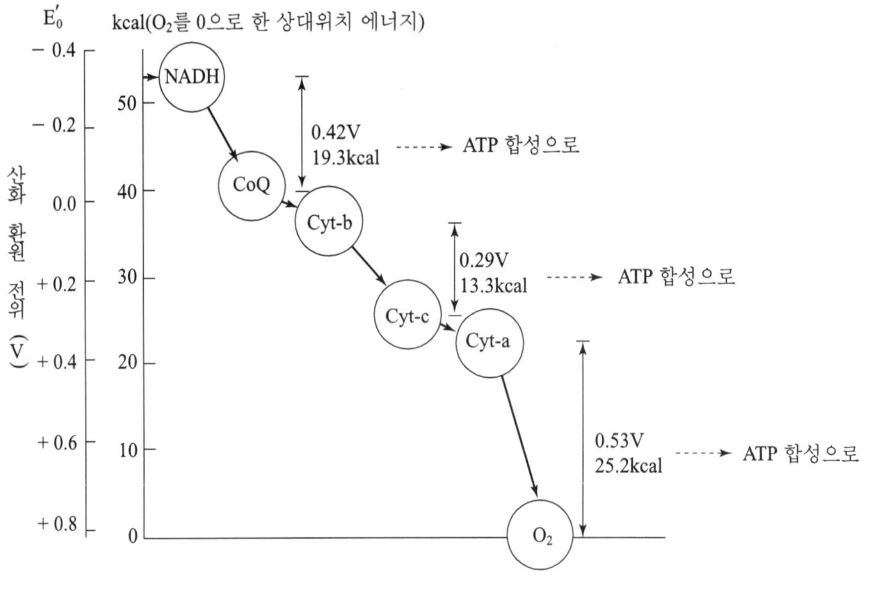

그림 9.3 전자전달체의 상대위치에너지

tive phosphorylation)에 의해 합성된다. 기질수준의 인산화는 phosphoenolpyruvate와 같은 고에너지 인산화합물의 분해와 공역하는 반응으로 ATP를 생산하는 것이다.

한편 산화적 인산화에서는 전자가 전자전달계에서 전달될 때 산화환원전위가 낮아지면서 발생하는 자유에너지를 이용하여 ATP를 합성하는 것으로 전자전달계의 특정요소와 결합한 3곳의 다른 부위에서 일어난다. 즉, H^+의 농도구배의 에너지양이 7.3kcal를 넘으면 그림 9.4에서 보는 바와 같이 ADP와 P_i에서 H_2O가 제거되며, 합성된 ATP는 ATP와 ADP로 교환수송체에 의하여 세포질 중에 내보내진다. 이 H^+ 수송을 억제하는 것(oligomycin) 또는 농도구배를 파괴하는 것(탈공역제)은 모두 ATP의 합성을 억제한다. 1분자의 NADH에서 3분자의 ATP가 합성된다(6H^+ 소비). 또한 미토콘드리아 전자전달계에서 전자전달이 일어날 때 ATP가 합성되는 산화적 인산화의 기구는 아직 정확하게 밝혀져 있지 않았다. 이 기구에 대한 학설로는 화학적 연관설(chemical coupling hypothesis), 입체형태연관설(conformational coupling hypothesis), 화학삼투연관설(chemiosmotic coupling hypothesis) 등의 3가지가 제안되었다. 이 중 1961년 Mitchell이 제안한 화학삼투연관설(그림 9.5)은 여러 가지 실험적 증거에 의해 인정을 받고 있다. 이 가설에 의하면 전자전달계에서 전자가 전달될 때 H^+는 외부로 빠져나가며, 내막은 비투과성이기 때문에 막 외부의 H^+ 농도가 내부보다 높아 H^+ 농도 기울기에 의한 화학전위(chemical potential)가 생긴다.

또한 H^+에 상응하는 음이온이 막의 외부로 나가지 못하여 막의 내부는 음(−)전하를 외부는 양(+)전하를 갖게 되어 전기적 전위가 생긴다. 이런 화학전위와 전기적전위로 형

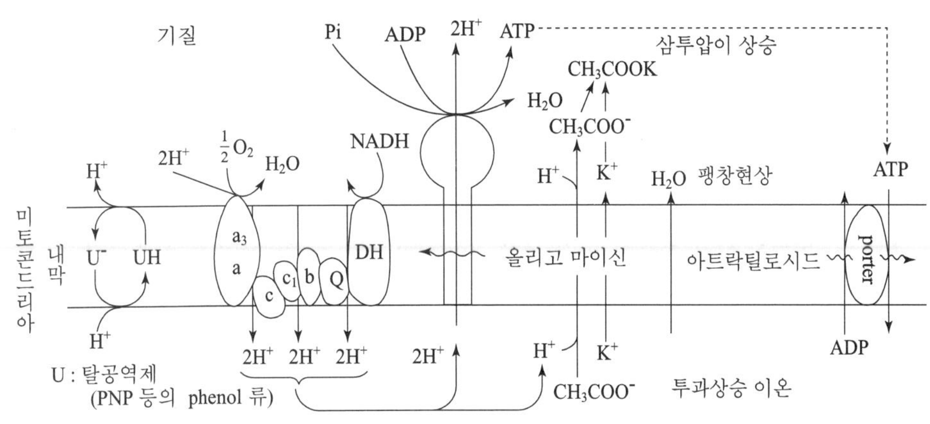

그림 9.4 산화적 인산화 과정(ATP 합성)

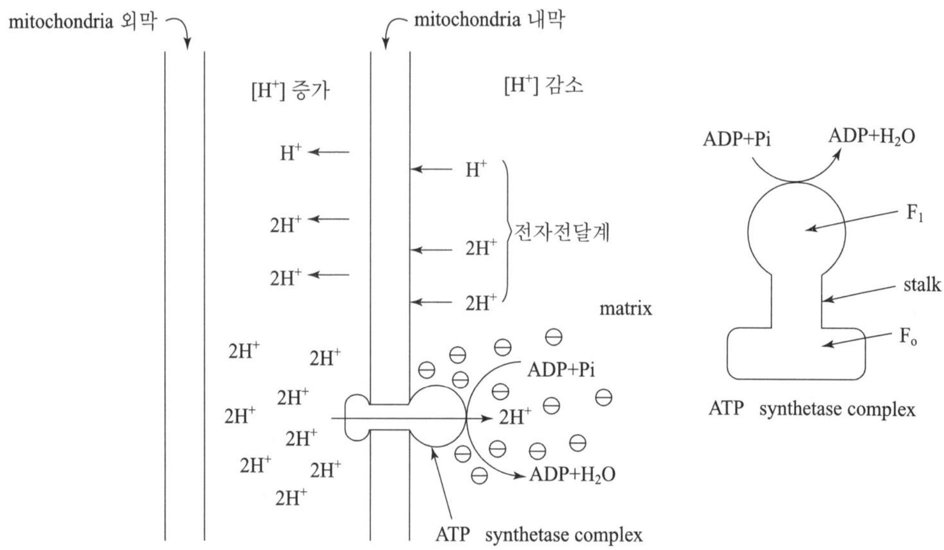

그림 9.5 화학삼투연관설에 의한 산화적 인산화 기구

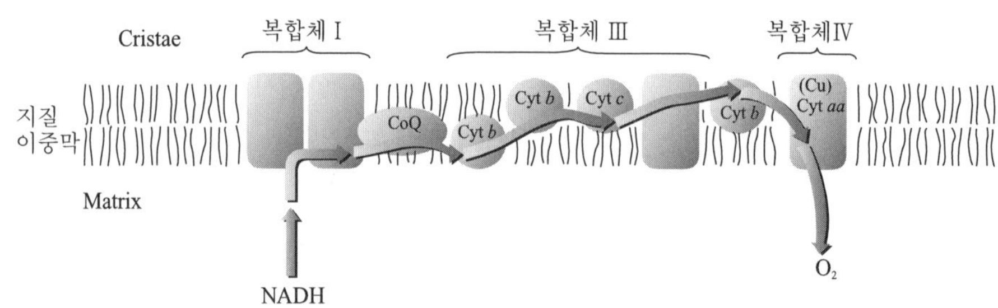

그림 9.6 미토콘드리아 내막에 있는 전자전달계의 성분과 위치

성된 막의 전기화학전위차에 의한 에너지가 막에 존재하는 ATP 합성효소에 의해 ADP와 P_i로부터 ATP를 합성하는 원동력이 된다는 것이다.

전자전달계의 어떤 단계에서 H^+이 막 외부로 빠져나가는지에 대해서는 아직 확실하지 않으나 그림 9.6에서 보는 바와 같이 복합체 I, 복합체 III 및 복합체 IV에서 $2H^+$이 외부로 나가는 것으로 생각되고 있다.

ATP 합성을 촉매하는 ATP 합성효소는 분자량이 480,000~500,000달톤 정도의 복합체로

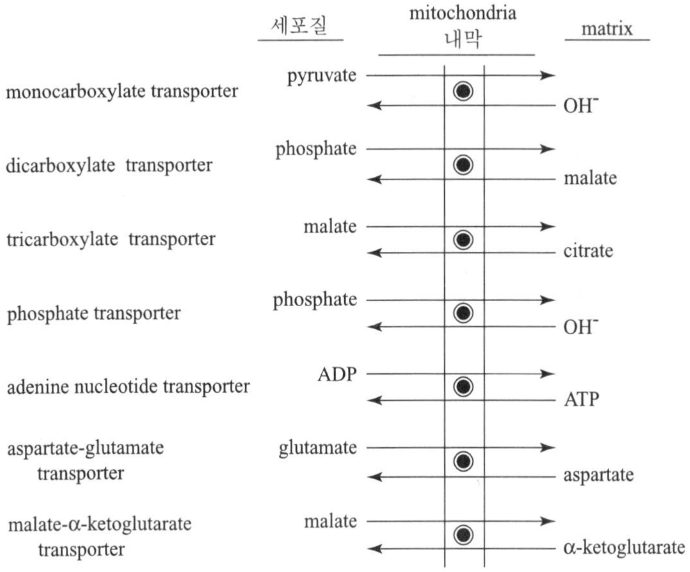

그림 9.7 미토콘드리아 내막에 존재하는 효소계

막부분(F_o)과 촉매부분(F_1)으로 되어 있다. 이 중 친유성의 막부분(F_o)은 H^+를 이동시키는 역할을 하며 3~4개의 다른 subunit로 구성되어 있다. 이 부분은 줄기부분에 의하여 내막의 내부(matrix) 쪽에 혹(knob) 모양으로 존재하는 친수성의 촉매부분(F_1)과 연결된다.

이러한 촉매부분(F_1)은 5종류의 subunit가 $\alpha_3\beta_3\gamma\delta\varepsilon$이라는 조성으로 되어 있다. α와 β subunit는 ADP나 ATP와 연결하는 것이고, γ subunit는 H^+의 문 역할을, δ subunit는 막부분과 결합하는 역할을 하며, ε subunit는 효소조절을 하는 것으로 알려져 있다. H^+이 막부분(F_o)을 통하여 matrix 쪽으로 역류되어 H^+ 농도기울기가 없어지며 전기화학전위차에 의한 에너지에 의해 ATP가 합성된다. ATP 1분자를 합성하기 위해서는 ATP 합성효소 복합체를 통해서 2개의 H^+가 통과되어야 하는 것으로 생각되고 있다.

6. 미토콘드리아의 수송계

에너지 대사와 관계가 있는 기질이나 nucleotide들은 미토콘드리아의 외막은 자유롭게 통과하지만 내막은 이 물질들의 이동을 엄격하게 제한하는 장벽이 된다. 이것은 내막에 있는 특별한 수송단백질(transport 또는 translocase)이 특정 물질을 선택적으로 이동시키거나 농도기울기를 거슬러 matrix에 축적할 수 있기 때문이다. 이와 같은 몇 가지 수송계와 기능은 그림 9.7에 나타내었다.

따라서 NAD^+, NADH, NADPH, FAD, $FADH_2$와 같은 산화환원반응에 관여하는 여러 가지 nucleotide와 coenzyme A 및 그 유도체들은 미토콘드리아 내막을 통과하지 못하므로 이들의 수송을 위한 특정 수송계가 필요하다. 세포질에서 생성된 NADH와 $FADH_2$는 그대로 내막을 통과하지 못하며 환원당량만 malate−aspartate shuttle 또는 glycerol phosphate shuttle이라는 복잡한 기구에 의해 matrix로 수송된다.

그러나 ADP나 ATP와 같은 adenine nucleotide는 특이성이 매우 높은 translocase에 의해 운반된다. 에너지 소비과정에서 생긴 ADP는 matrix에서 생성된 ATP와 교환되어 matrix로 들어간다. 이 수송기능을 담당하는 운반체 단백질은 분자량 30,000의 subunit 2개로 구성된 dimer로 알려져 있다. 한편 ATP 합성재료인 무기인산(P_i)은 인산 운반체에 의하여 OH^-와 교환되어 막 내부로 들어온다.

요 약

산화환원반응은 전자의 이동을 수반한다. 따라서 전자를 잃는 것을 산화라 하고 전자를 얻는 것을 환원이라 한다.

이 계의 반응은 먼저 연료로서의 NADH의 수소원은 탈수소효소(flavo protein D)에 의해 2H가 제거되어 $2e^-$와 $2H^+$로 나눠져서 $2e^-$는 비헴철에 건네준다. 그 뒤 $2H^+$를 얻어서 2H로 된 보효소 Q(coenzyme Q)에 건네고 다시 $2H^+$를 방출해서 $2e^-$가 cytochrome b에 전해진다. $2e^-$는 또한 $2H^+$와 함께 비헴철의 시스틴잔기를 환원하고, $2H^+$를 방출해서 $2e^-$을 cytochrome c_1에 건넨다. 그 후 $2e^-$는 cytochrome c를 개입시켜서 cytochrome a와 a_3로 건네고 최종적으로 O_2에 전달된다.

이 사이에 1분자의 NADH는 $\frac{1}{2}O_2$를 소비하고 1분자의 H_2O를 생성하며 도달하는 과정으로 미토콘드리아의 기질 측에서 3번 $2H^+$를 도입하고, 3번 외막 측으로 방출한다.

각 전자전달체(electron carrier)는 고유한 산화환원 전위를 갖는다. 이러한 산화 환원 전위는 전자의 위치에너지로 생각하는 것이 좋고, 전자전달체의 전위 낙차(전위차 E)가 큰 쪽이 큰일을 하게 된다.

ATP를 합성하는 데 필요한 7.3kcal 이상의 자유에너지를 생산할 수 있는 곳은 NADH−CoQ 사이, Cyt b−c 사이, Cyt a−O_2 사이의 3곳임을 알 수 있다. 즉, NADH에서 O_2까지 흐르도록 하는 전자 흐름의 에너지가 연소에너지이고 생체는 이 에너지를 내막을 경계로 한 H^+ 구배로 바꿔나감을 알 수 있다. 이 H^+ 구배를 사용해서 ATP를 합성한다.

ATP는 기질수준의 인산화(substrate level phosphorylation) 또는 산화적 인산화(oxidative phosphorylation)에 의해 합성된다.

기질수준의 인산화는 phosphoenolpyruvate와 같은 고에너지 인산화합물의 분해와 공역하는 반응으로 ATP를 생산하는 것이다.

에너지 대사와 관계있는 기질이나 nucleotide들은 미토콘드리아의 외막은 자유롭게 통과하지만 내막은 이 물질들의 이동을 엄격하게 제한하는 장벽이 된다. 또한 내막에 있는 특별한 수송단백질(transport 또는 translocase)은 특정 물질을 선택적으로 이동시키거나 농도기울기를 거슬러 matrix에 축적할 수 있다.

NAD^+, NADH, NADPH, FAD, $FADH_2$와 같은 산화환원반응에 관여하는 여러 가지 nucleotide와 coenzyme A 및 그 유도체들은 미토콘드리아 내막을 통과하지 못하므로 이들의 수송을 위한 특정 수송계가 필요하다. 세포질에서 생성된 NADH와 $FADH_2$는 그대로 내막을 통과하지 못하며 환원당량만 malate−aspartate shuttle 또는 glycerol phosphate shuttle이라는 복잡한 기구에 의해 matrix로 수송된다.

그러나 ADP나 ATP와 같은 adenine nucleotide는 특이성이 매우 높은 translocase에 의해 운반된다. 에너지 소비과정에서 생긴 ADP는 matrix에서 생성된 ATP와 교환되어 matrix로 들어간다. 이 수송기능을 담당하는 운반체 단백질은 분자량 30,000의 subunit 2개로 구성된 dimer로 알려져 있다. 한편 ATP 합성재료인 무기인산(P_i)은 인산 운반체에 의하여 OH^-와 교환되어 막 내부로 들어온다.

CHAPTER 10

호르몬

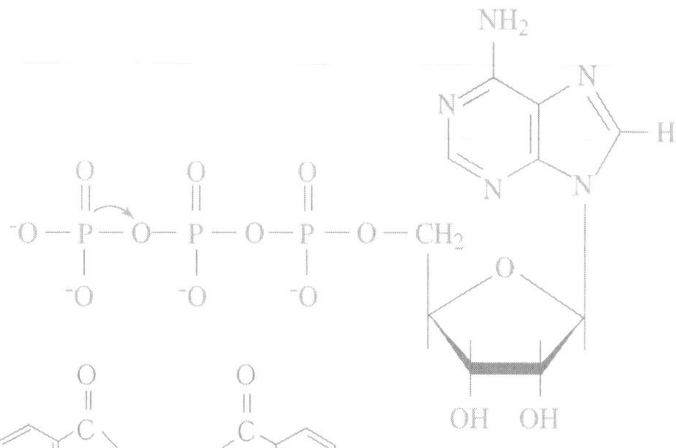

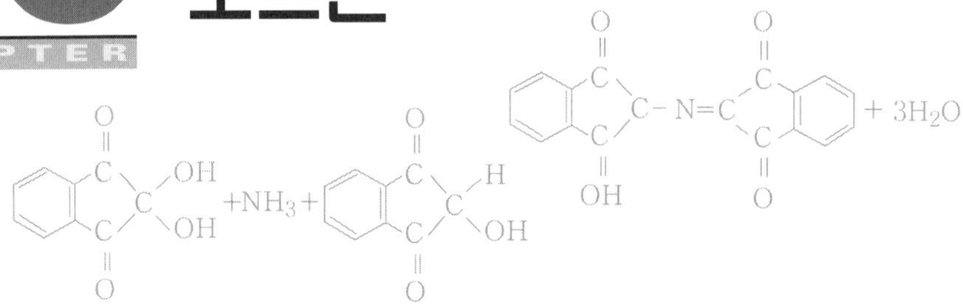

학/습/목/표

이 장을 학습하고 난 후 다음을 할 수 있다.

1. 내분비선을 정의하고 호르몬의 기능을 설명할 수 있다.
2. 뇌하수체의 전엽과 후엽으로 나누어 그 특성을 설명할 수 있다.
3. 호르몬을 화학적인 성분에 따라 분류할 수 있다.
4. 각 호르몬의 명칭과 작용부위, 주 작용을 설명할 수 있다.
5. 갑상선호르몬의 종류와 그 기능 및 부족증과 과잉증을 설명할 수 있다.
6. 부갑상선에서 분비하는 호르몬의 종류와 그 기능을 설명할 수 있다.
7. 부신 피질과 수질에서 분비하는 호르몬들의 명칭과 각각의 기능을 설명할 수 있다.
8. 이자에서 분비하는 호르몬의 종류와 기능을 설명할 수 있다.
9. 성호르몬의 종류와 각각의 기능을 설명할 수 있다.

1. 총론

호르몬은 내분비선(endocrine gland)에서 합성되어 분비되는 화학물질이며, 내분비선은 호르몬을 직접 혈관 내로 분비하는 특수한 기관이다. 일반적으로 호르몬은 매우 소량으로 분비되며, 혈액 속에 아주 미량으로 존재하며 **표적조직**(target tissue)에 도달하여 그 생화학적 작용을 나타낸다.

한 개체 내에 존재하는 수많은 세포들, 각 기관계들이 통합적인 반응을 하기 위해서는 세포 사이에서 유기적인 신호전달체계가 필요하다. 세포와 세포 사이의 신호 전달 방식은 크게 세 가지의 다른 형태가 있다. 내분비(endocrine) 신호 전달 시에는 특별한 조직에서 합성된 호르몬이 혈액을 타고 운반되어 멀리 떨어져 있는 조직의 표적세포에 도달하여 그

작용을 나타낸다. 측분비(paracrine) 전달 방식은 내분비와는 달리 활성물질이 혈액을 타고 운반되지 않으며 같은 조직 내의 주변에 있는 세포로 확산되어 그 곳에서 생리활성을 나타낸다. 자가분비(autocrine) 전달 방식은 분비되는 활성물질이 자체세포에 작용하는 경우를 말한다.

이 장에서는 인체 내의 내분비선과 호르몬의 종류에 대하여 살펴보고 각 호르몬의 기능에 대하여 살펴보기로 한다.

2. 내분비선과 호르몬의 종류

내분비선은 호르몬을 합성하여 혈액 속으로 방출하는 독특한 구조이다. 인체 내에는 뇌하수체, 갑상선, 부갑상선, 부신, 고환, 난소, 췌장 등의 다양한 내분비선이 있다.

> 외분비선(exocrine gland)은 내분비선과는 달리 특별한 도관을 통해 일정한 공간으로 물질을 분비하는 조직으로서, 외분비선에 속하는 대표적인 것으로는 한선(sweat gland), 피지선(sebaceous gland), 타액선(salivary gland), 소화액을 분비하는 선 등이 있다.

호르몬은 화학구조에 따라 아미노산 유도체, 펩티드 또는 단백질 호르몬 및 스테로이드 호르몬으로 나뉜다. 아미노산 유도체인 호르몬으로는 에피네프린, 노르에피네프린 및 티록신이 있다. 펩티드 호르몬은 2~3개의 아미노산이 결합한 펩티드로부터 아미노산 20~30개가 연결된 것까지 다양하다. 시상하부와 뇌하수체에서 분비되는 호르몬이 펩티드계 호르몬이며 췌장에서 분비하는 인슐린 및 글루카곤이 잘 알려져 있는 펩티드계 호르몬이다. 스테로이드 호르몬은 이름이 암시하듯이 콜레스테롤에서 만들어진 유도체이며 스테로이드 핵을 가지고 있다. 또한 20개의 탄소를 가지는 다불포화 지방산인 아라키돈산(arachidonic acid)으로부터 만들어지는 프로스타글랜딘(prostaglandins), 트롬복산(thromboxanes) 및 루코트리엔(leucotrienes) 등의 아이코사노이드(eicosanoids)도 호르몬의 활성을 가지고 있다.

1) 뇌하수체 및 뇌하수체 호르몬

뇌하수체(pituitary gland)는 뇌의 시상하부 아래에 위치하고 있는 0.5g 정도의 매우 작

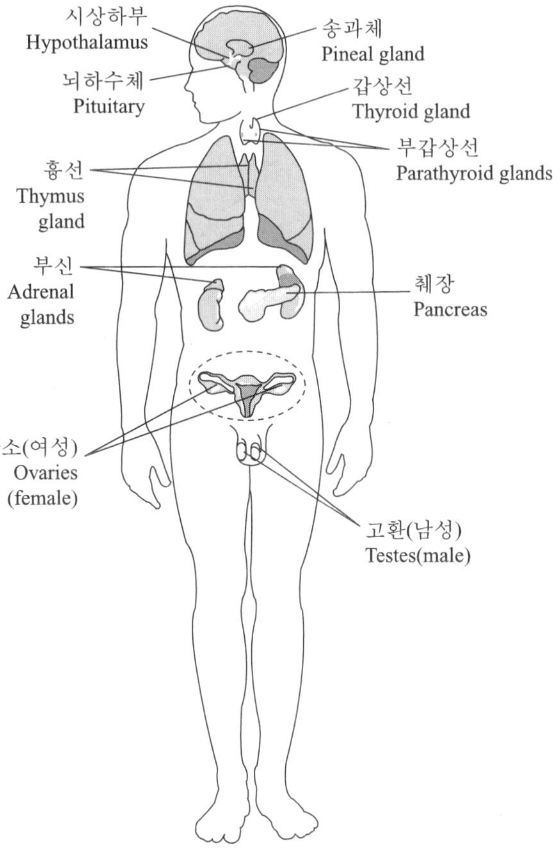

그림 10.1 인체 내의 주요 내분비선

은 선(gland)이다. 뇌하수체에서는 우리 몸의 갑상선, 부신, 난소, 고환 등의 다른 선의 분비를 조절하는 호르몬을 분비하거나, 인체의 성장, 각 장기의 기능을 직접적으로 관여하는 호르몬을 분비하는 내분비계의 중심이 되는 중요한 기관이다. 뇌하수체 호르몬의 분비는 뇌의 시상하부에 의해 조절되고 있다. 시상하부에서 분비되는 유리인자(releasing factor)가 혈액을 타고 전달되어 뇌하수체의 호르몬 분비를 조절한다. 또한 뇌하수체 후엽은 시상하부의 신경원세포가 신경자극을 받으면 활성화되어 호르몬의 분비를 직접적으로 촉진한다.

뇌하수체는 발생학적으로 크게 두 부분으로 나뉘며, 각각 뇌하수체 전엽(anterior pituitary) 및 뇌하수체 후엽(posterior pituitary)이라 한다. 뇌하수체의 전엽은 다른 호르몬 분

표 10.1 인체의 주요한 호르몬

내분비선과 호르몬	화학적 분류	작용부위	주 작용
시상하부			
Releasing factors	Polypeptides	뇌하수체 전엽	자극호르몬의 방출 뇌하수체
성장호르몬(GH)	Protein	전신	뼈와 근육의 성장
부신피질자극호르몬(ACTH)	Polypeptide	부신피질	부신피질호르몬의 합성과 분비촉진
멜라닌세포자극호르몬(MSH)	Polypeptide	피부	멜라닌 색소의 생성
갑상선자극호르몬(TSH)	Glycoprotein	갑상선	갑상선호르몬의 합성과 분비촉진
난포자극호르몬(FSH)	Glycoprotein	난소	LH와 함께 난소의 성장, estrogen의 분비 및 배란
황체형성호르몬(LH)	Glycoprotein	고환, 난소	고환: 정자의 형성 난소: 황체형성 및 progesterone의 분비
유즙분비호르몬(Prolactin)	Protein	고환, 유선	고환: androgen의 분비 유선: 유선의 발달과 유즙의 분비
항이뇨호르몬(ADH)	Nonapeptide	신장, 말초혈관	수분 재흡수, 혈압상승
옥시토신(oxytocin)	Nonapeptide	평활근, 유선	자궁수축, 유즙 분비
갑상선			
갑상선호르몬(Thyroxine)	Amino acid	전신	조직의 산소 소비, 대사속도 촉진
칼시토닌(calcitonin)	Polypeptide	뼈	칼슘 재흡수 저해 혈장의 칼슘농도를 낮춘다.
부갑상선			
부갑상선호르몬(PTH)	Polypeptide	뼈, 신장, 위장관	칼슘과 인 대사를 조절
부신피질			
부신피질스테로이드	Steroids	몸 전체 조직	에너지 대사, 염과 수분 대사, 염증 및 감염에 대한 저항성
부신수질			
카테콜아민	방향족 아민	교감신경계 간과 근육 지방조직	교감신경계 역할 글리코겐 분해작용 지방 분해작용
난소			
Estrogen	Steroid	여성생식기	이차성징
Progesterone	Steroid	여성생식기	난자 착상을 위한 준비 태아보호
Relaxin	Polypeptide	치골결합, 자궁	이완, 분만을 도움
고환			
Testosterone	Steroid	남성생식기	이차 성징의 발달 및 성숙
췌장			
Insulin	Polypeptide	대부분의 세포	탄수화물 대사의 조절
Glucagon	Polypeptide	간	Glycogen의 분해
위장관			
Secretin	Protein	췌장	소화효소 분비
Cholecystokinin	Protein	담낭	담즙분비 촉진
Gastrin	Protein	위	위산의 분비

표 10.2 화학적 구조에 따른 호르몬의 분류

화학구조	호르몬	비고
Amino acid	thyroxine epinephrine	갑상선 호르몬 부신수질 호르몬
Peptide	growth hormone insulin oxytocin	뇌하수체 호르몬(성장 호르몬) 췌장 호르몬 뇌하수체 호르몬(자궁수축 호르몬)
Steroid	aldosterone estrone testosterone	부신피질 호르몬 여성 호르몬 남성 호르몬
Fatty acid	prostaglandin thromboxane	arachidonic acid로부터 만들어지는 eicosanoid arachidonic acid로부터 만들어지는 eicosanoid

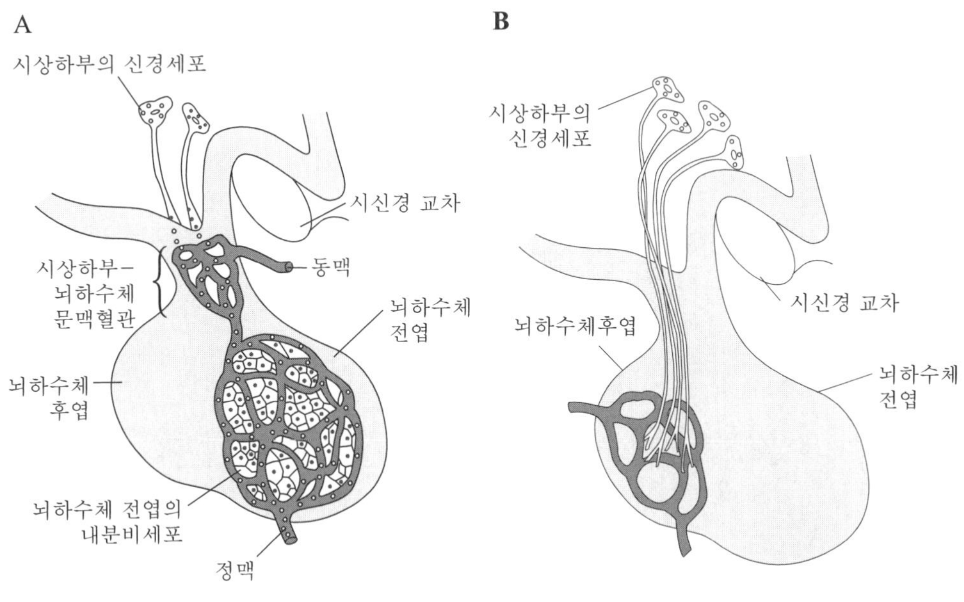

그림 10.2 뇌하수체의 구조

A. 뇌하수체 전엽 호르몬의 분비: 시상하부에서 분비되는 유리인자에 의해 뇌하수체 전엽의 내분비선이 활성화되어 호르몬이 분비된다.

B. 뇌하수체 후엽 호르몬의 분비: 시상하부의 신경세포가 활성화되면 뇌하수체 후엽에 위치하고 있는 신경 종말에서 호르몬이 유리되어 작용한다.

표 10.3 뇌하수체 호르몬과 그 작용

분비선과 호르몬	표적조직	작용
뇌하수체전엽(선하수체)		
성장 호르몬(GH)	모든 세포	단백질 합성 및 성장
갑상선자극 호르몬(TSH)	갑상선	갑상선 호르몬의 분비
부신피질자극 호르몬(ACTH)	부신피질	부신피질 호르몬의 분비
황체형성 호르몬(LH)	난소, 고환	배란 및 정자세포의 생성
난포자극 호르몬(FSH)	난포, 정세관	난포의 발육 및 정자형성
프롤락틴(PRL)	유선	유즙의 생성
멜라닌세포자극 호르몬(MSH)	피부의 멜라닌세포	멜라닌의 생성을 촉진
뇌하수체후엽(신경하수체)		
항이뇨 호르몬(ADH)	신장	수분 재흡수 및 혈압상승
옥시토신(Oxytocin)	자궁과 유선	자궁수축 및 유즙배출촉진

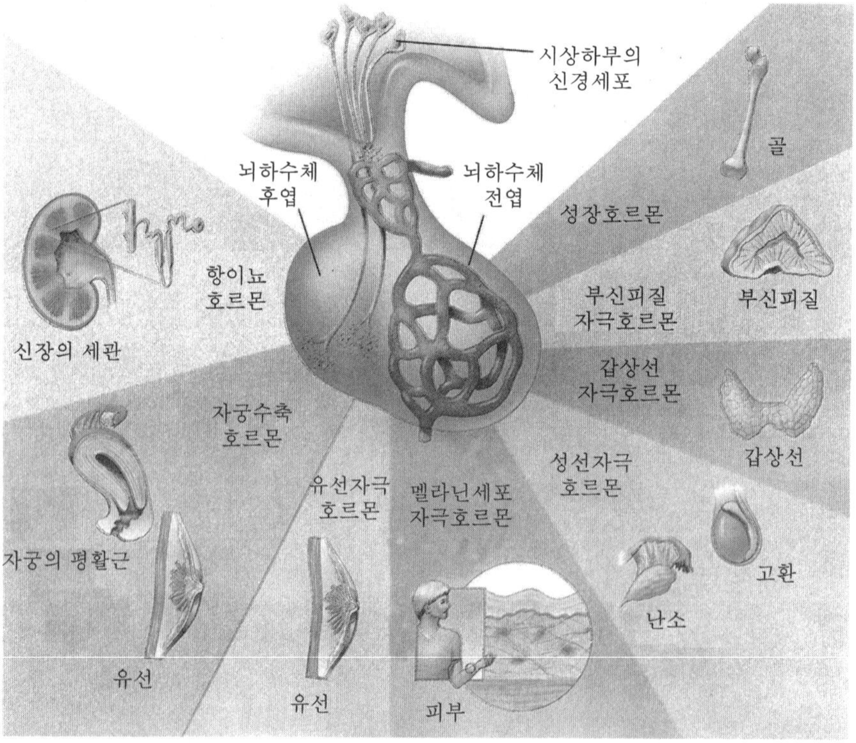

그림 10.3 뇌하수체 호르몬의 종류 및 표적기관

비하는 조직에서와 마찬가지로 선(gland) 조직으로 되어 있으나, 뇌하수체 후엽의 구조는 신경조직으로 되어 있다.

그러므로 뇌하수체의 전엽에서 분비되는 호르몬들은 문자 그대로 내분비계 호르몬이나 뇌하수체 후엽에서 분비되는 호르몬은 엄밀히 말하면 신경세포에서 만들어진 일종의 신경전달물질이라고 할 수 있다.

2) 갑상선 호르몬

갑상선은 2가지의 독특한 호르몬, 사요오드타이로닌 즉 **티록신**(thyroxine; T_4)과 **삼요오드타이로닌**(triiodothyronine; T_3)을 분비한다.

성인의 뇌와 생식기관의 일부를 제외한 대부분의 조직이 갑상선 호르몬의 영향을 받으며, 특히 간과 근육에서 강한 대사촉진 효과를 가진다. 실제로 갑상선 호르몬의 작용에 의해 기초대사속도(basal metabolic rate; BMR)가 증가된다. BMR은 음식을 섭취한 지 12시간이 경과한 후에 완전한 휴식 상태에서의 산소 소모량을 측정하여 얻는 수치로서, 이 BMR을 측정함으로써 갑상선 기능의 이상 여부를 진단할 수 있다. 갑상선 호르몬의 분비가 과다하여 나타나는 증세를 **갑상선 기능항진증**(hyperthyroidism)이라 하며, 이러한 증세를 가진 사람은 BMR이 상승하며, 정상인보다 대사속도가 빠르기 때문에 체온이 높고 민감한 반응을 보인다. 갑상선 기능이 저하된 경우 **갑상선 기능저하증**(hypothyroidism)이 나타나며, 이 경우는 정상보다 BMR이 낮다. 대사속도가 낮으므로 체온이 정상보다 낮고 행동이

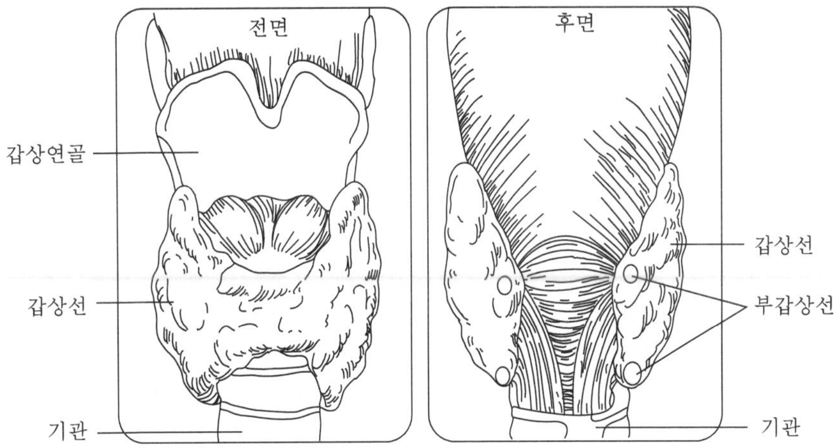

그림 10.4 갑상선과 부갑상선의 구조

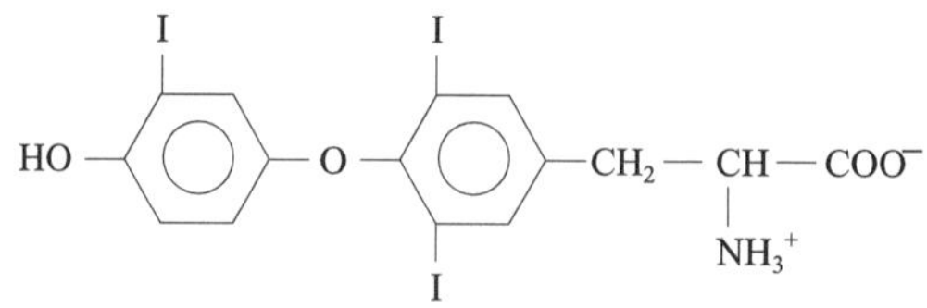

triiodothyronine
(T_3)

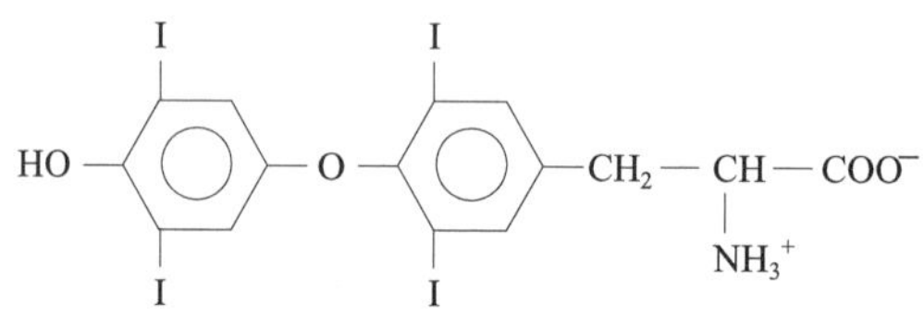

tetraiodothyronine; thyroxine
(T_4)

그림 10.5 갑상선 호르몬의 구조 : T_3와 T_4

둔해지기 쉬우며 비만 증세를 보이게 된다.

3) 부갑상선 호르몬

부갑상선은 갑상선의 후면에 있는 4개의 작은 선(gland) 조직으로 혈액 중의 칼슘 농도를 조절하는 데 필수적인 **부갑상선호르몬**(parathyroid hormone; PTH)을 분비한다. 부갑상선 호르몬은 골 조직에 저장된 칼슘을 혈액 중으로 유리시키고, 활성형 비타민 D(vitamin D)의 형성을 증가시킴으로써 장관 내에서 칼슘의 흡수를 촉진한다.

4) 부신 호르몬

부신(adrenal gland)은 신장의 위쪽에 있는 작은 구조로, 중심부의 수질(medulla)과 바깥쪽의 피질(cortex)로 나뉘며 각각 내분비선으로서 중요한 기능을 담당하고 있다.

부신수질(adrenal medulla)에서는 교감신경계의 자극에 의해 **에피네프린**(epinephrine)과 소량의 **노르에피네프린**(norepinephrine)이 분비된다. 인체가 투쟁해야 하는 응급 상황에 처했을 때 신체를 준비시키는 역할을 하기 때문에 이들 호르몬을 투쟁호르몬(fighting hormone, emergency hormone)이라 하기도 한다.

부신피질(adrenal cortex)에서는 3종류의 스테로이드 호르몬이 분비된다. 이들은 콜레스테롤(cholesterol)로부터 생합성된다. 대표적인 **당질 코르티코이드**(glucocorticoid)인 **코르티**

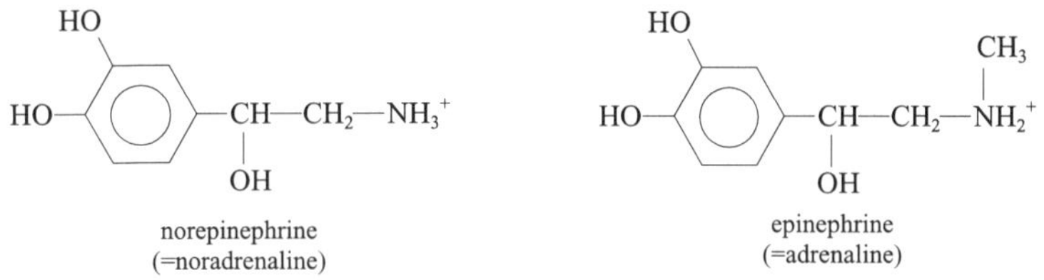

그림 10.6 부신수질 호르몬

표 10.4 부신수질 호르몬의 작용

표적조직	호르몬의 작용
심장	심장박동수를 증가시켜 조직으로의 혈류량을 증가시킨다.
호흡기	기도를 확장하여 호흡을 용이하게 한다
간	글리코겐을 분해하여 혈액으로 유리, 지방세포의 분해를 촉진
말초혈관	내부장기와 피부에 분포된 말초혈관을 수축

표 10.5 부신피질에서 분비되는 호르몬의 종류

부신피질의 부위	호르몬	작용
구상대(zona glomerulosa)	염류코르티코이드(aldosterone)	수분과 나트륨 이온의 재흡수 칼륨이온의 배설
속상대(zona fasiculata)	당류코르티코이드(cortisol)	아미노산으로부터 포도당의 합성 염증과 면역반응의 감소
망상대(zona reticularis)	성호르몬(androgen)	사춘기 이후 제 이차성징을 발현

솔(cortisol)은 단백질과 지방의 분해 반응을 증가시켜 에너지원으로 이용되게 한다. 이 호르몬은 인체가 스트레스 상황에 처하면 평상시보다 더 많이 분비되어 각 조직으로 에너지의 공급을 증가시키고, 염증반응을 감소시킨다. 코르티솔과 구조가 매우 유사한 코르티손(cortisone)은 염증반응을 완화시키므로 연고제로 많이 사용되고 있다. 알도스테론(aldosterone)과 같은 **염류 코르티코이드**(mineralocorticoid)는 나트륨 이온과 수분을 체내에 저류시킴으로써 혈액의 양을 증가시키고 혈압을 유지한다. 부신피질에서 분비되는 또 다른 호르몬은 성호르몬이다. 성선 이외에도 이곳에서 호르몬이 합성되어 분비된다.

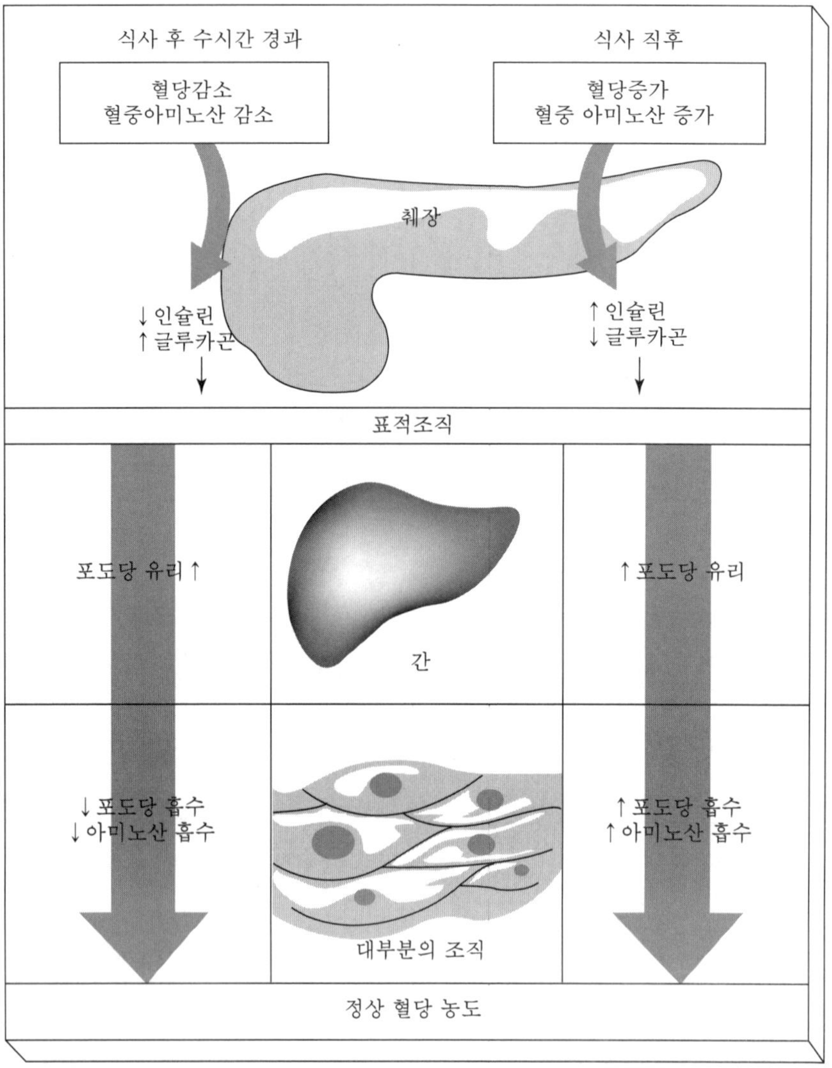

그림 10.7 인슐린과 글루카곤의 분비조절

5) 이자 호르몬

이자(pancreas, 췌장)의 랑게르한스섬(Langerhan's islet)은 이자의 외분비선 조직의 사이에 퍼져 있는 내분비선이다. 랑게르한스섬은 혈액 중의 포도당을 조절하는 두 가지 중요한 호르몬인 **인슐린**(insulin)과 **글루카곤**(glucagon)을 분비한다. 혈액 중의 포도당이 많이 상승하거나 아미노산의 농도가 증가하면 이자에서 인슐린이 분비되어 간, 지방, 근육 등의 세포 내로 포도당과 아미노산의 흡수율을 증가시킨다. 이들 조직으로 흡수된 포도당과 아미노산은 에너지원으로 사용되거나 다른 물질로 전환되어 저장된다. 혈액 중의 당이 감소하면 글루카곤의 분비가 증가된다. 글루카곤은 간에 저장된 글리코겐을 분해하여 포도당의 형태로 혈액 중에 방출하므로 혈당을 높이는 효과가 있다.

6) 성선 호르몬

남성의 고환과 여성의 난소는 정자 및 난자를 생산하는 기능 외에도 성호르몬 분비를 담당하고 있다. 남성에서 생성되는 남성호르몬을 총칭하여 **안드로젠**(androgen)이라 하며, 그 중 대표적인 것은 **테스토스테론**(testosterone)이다. 테스토스테론은 남성 생식기계의 성장과 발달, 체모의 발달과 목소리의 변화를 담당하며, 근육을 발달시키는 특성도 있다. 테스토스테론은 피지선의 작용을 활발하게 하여 피지의 생성과 분비량을 증가시키는 특성도 가지고 있다.

여성의 난소에서 생성되는 주된 호르몬인 **에스트로젠**(estrogen)은 여성 생식기계의 발달과 유선의 발달을 담당한다. 또 다른 성호르몬인 **황체호르몬**(progesterone)은 난소와 태반에서 분비되며 임신한 여성에게서 임신을 유지시키며 출산 후 수유를 준비하기 위해 유선을 발달시키는 기능을 가지고 있다. 비임신 여성의 월경주기 후반에 황체호르몬의 분비량이 증가하며, 이 황체호르몬이 피지선을 자극하여 피지분비량이 많아져서 특징적인 여드

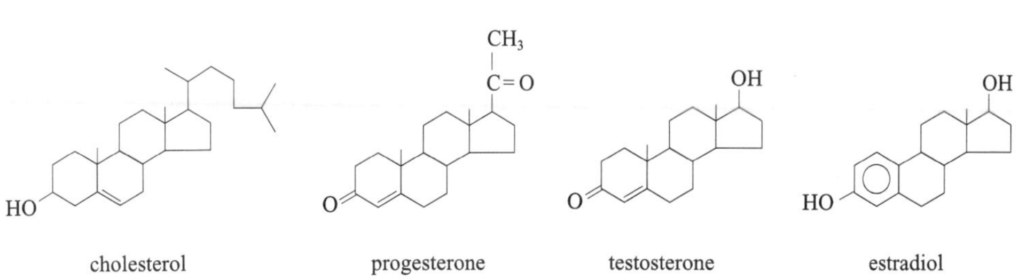

그림 10.8 성호르몬의 구조

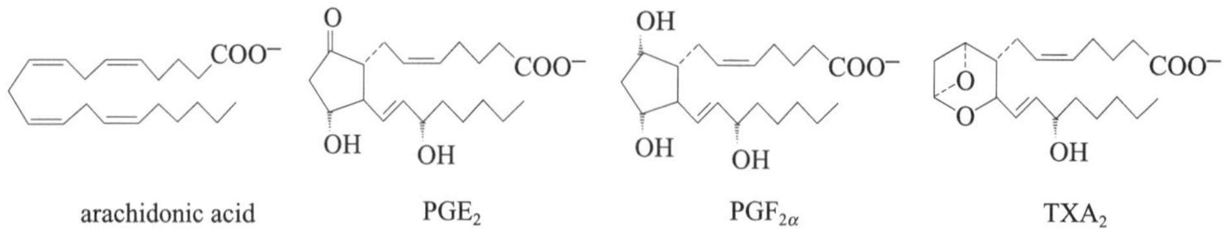

그림 10.9 Arachidonic acid와 eicosanoids의 대표적인 구조

름이 발생하는 경우가 종종 있다.

7) 기타 호르몬

프로스타글랜딘(prostaglandins)은 우리 몸의 여러 조직에서 만드는 호르몬의 일종이다. 다불포화지방산(polyunsaturated fatty acid)인 아라키돈산(arachidonic acid)으로부터 만들어진 대사물로서 다양한 생리활성을 가지고 있다. 프로스타글랜딘 이외에도 다양한 생리활성을 나타내는 루코트리엔(leucotrienes) 및 트롬복산(thromboxanes)도 아라키돈산으로부터 만들어지는 산물로서 20개의 탄소를 가지고 있어 아이코사노이드(eicosanoids)라고 부르고 있다.

심장 및 흉강의 상부에 위치하고 있는 흉선(thymus gland)에서는 타이모신(thymosin)이라는 호르몬을 분비한다. 이 호르몬은 이물질에 의한 감염으로부터 우리를 보호하는 임파구인 T 세포의 발달에 기여하는 것으로 알려져 있다.

송과체(pineal body)는 대뇌 시상의 후상부에 위치한 작은 선으로 멜라토닌(melatonin)이라는 호르몬을 분비한다.

요 약

호르몬은 내분비선에서 분비되는 물질로 혈관을 타고 전신에서 작용을 나타낸다.

호르몬은 에피네프린, 노르에피네프린 등의 아미노산 유도체, 인슐린, 글루카곤 등의 단백질, 알도스테론이나 테스토스테론과 같은 스테로이드, 프로스타글랜딘과 같은 지방산 유도체 등 다양한 화학구조를 가지고 있다.

뇌하수체는 선으로 구성된 전엽, 즉 선하수체와 신경조직의 일부인 후엽, 즉 신경하수체로 되어 있다. 선하수체에서는 성장호르몬(GH), 갑상선자극호르몬(TSH), 부신피질자극호르몬(ACTH), 황체형성호르몬(LH), 난포자극호르몬(FSH), 프롤락틴(PRL) 및 멜라닌세포자극호르몬(MSH)이 분비된다. 신경하수체에서는 바소프레신이라고도 하는 항이뇨호르몬(ADH)과 옥시토신(Oxytocin)이 분비된다.

갑상선에서는 티록신과 삼요오드타이로닌이 분비되며 전반적인 대사속도를 조절한다.

부갑상선에서 분비되는 부갑상선호르몬은 칼슘의 대사를 조절한다.

부신은 해부학적으로 피질과 수질로 구분하며 피질에서는 스테로이드호르몬을, 수질에서는 카테콜아민을 분비한다. 부신 피질에서는 알도스테론과 같은 염류코르티코이드와 코르티솔 등의 당질 코르티코이드 및 안드로젠을 분비한다. 부신 수질에서는 교감신경자극에 의해 에피네프린과 노르에피네프린을 분비하여 응급상황에서 대처하게 생체를 준비시킨다.

이자는 다양한 소화효소를 분비하는 기능 외에도 호르몬을 분비하는 기능을 가진다. 이자의 랑게르한스섬에서는 당대사를 조절하는 인슐린과 글루카곤을 분비한다. 인슐린은 혈당 농도를 낮추고 글루카곤은 높여준다.

생식선에서는 성호르몬을 분비한다. 남성의 고환에서는 안드로젠을 분비하며 대표적인 호르몬은 테스토스테론이다. 여성의 난소에서는 에스트로젠을 분비하여 여성생식기능을 조절하고 프로제스테론은 임신을 유지시킨다.

아라키돈산에서 만들어지는 아이코사노이드에는 프로스타글랜딘, 루코트리엔 및 트롬복산이 있는데 생체의 곳곳에서 다양한 호르몬 기능을 수행한다.

흉선에서 분비하는 타이모신은 면역 기능에 관여한다.

송과선에서는 멜라토닌을 분비한다.

11 CHAPTER 분자생물학

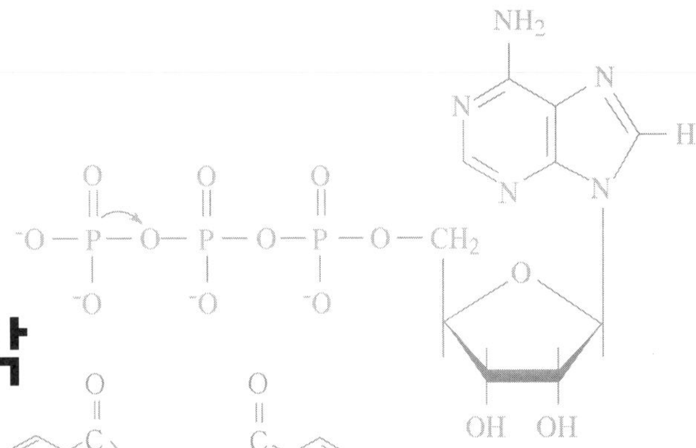

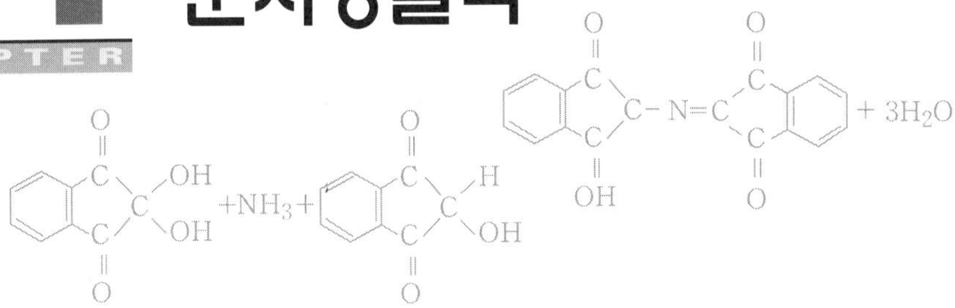

학/습/목/표

DNA의 복제과정과 DNA 유전정보의 RNA로의 전사(transcription)와 번역(translation) 과정을 통하여 단백질(protein)이 합성되는 과정을 이해한다.

생물체를 구성하는 고분자 물질은 4종류로 분류된다. 즉, 다당류, 단백질, 핵산과 지질이다. 이러한 고분자 물질들은 서로 상호작용하에 하나의 독립된 생명현상을 독립된 개체에서 나타내고 있다. 따라서 고전적인 생물학에서는 이 고분자들의 기능을 단지 생리적 현상으로 연구하여 왔으나 근래에 와서 이 고분자들은 물리학적, 화학적 측면에서 연구하는 경향이 많다. 따라서 생물체의 고분자들의 구조, 구성 및 그들의 기능과 상호작용을 물리학적 및 화학적으로 연구하여 생명현상을 밝히려는 학문이 분자생물학(molecular biology)이라고 생각할 수 있다.

분자생물학이라는 용어는 Astbury가 1950년 강의 중 처음 사용한 이래 사용되어 왔다. 분자생물학은 대체로 핵산과 단백질 및 그 밖의 고분자와 그들의 상호작용에 관한 학문이다.

따라서 분자생물학은 DNA의 구조, 복제 및 유전정보의 RNA로의 전사(transcription)와 번역(translation)을 통하여 단백질을 합성하는 과정을 들 수 있다(그림 11.1).

생물이 그 특유의 형질을 자손에게 물려주는 특성을 유전(heredity) 현상이라 한다. 1860년대 Mendel에 의해 유전자라는 개념이 처음으로 도입되면서 유전학은 급속도로 발전하기 시작하였고 또한 유전물질이 DNA임이 입증되기에 이르렀다. Watson과 Crick에 의해 DNA 분자 내 염기들의 상보성 결합양식과 이중나선 구조가 밝혀지고 난 직후 세포 내 DNA의 복제 기작에 대한 추측과 연구가 시작되었다. 즉, 부모로부터 자손에게 DNA에

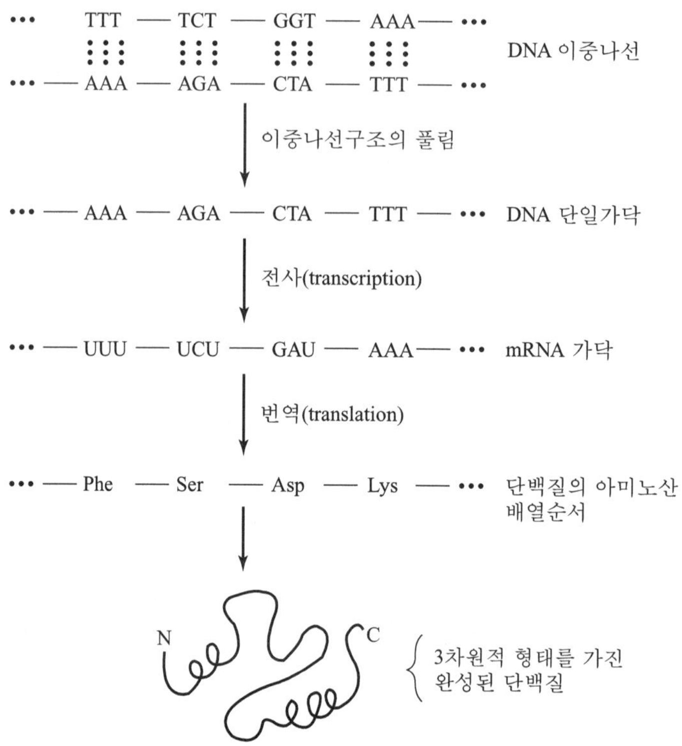

그림 11.1 DNA 유전정보로부터 단백질에 이르는 과정

저장된 유전정보가 DNA의 복제과정을 통해 전달되며, 이 과정에서 유전정보는 DNA를 주형(template)으로 하여 전사(transcription)를 통하여 mRNA로 되고 이어 번역(translation)을 통하여 단백질이 만들어지는 것이다.

최근에는 DNA의 염기서열을 원하는 방향으로 조작하는 소위 유전자 조작(gene manipulation) 기술과 특정 유전자를 다른 종의 유전자에 재결합시킬 수 있는 재조합 DNA 기술 그리고 이렇게 개조된 DNA를 특정 세포 내에서 고도로 발현시킬 수 있는 기술이 확립되었으며 앞으로 이들 기술은 산업 전반에 걸쳐 엄청난 파급효과를 가져올 것이다.

1. DNA의 복제

1) 반보존적 복제

세포분열을 수반하여 일어나는 DNA의 복제 방법은 Watson−Crick의 이중 나선 모델을 토대로 Meselson과 Stahl이 1958년 대장균을 이용하여 DNA 복제는 반보존적(semiconservative)이라는 사실을 발견하였다(그림 11.2). 즉, 부모의 DNA 이중나선 구조가 풀리면서 이들 부모 DNA 한 가닥은 새로 합성되는 DNA 한 가닥의 주형이 된다. 이를 증명하기 위

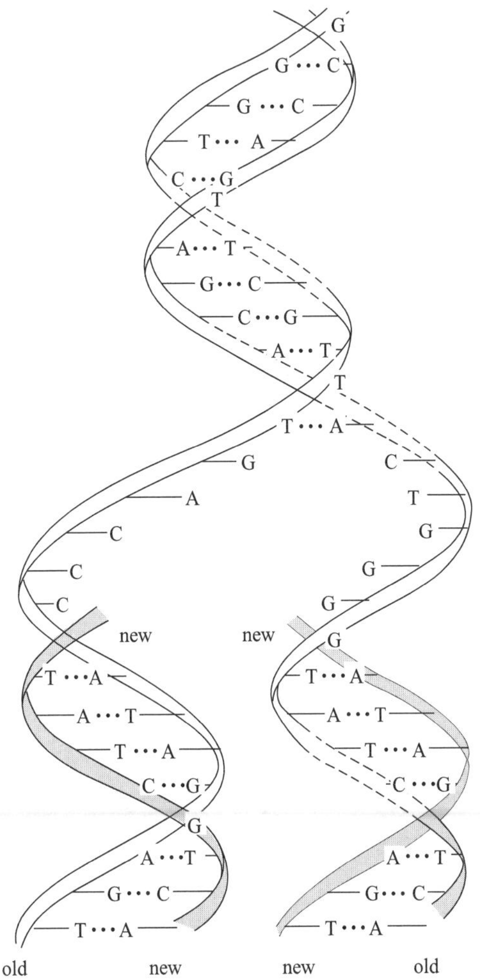

그림 11.2 DNA 분자의 반보존적 복제 모델

해 Meselson과 Stahl은 질소원으로 $^{15}NH_4Cl$만을 함유하는 배지에서 대장균을 수세대 동안 배양시켜 세포 내 DNA의 퓨린과 피리미딘을 질소 ^{15}N으로 되게 하여 $[^{15}N^{15}N]$DNA(heavy DNA)로 만들었다. 그 다음 그 대장균을 질소원 $^{14}NH_4Cl$로 바꾸어 주고 배양하면서 각 세대마다 DNA를 추출하여 CsCl 밀도기울기 초원심분리를 실시한 결과, 한 세대 후 얻은 DNA는 밀도 1.717g/ml에서 단일 띠를 형성하여 $[^{15}N^{14}N]$DNA의 형태임을 알 수 있었고, 두 세대 후에 얻은 DNA 밀도는 1.717g/ml과 1.710g/ml에서 띠를 형성하여 $[^{15}N^{14}N]$DNA와 $[^{14}N^{14}N]$DNA의 두 형태가 존재함을 알 수 있었는데 이것을 통하여 DNA의 복제는 반보존적 복제임을 보여 주었다. 즉, 새로 합성된 DNA 이중 나선에는 반드시 원래의 DNA 한 가닥이 보존되어 있기 때문이다.

2) 양방향 복제

DNA의 복제는 DNA의 이중나선 위에 있는 복제원점(origin of replication)에서부터 시작한다. 즉, 복제원점에서부터 이중나선 가닥이 풀어지면서 풀어진 1가닥을 주형으로 하여 새로운 폴리뉴클레오티드(polynucleotide) 사슬이 합성된다. 이러한 복제원점은 원핵생물(prokaryote) 염색체에는 1개가 존재하고, 진핵생물(eukaryote) 염색체에는 여러 개가 존재하며, 각 복제원점에는 2개의 복제분기점(replication forks)이 있어 이곳으로부터 양방향으로 같은 속도로 DNA 가닥이 풀림과 동시에 합성이 일어난다(그림 11.3, 4).

3) DNA 복제의 단계 및 효소

DNA 복제시 복제 단계 단계에 일어나는 기작과 효소의 작용 특성은 그림 11.5와 같다.

① DNA의 복제는 먼저 DNA gyrase의 작용으로 복제분기점 앞에 DNA를 마이너스 초나선으로 하여 DNA 내의 선회점(swivel point)을 만든 다음 DNA helicase의 작용을 도와 DNA 가닥이 풀려 복제가 일어나도록 한다.

② DNA helicase의 작용으로 복제원점 부위의 이중나선 구조를 풀어 복제분기점을 만든다. 이 효소를 대장균에서는 rep protein이라 하며, 에너지원으로 ATP를 사용하여 반응을 촉진시킨다. 한편, 분리된 단일 가닥(single strand)의 DNA 가닥이 염기쌍을 형성할 수 없도록 DNA binding protein(DBP)이 결합하여 단일 가닥을 안정화시키기 때문에 DBP는 single strand binding protein(SSBP)이다.

③ RNA primase(시발효소)의 작용으로 짧은 주형의 DNA 부분을 복사하여 RNA−primer가 합성되어 이 RNA의 3′−OH 말단이 DNA polymerase(DNA 중합효소) 작

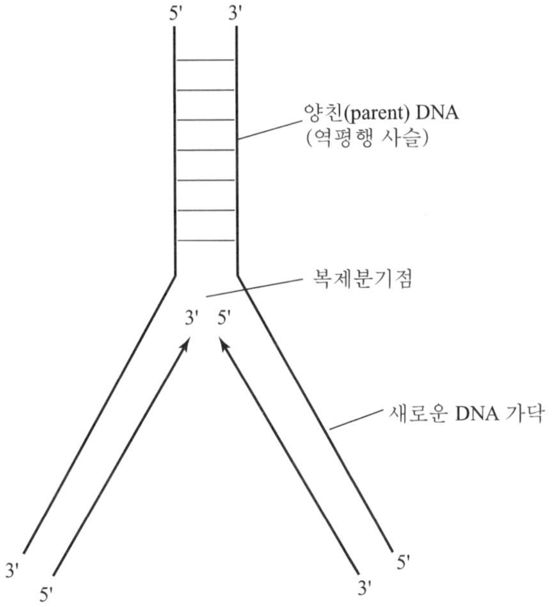

그림 11.3 DNA 반보존적 복제의 최초로 제창된 가설
한 가닥은 5′→3′ 방향으로 합성되고 다른 한 가닥은 3′→5′ 방향으로 합성됨.

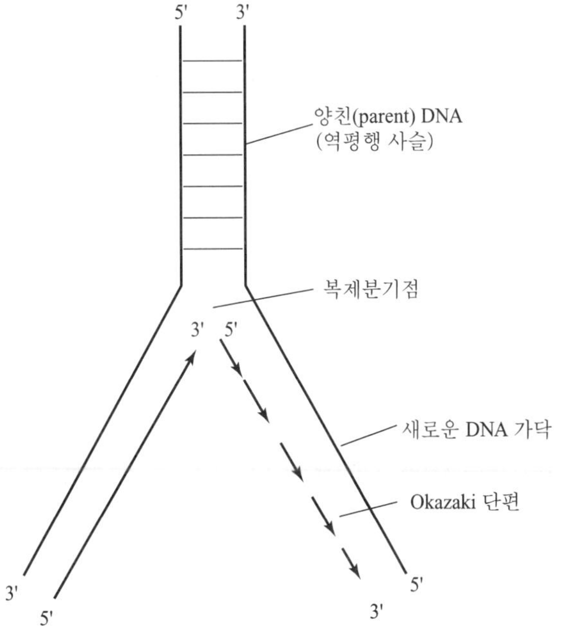

그림 11.4 DNA 복제기작의 최근 개념

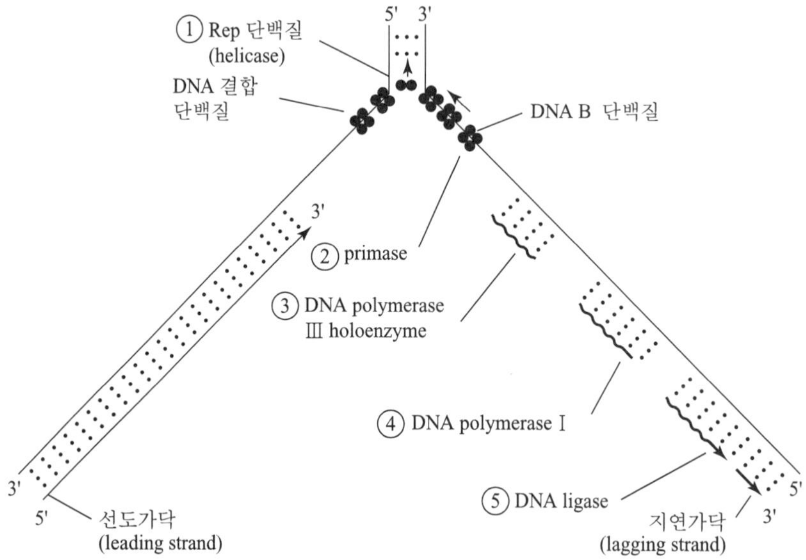

그림 11.5 DNA 복제 과정의 단계적 효소반응 모형도

용을 위한 primer(시발체)가 된다(대장균에 있어서 primer는 약 5개의 뉴클레오티드로 구성된 RNA 사슬이며, 다른 생물의 경우는 종에 따라 다르며 1~60개의 뉴클레오티드로 다양하다). DNA 복제 후 primer는 DNA polymerase Ⅰ의 5′→3′ exonuclease의 활성으로 제거되고, 제거된 자리는 DNA polymerase Ⅰ의 중합효소 활성에 의해 deoxynucleotides로 채워진다.

④ DNA polymerase는 어버이 DNA 가닥을 주형으로 하여 RNA−primer에 deoxynucleotide triphosphate(dNTP)가 상보적으로 중합되도록 하여 새로 복제된 DNA chain을 만든다. 복제되어 생성되는 DNA 가닥은 5′→3′ 방향으로 신장하기 때문에 복제의 주형이 되는 DNA 가닥은 3′→5′ 이다.

DNA polymerase는 성장하는 사슬의 끝에 있는 친핵성 3′−OH에 dNTP의 당 쪽에 위치한 인산기 1개와 phosphodiester 결합을 형성하고 pyrophosphate를 제거한다. DNA polymerase의 작용을 위해서는 주형 DNA, dNTP(dATP, dGTP, dCTP, dTTP) Mg^{2+} 등이 필요하다(그림 11.6).

DNA polymerase Ⅰ, Ⅱ, Ⅲ는 대장균에서 발견되었으며, 복제과정에서 그 역할이 다른 것으로 알려져 있다. 즉, 생물학적인 기능면에서 DNA polymerase Ⅰ은 3가지 효소활성을 갖는 3개 부분으로 구성된 효소로서 약 20개의 phosphodiester 결합만

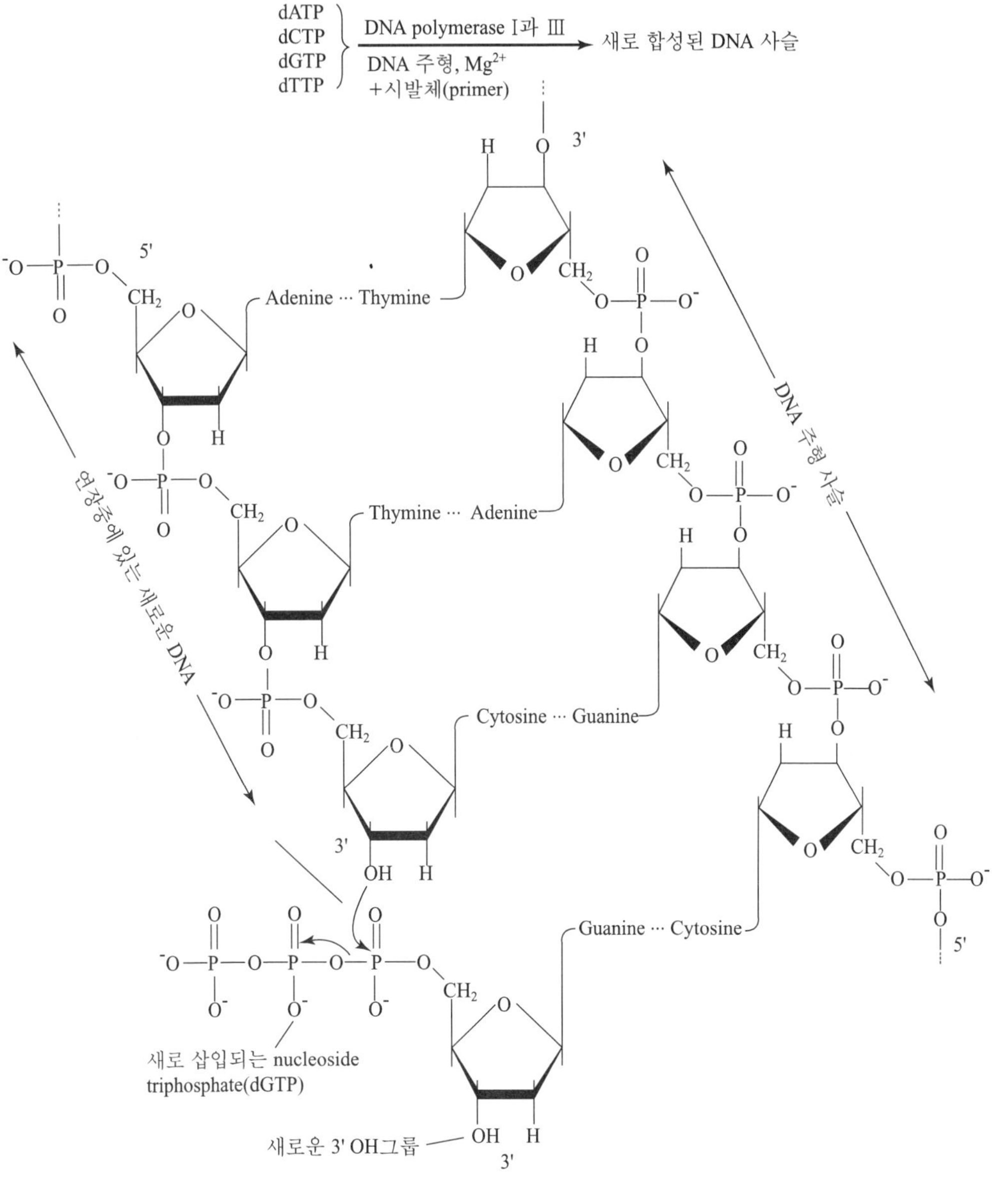

그림 11.6 DNA polymerase I과 III에 의해 촉매된 새로운 DNA 가닥의 합성

을 형성하고 또한 벌어진 틈을 메우고 수선하는 기능 및 RNA primer를 제거하는 기능을 갖는다. 반면 DNA polymerase III은 새로운 DNA 가닥의 중합반응을 촉매하여 주형에 따라 DNA를 합성하는 효소로서 매우 빠른 속도로 수천 개의 phosphodiester 결합을 형성시킨다.

⑤ 이중가닥 중 3′→5′ 가닥을 주형으로 하는 경우에는 새로 합성되는 가닥은 5′→3′ 방향으로 연속적인 신장을 하며, 이때 새로 생성된 가닥을 선도가닥(leading strand)이라 한다. 그러나 DNA 가닥 중 5′→3′ 가닥을 주형으로 하는 경우 역평행이 되기 때문에 5′→3′ 방향으로 복제가 불가능하다. 그러므로 가닥을 끊어 단편적(불연속적)으로 5′→3′ 방향으로 복제한다. 이를 지연가닥(lagging strand) 혹은 Okazaki fragment라 한다. 합성이 끝난 후 절편(fragment)을 DNA 연결효소(ligase)가 연결한다(그림 11.7). DNA 연결효소는 ATP 또는 NAD를 에너지원으로 사용하고, 이중가닥으로 된 DNA 가닥만을 연결하고 단일가닥으로 된 2분자의 DNA는 연결하지 못한다. 이와 같은 결합방식은 DNA의 합성, 손상된 DNA의 수선, 재조합된 DNA의 이어 맞추기에 필수적이다.

4) 교정과 수선

DNA 복제과정은 매우 정확하여 10^9~10^{10} 염기쌍에 1번 정도의 착오가 발생하며, 뉴클레오티드가 잘못 들어가면 DNA 중합효소 I(polymerase Ⅰ)의 3′-exonuclease의 활성으로 이를 제거하고 또한 DNA 중합효소 I 의 활성으로 다시 정확한 뉴클레오티드가 첨가된다. 즉, DNA 중합효소 I 의 활성에 의해 DNA의 절단 및 이어 맞추기(cut and patch)가 일

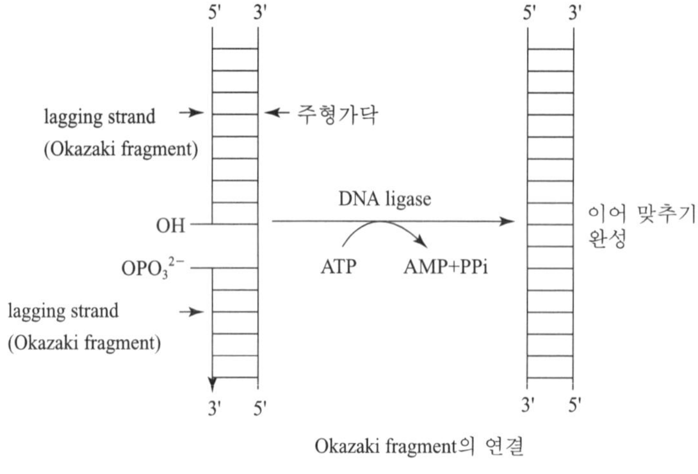

그림 11.7 DNA ligase에 의한 새로운 DNA 가닥의 연결

어난다(그림 11.8). 때문에 DNA 중합효소 I 은 5′−exonuclease의 활성으로 RNA 시발체(primer)를 제거하기도 하고, 또한 3′−exonuclease와 polymerase의 활성으로 복제과정 중에 일어날 수 있는 착오를 교정한다.

만약 DNA가 자외선에 노출되면 피리미딘 이합체(pyrimidine dimer)가 만들어져서(그림 11.9) DNA의 복제와 발현이 정지될 수 있으나 모든 세포는 다양한 DNA 회복(repair) 기구를 가지고 있기 때문에 손상된 DNA 부위를 교정과 수선을 통하여 정상으로 회복시킬 수 있다. 따라서 이렇게 피리미딘 이합체가 만들어지는 경우 세포는 UV−specific endonuclease를 만들어 손상되어 생긴 피리미딘 이합체로부터 5′ 방향으로 8번째, 3′ 방향으로 4번째 nucleotide 떨어져 있는 DNA 가닥상의 phosphodiester 결합을 분해하여 틈을 만든다. 또한 잘린 가닥의 3′−말단은 시발체가 되고, 손상되지 않은 상보적인 DNA

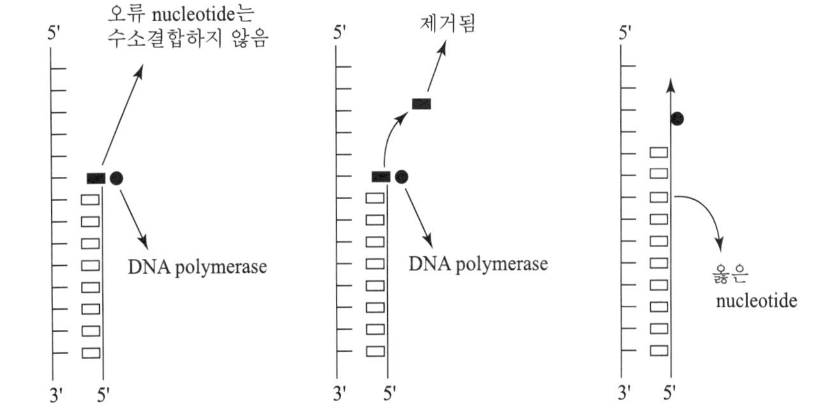

그림 11.8 DNA polymerase I에 의한 복제과정중의 교정

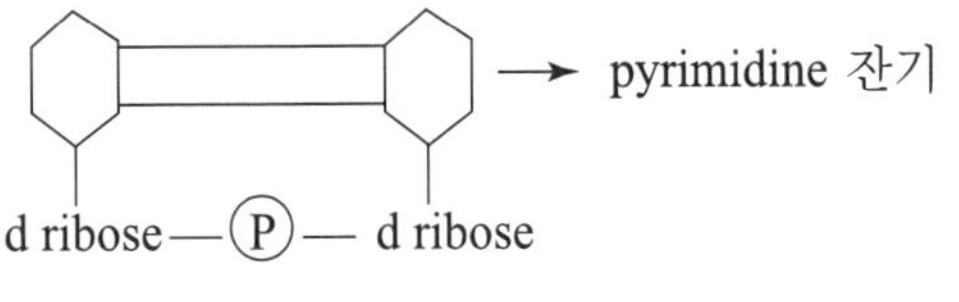

그림 11.9 Pyrimidine 이합체

가닥이 주형으로 사용되어 DNA 중합효소 I 의 작용으로 틈이 메워진다. 이어 새로이 합성된 DNA의 3′-말단과 본래 DNA 가닥이 DNA 연결효소에 의해 연결된다.

5) DNA 복제 후의 변형

DNA가 복제되고 나면 특정한 목적을 위하여 DNA 구조 내에 변형이 일어난다. 가장 대표적인 변형이 DNA의 methyl화이다.

원핵생물의 경우 A와 T에서 진핵생물의 경우 C에서 methyl화가 일어나며, 이때 methyl기는 S-adenosylmethionine으로부터 전달된다. 박테리아 세포내 DNA의 메틸화는 제한효소의 작용으로부터 DNA를 보호하는 것으로 알려져 있다. 즉, 박테리오파아지 DNA가 박테리아 세포 내로 들어오면 methyl기를 가지고 있지 않은 파아지 DNA는 제한효소에 의해서 특이적으로 절단되지만 메틸화된 박테리아 DNA는 보호받을 수 있다.

2. RNA의 전사(transcription)와 가공(splicing)

유전인자의 발현은 DNA 분자의 정보가 RNA로 전달되고, 다시 RNA에서 단백질 분자로 전달됨으로써 달성된다. 전사(transcription)는 DNA 주형으로부터 RNA 사슬을 합성하는 과정을 말하며, 이는 RNA중합효소(polymerase)에 의해 촉매된다. RNA중합효소는 이중나선 DNA 중 한 가닥을 필요로 하므로 진핵세포에서의 전사반응은 세포의 핵에서 일어난다. 세포의 핵에서 rRNA의 합성은 핵인에서 일어나고 mRNA나 tRNA는 핵질에서 합성된다.

원핵세포는 세포질의 한쪽에 위치하고 있는 DNA에서 일어나며, 플라스미드(plasmid)는 염색체와 독립적으로 스스로 전사된다. 또 4종류의 ribonucleoside triphosphate(ATP, GTP, CTP, UTP)와 Mg^{2+}을 필요로 하며, 시발체(primer)는 필요로 하지 않는다. RNA 중합효소에 의한 RNA 합성과정은 유전자의 개시점 인식(recognition), RNA 합성이 시작되는 개시(initiation), 새로운 염기들이 중합되어 길어지는 신장(elongation), RNA 사슬 합성이 끝나 방출되는 종료(termination)의 4단계로 구분된다. 원핵생물과 진핵생물의 경우에는 전사의 과정이 서로 다르다.

1) 원핵생물의 전사

(1) RNA 중합효소(RNA polymerase)

대장균에서 발견된 RNA polymerase는 $\alpha_2\beta\beta'\omega$로 밝혀져 다 단위체 구조임을 알 수 있다. $\alpha_2\beta\beta'$분을 핵심효소(core enzyme)라 하고 여기에 소단위체가 느슨하게 결합되어 완전효소(holoenzyme)를 구성한다. α소단위는 촉진유전자(promoter) 자리를 인지하고 전사가 시작되면 떨어지고, $\alpha_2\beta\beta'$는 RNA chain의 합성을 촉매한다. RNA중합효소는 DNA의 한쪽 chain을 주형으로 하여 이중나선을 풀지 않고도 촉진유전자를 약 2회전 푼다. DNA 중합효소의 경우와 같이 시발체는 필요로 하지 않으며, 핵산가수분해효소 활성도 없다.

(2) 촉진유전자(promoter)

전사 개시점을 +1로 할 경우 DNA의 3′−end 쪽으로 −10 또는 −35 염기쌍의 위치에 중합효소가 결합하는 자리이다. 길이는 6 염기쌍(base pair, bp)이고, A, T가 풍부한 염기서열을 갖는다. 이는 A−T 염기쌍이 G−C 염기쌍에 비하여 쉽게 풀릴 수 있기 때문이다. −10 box는 Pribnow box라고도 하며, TATAAT의 염기서열을 갖고, −35 box는 TTGACA의 염기서열을 갖는데(그림 11.10) 이들은 수많은 원핵유전자의 촉진유전자에서 공통으로 발견되는 공통염기서열(consensus sequence)이다.

(3) 전사단계

전사는 개시, 신장, 종료의 3단계로 나누어지며, 특징은 다음과 같다.

개시단계에서 RNA중합효소는 DNA 가닥 중 촉진유전자에 결합하여 이중나선 DNA의 짧은 길이를 풀어(약 17bp) 한 가닥을 만들고 이를 주형으로 하여 지령을 받는다.

신장단계에서는 RNA중합효소가 정확한 NTP(ATP, GTP, CTP, UTP)를 선택하여 phosphodiester 결합을 형성하는데, 이 과정은 DNA를 따라 이동하면서 종결신호에 도달할 때까지 반복한다.

그림 11.10 DNA에 존재하는 -10, -35 box

RNA의 chain은 5′→ 3′ 방향으로 신장하며, 신생 RNA의 5′−end에는 pppA 혹은 pppG를 갖고, 이의 3′−OH에 phosphodiester 결합이 매분 3,000개의 속도로 형성된다(그림 11.11). 즉, 신장 속도는 초당 약 50개의 nucleotide가 더해진다. 새로이 합성된 RNA는 주형 DNA(template DNA)와 혼성나선(DNA−RNA hybrid helix)을 이루며 이의 길이는 12bp이다.

주형 DNA, 신생 RNA, RNA중합효소를 함유한 구역을 transcription bubble이라 하며, 이 구역은 주형 DNA의 3′→ 5′ 방향으로 이동한다(그림 11.12).

종결단계에서는 phosphodiester 결합 형성의 중지, RNA−DNA hybrid의 해리, 풀린 DNA의 되감김과 RNA중합효소의 해리가 일어난다. 전사종결을 위해서 주형이 되는 DNA 가닥에 종료부위라는 특이한 염기배열이 있으며, RNA중합효소는 이 부위를 인식하여 RNA 사슬의 합성을 종료한다. 종료 부위에는 회문식 구조(palindrome)를 갖는 G와 C가 풍부한 구역 및 이에 뒤따르는 A와 T가 풍부한 구역으로 되어 있다. 회문식 구조에 따른 RNA 전사물은 자기 상보적이므로 서로 짝지어 줄기(stem)와 고리(loop)를 갖는 머리핀

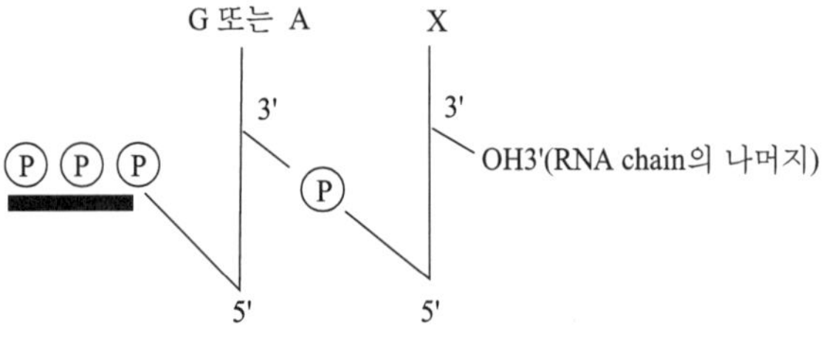

그림 11.11 RNA chain의 신장

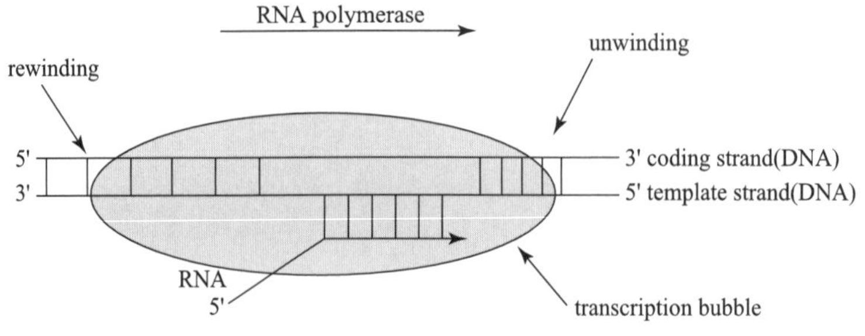

그림 11.12 Transcription bubble의 주형 DNA 3′→5′ 방향으로 이동

(hair pin) 구조를 만들게 되고 이것이 종료 반응에 결정적인 역할을 한다. 머리핀 구조 다음에 4개 또는 그 이상의 U가 연속적으로 존재하여(그림 11.13), RNA 전사는 연속적인 U 부분에서 또는 그 뒤에서 끝나게 된다.

전사 종결에는 이상의 종결신호 외에 ρ−단백질이 관여하는 것으로 알려져 있으며, 이 단백질은 ATPase 활성을 갖고 새로이 합성된 RNA chain의 말단에 결합하여 DNA−RNA 중합효소 복합체(polymerase complex)로부터 RNA를 분리한다.

2) 진핵생물의 전사

진핵생물의 전사도 원핵생물의 전사와 크게 다르지는 않지만 전반적으로 훨씬 복잡하다. 전사는 핵에서 일어나며, 번역되는 곳은 세포질의 리보솜으로 공간적 · 시간적으로 분리되어 있다. 전사로 신생된 RNA는 원핵생물에서는 거의 변화가 없지만 진핵생물에서는 광범위하게 가공된다. 예를 들면, 5′−end에 cap을 3′−end에 poly A 꼬리가 첨가되고, 인트론(intron)은 제거되고 나머지 부분(엑손, exon)은 이어 맞추기 가공(splicing)이 이루어진다.

(1) RNA 중합효소

진핵생물에서는 3종류의 RNA 중합효소 Ⅰ, Ⅱ, Ⅲ가 존재하는 것으로 밝혀져 있으며, RNA 중합효소 I은 핵 속의 인에 존재하여 18S, 5.8S, 28S rRNA 등을 합성하고, Ⅱ는 핵질에 존재하며 mRNA를 합성하고, Ⅲ는 핵질에 존재하며 5S rRNA 등을 합성한다. 이들 중합효소는 핵산가수분해효소 활성은 갖고 있지 않다.

(2) 촉진유전자

진핵생물의 경우 가장 잘 알려진 촉진유전자 부위로는 전사 개시점 앞쪽 방향 −25에 있는 TATA box(hogness box)로 대장균의 Pribnow box와 비슷하다. TATA box 옆에 GC

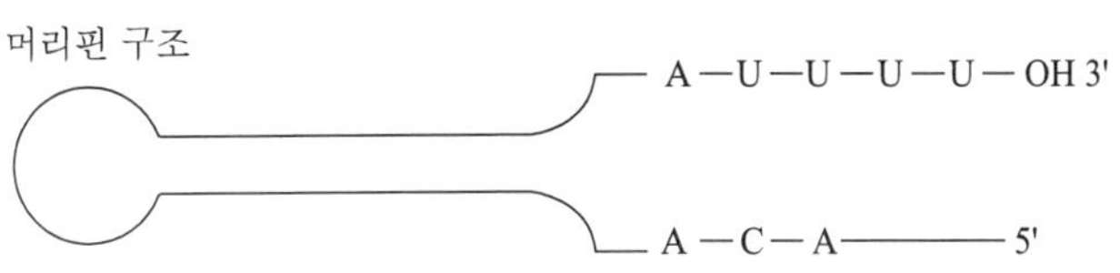

그림 11.13 RNA 전사 종결 부위 구조

가 풍부한 연속부분(GC box)과 CAAT box가 존재하고 이들은 촉진유전자의 추가적인 요소로 −40과 −110 사이에 위치한다(그림 11.14).

RNA중합효소는 단독으로 촉진유전자를 인식할 수 없고 이들 촉진유전자 부위에 전사인자(transcription factor)가 결합하면 RNA중합효소 촉진유전자 부위에 결합하게 되고 전사가 시작된다. 촉진유전자의 활성은 증진유전자에 의해서 크게 증진되는데 증진유전자는 수천 염기쌍 떨어진 거리에서도 작용하여 그 기능을 발휘하는 것으로 밝혀졌다.

3) RNA의 생합성 후 변형

3종류의 RNA(tRNA, mRNA, rRNA)는 전사 후 변형되어 각각의 기능을 갖는 형태로 되기 때문에 최초의 RNA 전사체는 5′−선도부분과 3′−꼬리부분을 갖고 있어 변형 이후의 크기에 비해 훨씬 크다. 따라서 선도부분과 꼬리부분은 절단되고, 인트론 부분은 제거되어 이어 맞추기가 일어난다.

(1) tRNA와 rRNA의 변형

Ribonuclease P(RNase P)는 대장균 tRNA의 5′−말단 형성에 관여하는 효소로 RNA와 단백질로 구성되어 있으며, RNA 부분이 효소활성을 갖고 있어 촉매역할을 한다. 대장균에서 rRNA(5S, 16S, 23S)와 tRNA는 하나의 1차 전사물인 RNA가 RNase P의 가수분해 작용으로 절단되어 생성된다(그림 11.15).

tRNA의 경우 CCA−end가 없는 모든 tRNA의 3′−end에 CCA가 첨가된다. 자르기와 CCA 말단염기의 첨가는 성숙한 tRNA를 형성하는 데 중요하다(그림 11.16). tRNA에 CCA 서열이 있는 부위는 단백질 사슬에 붙여지는 아미노산을 받아들이는 부분이기 때문에 단백질합성에 있어서 매우 중요하다.

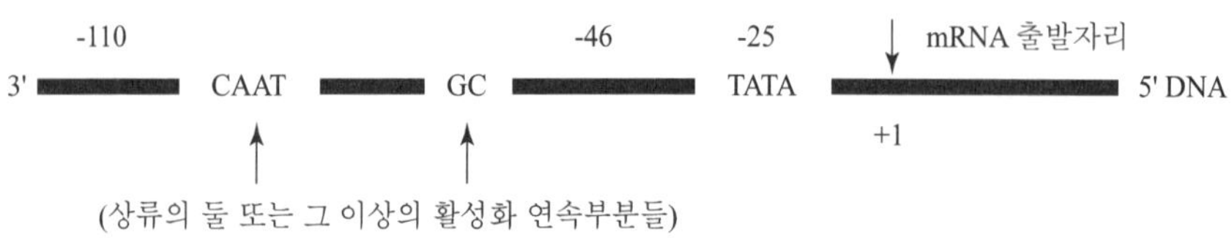

그림 11.14 DNA의 CAAT, GC, TATA box

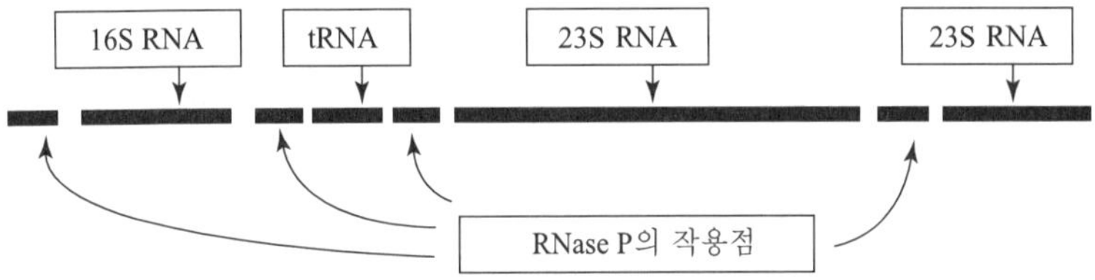

그림 11.15 RNase P의 작용 부위

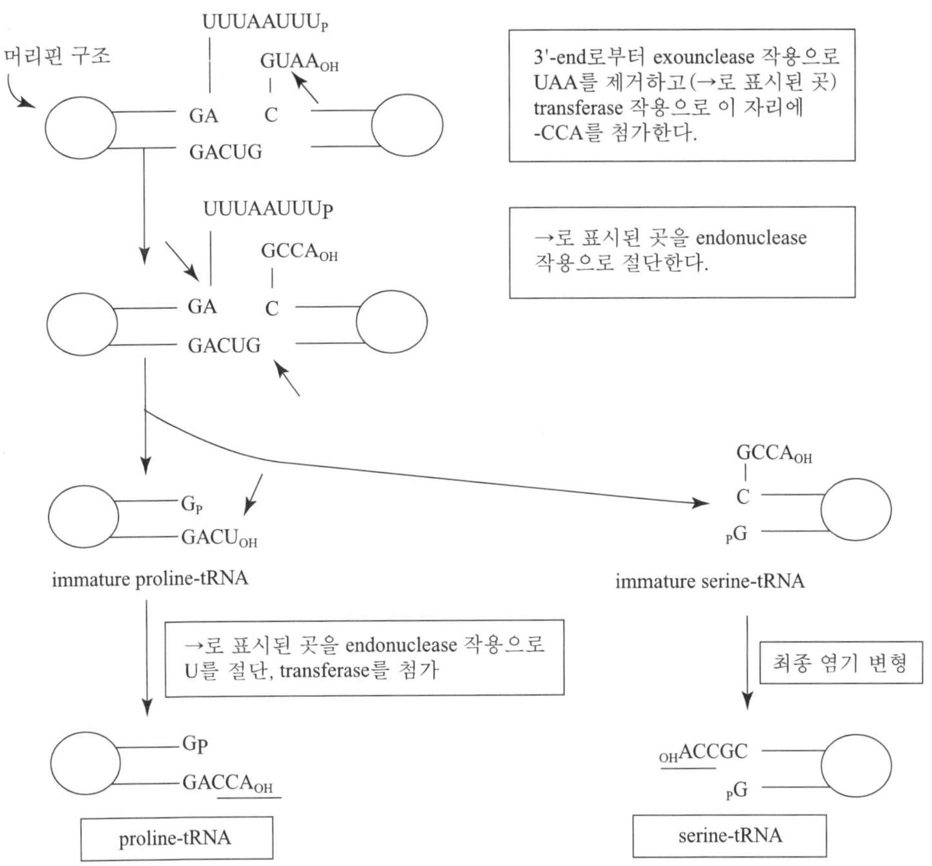

그림 11.16 tRNA 전구체의 전사 후 변형(전구체 RNA^{pro}, RNA^{ser}의 변형)

(2) mRNA의 변형

진핵생물의 mRNA는 5′−말단에 capping, 3′−말단에 poly A의 첨가, 가공(splicing) 등의 변형이 있으며, 원핵생물의 mRNA는 전혀 변형을 받지 않는다. 진핵생물 mRNA의 5′−말단 cap은 N−7 위치에 메틸기가 붙은 methyl guanylic acid이다. 이 변형된 구아닐산 잔기는 이웃의 잔기에 5′→ 5′ 삼인산으로 연결되고 인접한 잔기의 2′−OH가 자주 methyl화되어 그 다음 잔기의 2′−OH도 methyl화되어 있다(그림 11.17). Cap은 phosphatase와 exounclease로부터 mRNA의 5 −말단을 보호하는 역할을 한다.

mRNA의 3 −말단에 polyadenylate의 첨가가 mRNA가 핵을 떠나기 전에 일어난다(그림 11.18). 이는 nuclease와 phosphatase의 작용으로부터 mRNA의 유전정보를 함유한 부분이 공격받기 전에 아데닐산 잔기가 먼저 떨어져 나가야 한다고 볼 수 있다.

원핵생물의 유전정보는 DNA 위에 연속적으로 존재하는 반면 진핵생물은 불연속적으로 존재한다. 즉 유전정보를 갖지 않는 개재서열(intervening sequence, intron), 유전정보를 갖는 구조서열(structural sequence, exon)이 섞여 있다. 진핵생물에서 인트론과 엑손 모두를 포함하는 전체 DNA 서열은 전사되어 mRNA의 전구체(pre−mRNA)를 생성한다. 가공(splicing) 과정에서 핵산가수분해효소와 연결효소의 작용으로 인트론 부분이 제거되고 나머지 엑손 부분이 이어 맞추어진다. 인트론의 제거는 핵에서 일어나며, splicesome이 담당한다. 인트론의 수와 크기는 유전자의 종류에 따라 다양하여 엑틴(actin) 유전자에는 1개, hemoglobin α와 β사슬 유전자에는 각각 2개, 라이소자임(lysozyme) 유전자에는 3개, 콜라겐(collagen) 단위체를 위한 하나의 유전자에는 50개의 인트론이 있다.

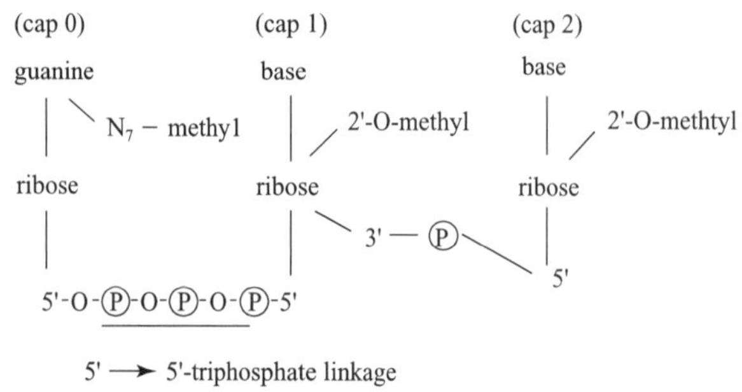

그림 11.17 mRNA의 cap 구조

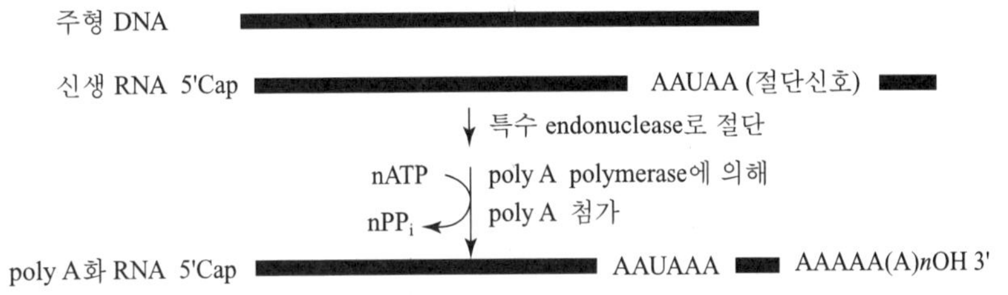

그림 11.18 mRNA의 poly A화

4) 리보자임(ribozyme)

효소활성을 갖는 RNA를 리보자임이라 하는데 핵산가수분해효소와 중합효소의 활성을 가지고 있어 자기 자신을 이어 맞출 수 있다.

3. 유전자의 구조 및 발현

유전정보는 DNA, RNA, protein으로 전달된다(그림 11.1). 세포를 구성하고 있는 단백질의 특성에 따라 생물의 형질 및 기능은 결정되며, 단백질의 성질을 결정하는 것은 단백질의 아미노산 배열 순서에 달려 있다. 또한 아미노산의 배열 순서에 관한 정보는 DNA가 지니고 있다. 따라서 DNA의 유전정보는 mRNA에 전사된다. 전사된 mRNA는 핵공을 나와 세포질로 이동하여 리보솜에 그의 일부가 부착된다. 다음 세포질 속에 있는 아미노산

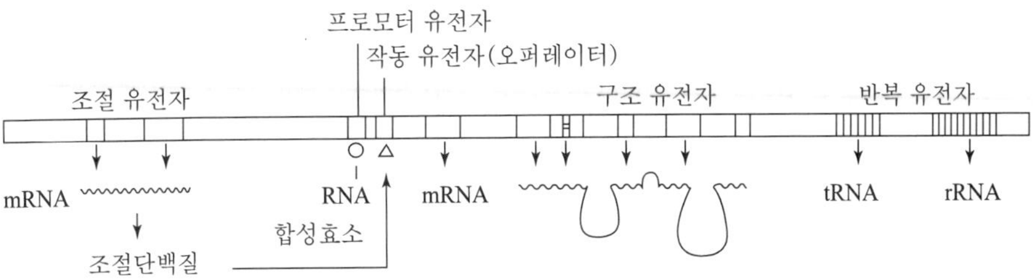

그림 11.19 유전자의 배열

은 tRNA에 의해 mRNA로 운반된다. 리보솜 위에서 mRNA의 암호에 따라 배열된 아미노산은 펩타이드 결합에 의해 단백질로 된다.

1) 유전자의 구조

발현 유전자의 배열을 보면 그림 11.19에서 보는 바와 같이 DNA상 단백질의 아미노산 배열순위를 암호화하고 있는 부분이 있는데 이 부분이 구조유전자(structural gene)이다. 이 유전자는 단백질의 합성을 지령하는 유전자로 이 유전자가 억제되면 단백질의 발현이 억제되어 단백질이 결핍되고 유전병의 원인이 된다. 또한 이 구조유전자를 발현시키는 작동유전자(operator gene)는 그 앞쪽에 존재하고 이것도 또한 상류의 조절유전자(regulatory gene)의 제어를 받고 있다. 즉, 조절유전자에 의해 만들어진 조절단백질(repressor)이 작동유전자에 결합하는 방법으로 제어하고 있다. 유전자가 발현하는 데는 RNA중합효소가 결합하는 장소가 필요하며, 그것은 작동유전자의 앞쪽에 존재하며, 촉진유전자(promoter gene)라고 불린다. 각 구조유전자에는 반드시 작동유전자가 붙어 있다. 1개의 작동유전자가 다수의 구조유전자를 움직이는 경우도 있다. 이들 외에도 tRNA와 rRNA를 읽어내는 유전자가 있다. 이것들은 같은 유전자 구조가 반복해 나열해 있으며 이러한 반복유전자 단위를 시스트론(cistron)이라 한다.

2) 유전자의 발현

(1) 유전 암호(genetic codon)

유전 암호는 미생물에서 인간에 이르기까지 특이성이 없이 공통으로 사용되는 암호이다. mRNA상의 3개의 염기배열을 코돈(codon)이라고 하고 이러한 이론의 근거는 1961년 F. Jacob과 J. Monod가 DNA상의 정보를 polynucleotide가 세포질로 전달한다는 가설을 제창한 후였다. 즉, 핵 내에서 mRNA로 전사(transcription)된 정보를 아미노산 배열로 번역될 수 있도록 한다. 이러한 암호의 해독은 Marshall Nirenberg(미)와 H. Gobind Khorana(인도)에 의해서 수행되었다. mRNA는 단지 4종류의 nucleotide A, G, C, U로 구성되어 있고 이 중 각 염기가 하나의 아미노산을 결정한다면 오직 4개의 아미노산만 암호화할 수 있다. 또한 인접한 2개의 염기가 아미노산을 결정한다면 $4 \times 4 = 16$개의 아미노산을 암호화할 수 있을 것이다. 만약 4개 중 3개가 한 개의 아미노산을 나타낸다면 $4^3 = 64$개의 서로 다른 조합이 가능하다. 따라서 20여종의 아미노산은 3개의 염기 순서에 의해 결정된다고 결론을 지었다. 이 3개의 염기배열을 삼문자(triplet codon)라 부른다.

유전 암호는 표 11.1에 나타내었다. 여기에서 보면 tryptophan과 methionine을 제외한

표 11.1 유전 암호(genetic codon)

첫번째 염기	두번째 염기							
	U		C		A		G	
U	UUU	phe	UCU	Ser	UAU	Tyr	UGU	Cys
	UUC	Phe	UCC	Ser	UAC	Tyr	UGC	Cys
	UUA	Leu	UCA	Ser	UAA	Term.	UGA	Term.
	UUG	Leu	UCG	Ser	UAG	Term.	UGG	Trp
C	CUU	Leu	CCU	Pro	CAU	His	CGU	Arg
	CUC	Leu	CCC	Pro	CAC	His	CGC	Arg
	CUA	Leu	CCA	Pro	CAA	Gln	CGA	Arg
	CUG	Leu	CCG	Pro	CAG	Gln	CGG	Arg
A	AUU	Ile	ACU	Thr	AAU	Asn	AGU	Ser
	AUC	Ile	ACC	Thr	AAC	Asn	AGC	Ser
	AUA	Ile	ACA	Thr	AAA	Lys	AGA	Arg
	AUG	Met	ACG	Thr	AAG	Lys	AGG	Arg
G	GUU	Val	GCU	Ala	GAU	Asp	GGU	Gly
	GUC	Val	GCC	Ala	GAC	Asp	GGC	Gly
	GUA	Val	GCA	Ala	GAA	Glu	GGA	Gly
	GUG	Val	GCG	Ala	GAG	Glu	GGG	Gly

주 : 64개의 유전암호 가운데서 61개는 20개의 아미노산에 대한 암호이고, 3개는 정지 codon이다. codon은 5′→ 3′방향으로 읽으며, 세번째 염기(굵은 활자)는 변할 수 있다.

아미노산은 한 개 이상의 코돈을 가지는 것을 알 수 있다. 예를 들면 UUU와 UUC는 모두 phenylalanine에 대한 암호이다. 이 경우 세 번째 염기 U와 C는 아미노산을 결정하는 데 큰 의미가 없으므로 동요염기(wobble base)라 부른다. 또한 DNA의 유전정보는 대부분의 아미노산에 대하여 하나 이상의 암호문을 가지는데 이것을 축중체(degeneracy)라 한다. 64개의 코돈 중에는 단백질 합성을 시작하는 개시코돈은 AUG이며, 종결위치를 나타내는 것은 UAA, UAG, UGA이며, 이것을 nonsense codon이라 한다.

(2) 유전자의 발현과 오페론

유전자의 발현과 조절기구는 대장균 등과 같은 비교적 단순한 유전자에서 연구되어 있어 대장균의 락토오스 유전자를 예로 설명하고자 한다. 그림 11.20에서 보는 바와 같이 유전자는 조절유전자(I)에 이어서 프로모터 유전자(P, CAP이라는 조절단백질과 RNA 중합효소 결합 부위로 되어 있다), 작동유전자(operator) 그리고 구조유전자(Z)들로 구성되어 있다. 이 작동유전자는 3종류(Z: β−galactosidase, V: permease, a: acetylase)의 구조유전자를 제어하고 있는 것과 동시에 조절유전자(I)의 mRNA로부터 만들어진 조절단백질(repressor)의 결합부위이기도 하다.

3) 유전자 발현 억제기구

조절유전자(I)에서 만들어진 억제제는 작동유전자에 결합한다. 그림 11.21에서 보듯이 억제제가 결합한 상태에서는 옆의 프로모터 부분에 RNA 합성효소가 결합되지 못하기 때문에 이 구조유전자는 발현하지 않는다. 그러나 배지에 락토오스(lactose)를 첨가하면 이 억제제는 락토오스와 결합하고, 작동유전자 부분에 결합되지 않으므로 곧 옆의 프로모터 부분에 RNA 합성효소는 결합하게 된다. 때문에 락토오스와 같은 유전자 발현을 유도하는 물질을 유도물질(inducer)이라고 한다. 이와 같이 락토오스를 주는 것으로 락토오스를 분해하는 β−galactosidase가 Z 유전자에서 만들어지게 된다. 이와 같은 많은 구조유전자는 통상 많은 억제제에 의해 억제되는 상태가 된다. 그 때문에 특정한 억제제가 결핍(조절유전자의 억제)되면 특정한 단백질이 비정상적으로 합성되게 한다.

4) 유전자 발현 촉진기구

조절유전자 중에는 억제제와 별개의 단백질(catabolite gene activator protein : CAP)을 만드는 CAP 유전자가 존재한다. 여기에서 CAP 단백질이 합성되고, cAMP와 복합체를 만

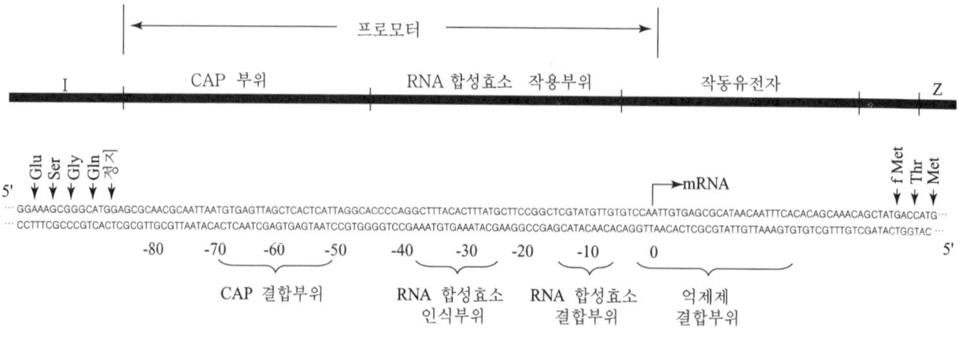

그림 11.20 프로모터 부위의 유전자 구조

들어서 활성화하고 프로모터 부분에 결합한다. 그 결과 RNA중합효소가 결합하기 쉽게 되고 전사활성이 증가한다(그림 11.22). 이 CAP이 결합하는 프로모터 부분도 작동유전자에 있는 것 같은 2회 회전 대칭구조이다(그림 11.20). 이와 같이 유전자의 발현은 억제제와 CAP에 의해서 조절되어지고 있다.

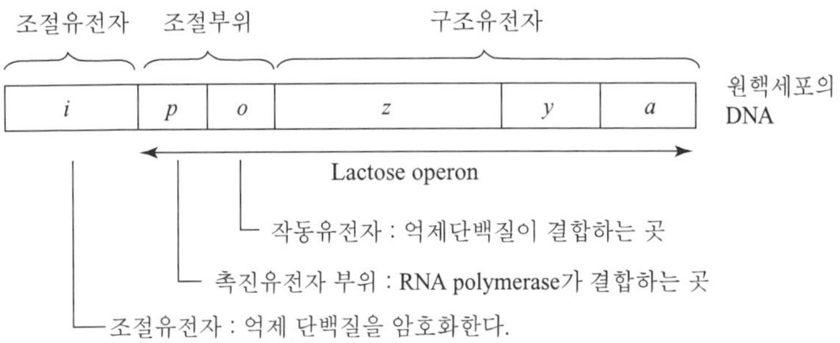

그림 11.21 Lac operon의 구조

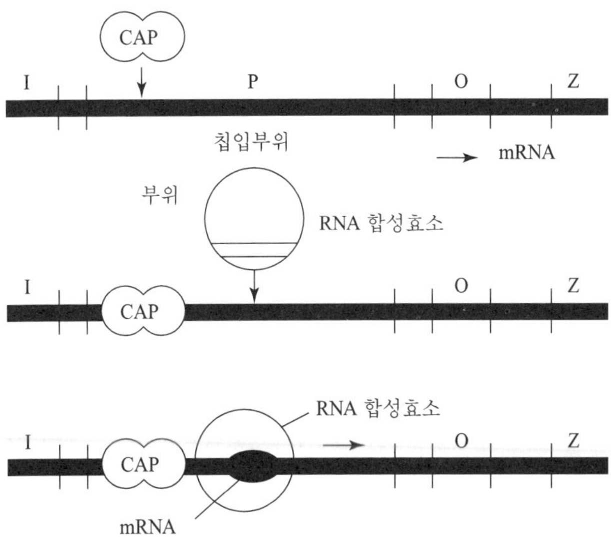

그림 11.22 CAP 단백질에 의한 전사촉진

4. 단백질 합성

1) 리보솜(ribosome)

리보솜은 인에서 합성되어 핵공을 통해 세포질에 나온 과립으로 RNA와 단백질이 주성분이며, 세포 내의 단백질 합성이 일어나는 곳이다. 진핵세포에서 일부의 리보솜은 소포체의 외막에 결합되어 있어 표면이 거친 소포체를 형성하는데 이를 조면소포체(rough endoplasmic reticulum)라 한다.

원핵세포 및 진핵세포의 리보솜의 구조 및 조성은 그림 11.23과 같으며 원핵세포의 리보솜과 진핵세포의 리보솜에 대해서는 이미 6장 rRNA에서 설명하였다.

2) tRNA

핵에서 DNA 유전 정보를 복사해 가지고 나온 mRNA가 리보솜에 부착하면 유전암호에 해당하는 아미노산을 단백질 합성 장소인 리보솜까지 운반하여야 하는데 이렇게 아미노산을 운반해주는 RNA를 transfer RNA(tRNA)라고 부른다. tRNA와 아미노산이 결합하는 것

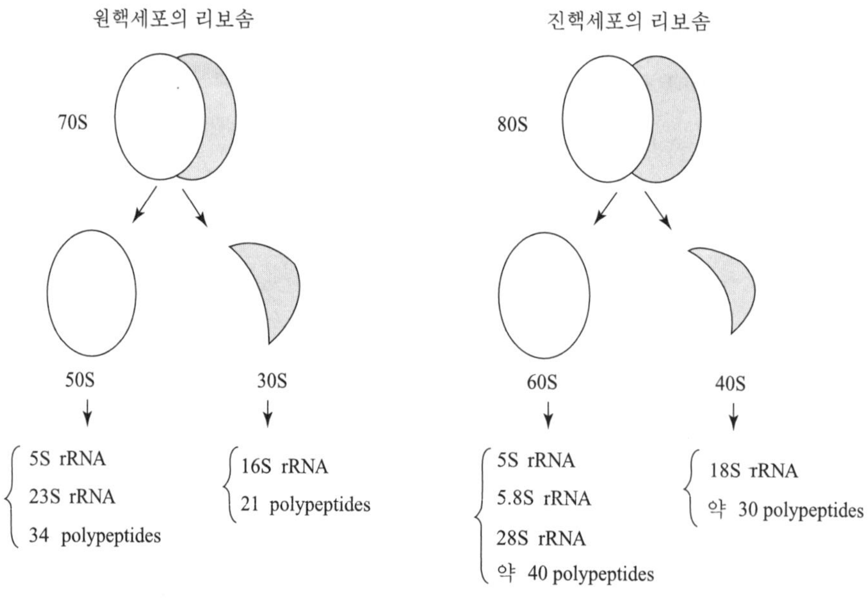

그림 11.23 원핵 및 진핵세포의 리보솜 구조와 조성

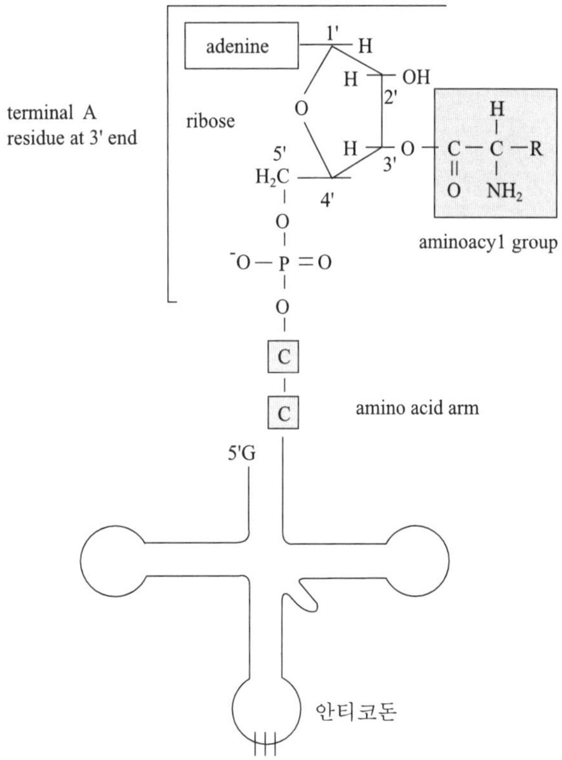

그림 11.24 tRNA의 C-C-A 끝에 아미노산이 결합한 amino acyl-tRNA

은 그림 11.24와 같으며, tRNA에 대해서는 이미 6장에서 설명한 바 있어 참조하기 바란다.

3) 아미노산의 활성화

DNA는 자기의 특유한 유전정보(genetic information)를 가지고 있으며, 이 정보에 의하여 DNA는 핵 내에서 mRNA를 합성한다. 이 mRNA는 소포체(endoplasmic reticulum)를 통하여 리보솜에 이동되어 단백질을 합성하는 주형(template)이 된다. 단백질 합성에 있어서 첫째 단계로 아미노산들은 활성화되어야 하는데 이것은 아미노산 활성효소(aminoacyl−tRNA synthetase)와 ATP에 의하여 이루어진다. 즉, polypeptide 합성에 사용될 아미노산이 먼저 활성화되어야 하는데 여기에는 ATP와 aminoacyl synthetase라는 효소가 관여하고 있다. 이 효소에 아미노산과 ATP가 결합하며(비경쟁적으로 결합), amino acid adenylate enzyme complex가 생김과 동시에 inorganic pyrophosphate가 생긴다. 이때

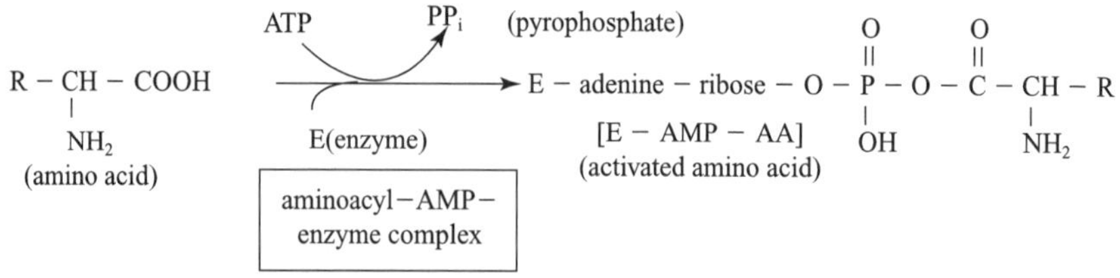

그림 11.25 아미노산의 활성화 반응

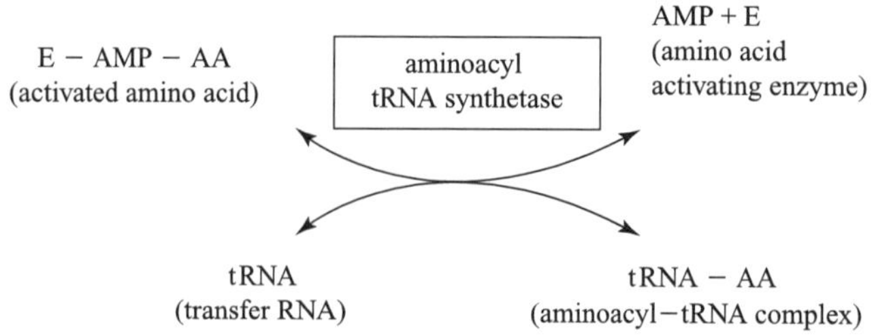

그림 11.26 Aminoacyl−tRNA 복합체 형성 과정

amino acid adeylate enzyme complex는 각 아미노산에 특이적인 tRNA와 반응하게 된다(그림 11.25). 활성화된 아미노산은 aminoacyl−tRNA synthetase에 의하여 tRNA에 이동된다(그림 11.26).

다음 tRNA는 리보솜에 가서 리보솜의 RNA 주형에 붙는 일이다. 즉, aminoacyl−tRNA complex는 mRNA와 결합한다. 이 결합은 mRNA의 코돈과 tRNA의 안티코돈에 의하여 이루어진다. mRNA의 코돈과 tRNA의 안티코돈은 각 아미노산에 따라 독특하기 때문에 결과는 mRNA 주형에 아미노산들의 독특한 나열을 가져온다. 따라서 아미노산의 나열은 독특한 단백질의 아미노산 서열(primary structure)을 결정한다.

5. 단백질 생합성

단백질의 생합성은 리보솜이라는 핵단백질에서 mRNA, aminoacyl−tRNA 및 단백질 인자가 참여하는 일련의 기구에 의해 일어난다.

원핵생물인 대장균에서 단백질 생합성 과정은 먼저 활성화된 아미노산은 합성 개시(initiation), 사슬 신장(chain elongation), 사슬 종결(termination) 과정을 거쳐 단백질이 합성된다.

아미노산은 ATP에서 에너지를 공급받아 tRNA와 결합하는데 그 위치는 CCA로 끝나는 3′ 말단에 있다. 그리고 이 첫 번째 tRNA는 mRNA의 일정한 개시암호(AUG)에 결합한다. 그래서 폴리펩티드의 맨 첫 번째 아미노산은 메치오닌(Met)으로 시작된다. 이때는 30S 리보솜 단위, mRNA 및 tRNA가 결합하는 과정이고 뒤이어서 50S 리보솜 단위가 결합한다. 다음에는 알라닌(Ala)을 운반하는 tRNA 유전암호 GCC에 결합하여 Met−Ala가 된다. 이와 같은 방법으로 수많은 아미노산이 결합하여 긴 폴리펩티드가 된다. 이 과정을 폴리펩티드 신장이라 한다.

신장은 먼저 tRNA는 운반한 아미노산을 뒤에 온 tRNA가 운반한 아미노산과 결합하면 mRNA에서 떨어져 나와 유리상태가 되며, 다시 아미노산 운반에 참여한다. 리보솜은 mRNA의 5′→ 3′ 방향으로 이동하면서 폴리펩티드 사슬을 신장시킨다. 드디어 mRNA의 암호 UAA, UGA 또는 UGA가 A site에 왔을 때 이 코돈에 대응하는 안티코돈을 가진 tRNA가 없어서 폴리펩티드 사슬은 종결짓게 되며, 따라서 이 부위에는 유리인자만 달라붙게 된다. 이후 리보솜 진핵세포는 60S와 40S로, 원핵세포는 50S와 30S로 각각 분해된다. 여러 개의 리보솜이 동시에 한 개의 mRNA를 해독할 수 있는데 이것을 polysome이라 한다. 한 개의 리보솜은 대략 2분 동안에 200개의 암호를 해독할 수 있다. 또한 동물세포에서 많은 단백질들은 합성된 다음 가공(processing)된다. 가공은 aminopeptidase에 의한 N−말단 잔기의 제거, 이황화결합(disulfide bond)의 형성, 당의 결합, 자가분해 등이 포함되며 최종적으로 목적하는 단백질이 된다. 즉, insulin과 collagen의 경우 각각 proinsulin과 procollagen이 가공되어 만들어진 것이다. 상기 설명된 단백질의 생합성되는 과정을 요약한 것이 그림 11.27과 표 11.2이다.

6. 단백질 합성의 조절

1) 단백질 합성의 조절

단백질 합성의 항상성을 유지하기 위한 대사 조절기구는 결국 효소반응의 조절이다. 세포 내에서의 자가조절(self−regulation)은 두 종류의 유전자에 의해 이루어진다. 즉, 활성

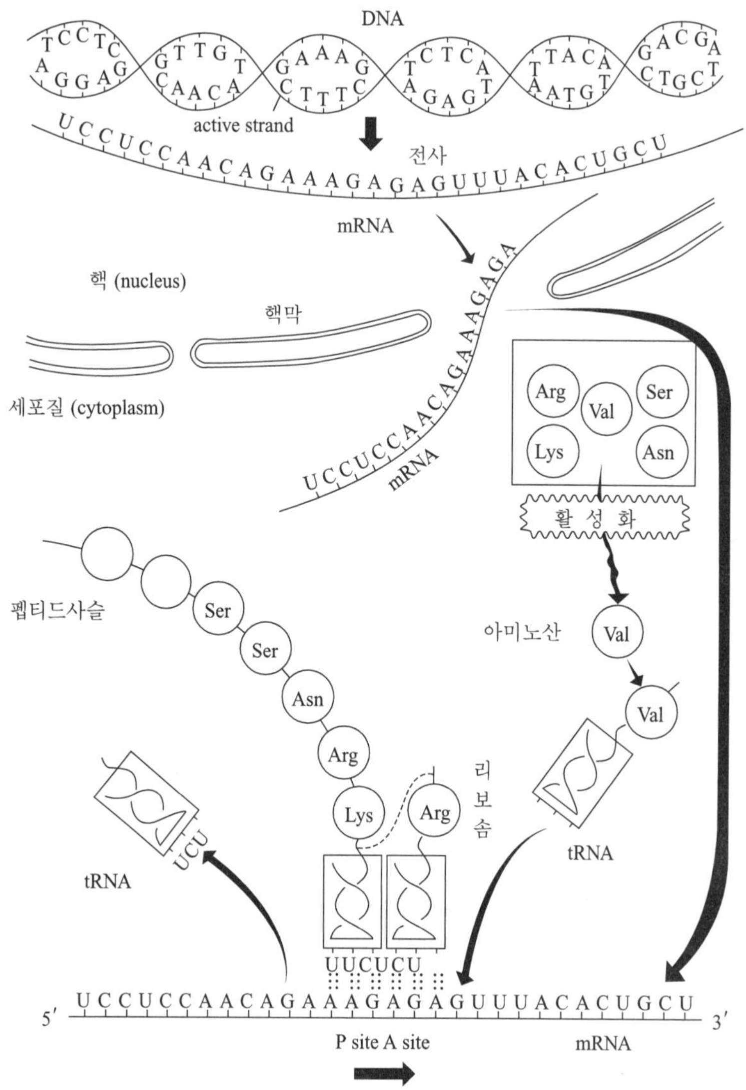

그림 11.27 단백질 합성 과정

은 유도유전자(inducer)에 의해, 억제는 억제 유전자(repressor)에 의해 이루어진다. 세포 내에서 단백질 합성과 정지의 조절에 대한 기구를 설명하기 위해 Jacob과 Monod(1961)는 오페론설을 제안하였다(그림 11.28). 대장균은 배지 속에 락토오스가 있으면 이를 분해하여 이용하는 효소를 합성하고, 락토오스가 없는 환경에서는 효소 합성이 정지된다. 이 락

표 11.2 단백질 합성 과정

순 서	성 분	과 정
1. 아미노산의 활성화	20여 종의 아미노산, 20종의 아미노아실–tRNA 합성효소, 20종 이상의 tRNA, ATP 및 Mg^{2+}	아미노산은 아미노아실–tRNA합성 효소에 의해 tRNA로 아실화된다. Amino acid +ATP+tRNA $\overset{Mg^{2+}}{\longleftrightarrow}$ aminoacyl tRNA+AMP +PPi
2. Polypeptide 의 합성개시	mRNA 및 그의 개시 코돈 (AUG), methionyl $tRNA_F$, transformylase, 리보솜 30S 및 50S 소단위, GTP, Mg^{2+} 개시 인자(IF–1, IF–2, IF–3)	개시인자 IF–3가 리보솜을 30S와 50S로 분리. Met $tRNA_F$가 transformylase에 의해 Met 부분을 Formyl화. IF–2와 GTP에 의해서 fMet–$tRNA_F$를 활성화하여 fMet–tRNAF–IF–2 GTP로 만든다. 이것과 mRNA, 30S 리보솜의 복합체가 형성된 뒤 50S 리보솜 회합, 개시복합체를 형성한다.
3. Polypeptide 사슬의 신장	개시복합체, 각 코돈에 특이적인 아미노아실–tRNA, GTP, Mg^{2+}, 신장인자 (EF–Tu,–Ts,–G). transpeptidase	아미노아실–tRNA가 신장인자 EF–Tu 및 Ts, GTP에 의해서 활성화된 뒤, transpeptidase에 의해서 아미노산 사이의 Peptide 결합이 형성. EF–G와 GTP의 관여로 A 부위로부터 P 부위로 전위
4. 단백질생합성 종결	mRNA의 종결 코돈, GTP, Polypeptide 유리인자(EF), signal peptide에 대한 특이적인 peptidase	종말 코돈에 도달하면, 유리인자와 GTP의 관여로 Formyl–Met–peptide, tRNA, 리보솜, mRNA로 각각 해리된다. fMet를 함유한 signal peptide가 제거되어 N말단이 출현
5. Polypeptide 사슬의 접힘	특이적인 효소 및 당 등의 보조인자	인산화, carboxy화, 메틸화, 당사슬의 부가, –S–S–가교의 형성 등을 통해 입체구조 형성

토오스의 대사에 관여하는 효소는 β–galactosidase, β–galactoside permease와 β–galactosidase transacetylase가 있다. β–galactosidase에 의하여 락토오스는 glucose와 락토오스로 분해되어 이용된다. 이와 같은 효소합성의 조절기작은 다음과 같이 설명할 수 있다.

락토오스가 없을 때는 조절유전자에서 만들어지는 억제물질이 작동유전자라 불리는 유전자와 결합한다. 그러면 작동유전자의 인접부위에 위치한 3종류의 구조유전자로부터 전사가 억제된다. 그러나 배지 속에 락토오스가 들어있으면 조절유전자에 의해 생산된 억제물질이 락토오스와 결합하여 활성을 잃게 되고, 작동유전자의 기능 억제를 못하게 된다. 그렇게 되면 구조유전자는 위에서 말했던 3종류의 효소를 합성하게 되고 대장균은 그 효

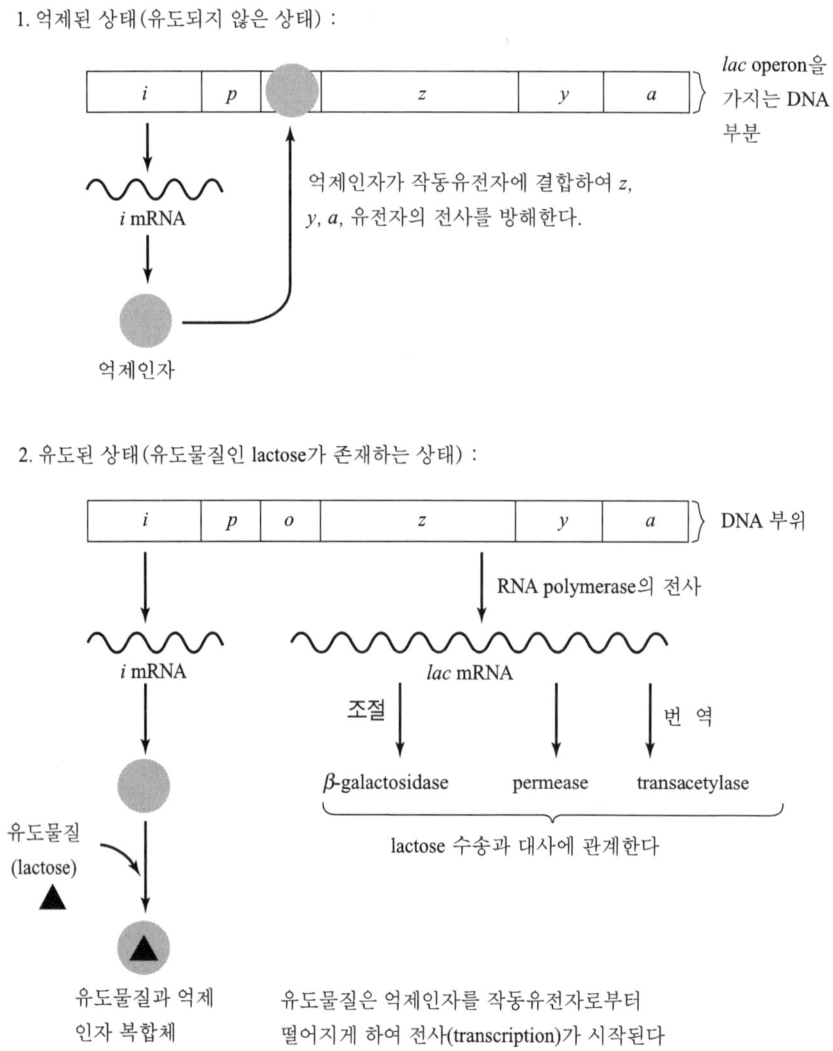

그림 11.28 Lac operon의 조절

소로 배지 속의 락토오스를 분해하여 이용하는 매우 합리적이고 효율적인 기능을 수행하게 된다. 이처럼 조밀하게 연달아 위치하는 작동유전자와 구조유전자 군을 오페론(operon)이라고 한다. 효소나 단백질 합성이 조절유전자로부터 합성된 억제물질과 작동유전자 사이의 상호작용에 의해서 오페론 단위로 조절된다는 것이 오페론설이다.

2) 단백질 생합성 저해

일부 항생물질은 원핵세포의 단백질 합성을 저해하므로 세균 등의 생육을 저지한다. 그러나 이것들은 사람 등의 진핵세포 단백질 합성계에는 영향을 주지 않아 항생제로 이용된다. 즉, 원핵세포에서는 단백질 합성을 저해하지만 진핵세포에서는 독성이 없는 이른바 선택적 독성(selective toxicity)을 가는 것이다. 이와 같은 특성을 지닌 항생물질은 표 11.3과 표 11.4에 나타내었으며, 이 중 puromycin은 아미노아실-tRNA와 치환하여 펩티딜-푸로마이신을 형성하여 펩티드의 신장을 저해한다. Tetracycline은 리보솜의 A 부위를 차단시켜, 아미노아실-tRNA와 결합하지 못하도록 한다. Chloramphenicol은 원핵세포의 리보솜 단백질 합성을 저해하지만, 진핵세포의 미토콘드리아 외부의 단백질 합성에는 영향을 미치지 않는다. Cycloheximide는 80S 진핵세포 리보솜에 의한 단백질 합성을 저해하

표 11.3 단백질 합성 저해 항생물질

구 분	Eukaryotes(cytoplasm)	Eukaryotes(mitochondria)	Prokaryotes
Initiation			
Aurintricarboxylic acid	−	−	+
Elongation			
Amicetin	?	?	+
Anisomycin	−	?	+
Chloramphenicol	−	+	+
Cycloheximide	+	−	−
Fusidic acid	?	?	+
Lincocin	−	?	+
Puromycin	+	+	+
Sparsomycin	+	+	+
Tetracyclines	−	+	+
Termination			
Anisomycin	?	?	*
Amicetin	?	?	+
Erythromycin	+	+	+
Lincomycin	?	?	*
Sparsomycin	+	+	+
Streptomycin	+	±	+

*, + : inhibition − : stimulation ? : unknown * : not tested

표 11.4 단백질 생합성 번역과정별 저해 항생물질

항생물질	작 용
Streptomycin Neomycin Kanamycin	리보솜의 30S 소단위체의 S12 단백질에 결합하여 P위치에 tRNA fMet가 결합하는 것을 저해하며, 합성과정에서 잘못(misreading)을 유발시킨다.
Tetracycline	활성화된 tRNA가 30S 소단위체에 결합하는 것을 저해하고 펩티드 전달반응, 종결단계를 저해한다.
Chloramphenicol*	70S 리보솜의 peptidyl transferase를 저해한다.
Erythromycin	방출된 50S 소단위체에 결합하여 70S 리보솜 형성을 저해한다.
Puromycin*	활성화된 tRNA와 구조가 유사하며 단백질 생합성을 조기에 종료시킨다.
Fusidic acid*	EF−G와 결합, EF−G와 GDP가 리보솜에서 분리되지 않게 하여 리보솜이 다른 아미노아실−tRNA와 결합하지 못하게 한다.
Kasugamycin	tRNA fMet의 결합을 저해한다.
Lincomycin	Peptidyl transferase를 저해한다.

*진핵세포에서도 작용한다.

지만, 원핵세포나 미토콘드리아의 70S 리보솜의 단백질 합성은 저해하지 않는다. 또한 streptomycin은 유전암호를 잘못 해독시키고, 마이신은 올리고당의 곁사슬이 당단백질에 부착하는 반응을 저해한다. 디프테리아독소는 신장인자를 불활성화시킨다. Ricin은 아주까리 독단백질로 진핵세포 리보솜의 60S 단위를 불활성화시킨다.

요 약

DNA 분자는 반보존적 복제과정을 통하여 합성된다. 먼저 DNA 이중나선구조는 풀려져서 복제 분기점을 형성한다. 두 개의 분리된 가닥은 각각 새로운 가닥을 합성하는 데 주형으로 작용하며, 이 두 가닥을 선도가닥(leading strand)과 지연가닥(lagging strand)이라 한다. 선도가닥은 DNA polymerase에 의해 5′→3′방향으로 연속적으로 복제된다. 지연가닥은 다음의 반응 순서에 따라 불연속적으로 복제된다. 1) DNA의존 RNA polymerase는 지연가닥에 부착되는 짧은 RNA primer를 합성한다. 2) DNA 단편들이 RNA primer 가닥에 연결되어 5′→ 3′방향으로 복제된다. 3) RNA primer 가닥이 제거된다. 4) 합성된 DNA 단편(Okazaki 단편)들이 DNA ligase에 의해 서로 연결된다. DNA의 손상된 부위는 그 부위를 잘라내고 새로운 DNA 단편을 합성하여 손상되지 않은 DNA에 DNA ligase로 연결시켜 DNA를 원래의 형태로 복원한다.

RNA는 RNA polymerase에 의해 합성되며, 이 효소는 주형으로서 DNA 나선의 한 가닥과 ribonucleotide triphosphate(ATP, GTP, UTP, CTP)를 필요로 한다. RNA 합성은 3단계로 나눠진다. 1) 개시단계 : RNA polymerase가 DNA promoter 부위에 결합하여 mRNA의 5′말단을 만든다. 2) 연장단계: RNA 사슬이 5′→3′ 방향으로 ribonucleotide의 연속적인 첨가로 연장된다. 3) 종결단계 : RNA polymerase가 특정한 종결 염기배열을 인식하여 RNA 합성 사슬을 멈춘다. 다음 RNA 분자는 DNA 사슬로부터 분리되고 전사 후 변형된다.

DNA 분자에 저장된 유전정보는 3염기배열(triplet)을 가지며, 순서대로 읽혀지는데 축중(degenerate)은 되지만 겹쳐 읽혀지거나(nonoverlapping) 건너뛰어 읽는 일(commaless)이 없다. 유전정보는 DNA 분자로부터 mRNA에 의해 단백질 합성장소로 운반된다. mRNA 분자는 실제로 유전암호의 배열이다. 61개의 암호단위(codon)는 20개의 아미노산을 암호화한다. 그리고 3개의 정지 코돈이 존재한다고 알려져 있으며, mRNA는 한 번에 1개의 암호단위씩 연속적으로 읽혀진다. Transfer RNA(tRNA) 분자는 아미노산을 polypeptide 사슬 합성장소에 전달한다. tRNA는 약 20가지의 다른 형태로 존재하며, 이들은 20가지 아미노산에 대해 각각 특이적이다.

번역(translation)은 mRNA 내의 암호단위를 해석하여 polypeptide 사슬이 완전한 기능을 가지는 단백질 분자로 합성되는 과정이다. 단백질 합성과정에는 mRNA 분자, ribosome, 특정 aminoacyl－tRNA, 단백질 합성 개시, 연장, 종결에 관여하는 효소와 단백질 인자 등이 관여한다. 단백질 합성의 중요단계는 다음과 같다. 1) 활성화된 aminoacyl－tRNA 분자의 형성 2) polypeptide 사슬의 합성 개시 3) polypeptide 사슬합성과 연장 4) 단백질 합성의 종결 5) 단백질의 번역 후 변형.

Lac operon은 조절유전자, 작동유전자, 구조유전자로 구성되어 있다. 조절유전자는 작동유전자에 결합하여 구조유전자의 발현을 방해하는 억제단백질을 암호화한다. 단백질 합성이 유도된 상태에서는 유도물질(lactase)이 억제단백질에 결합하여 억제단백질이 작동유전자에 결합하는 것을 막는다. 이로 인해 구조유전자가 전사되고 lactose 수송 및 대사에 관여하는 효소가 만들어진다.

12 유전공학

CHAPTER

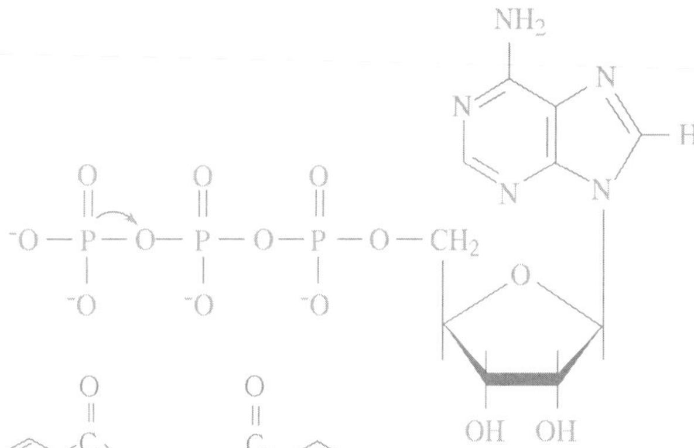

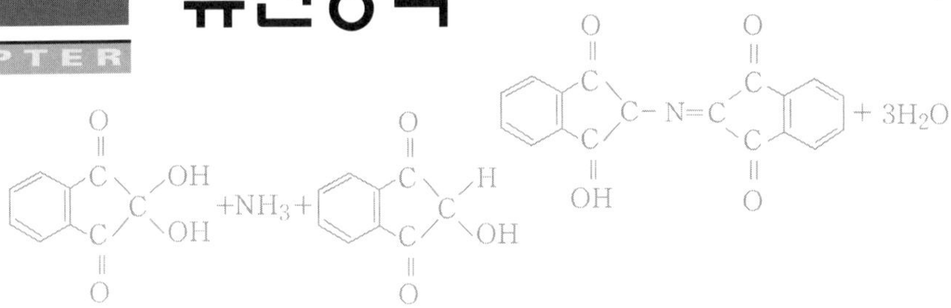

학/습/목/표

유전공학이란 무엇이며, 유전자 조작에 필요한 제한효소의 종류 및 특성에 대하여 이해하고 유전공학의 산업적 이용 전망에 대하여 이해한다.

1953년 Watson과 Crick에 의해 DNA가 이중나선(double helix) 구조임이 밝혀지고 DNA 복제 기작과 mRNA로 전사되는 과정 및 단백질 합성 단계 등을 이해하게 되면서, 많은 연구자들은 DNA 분자 자체를 조작하는 일, 즉 유전자 재조합 기술(recombinant DNA technique)을 통하여 DNA 분자를 인위적으로 조작하여 어떤 생물의 염색체 속에 집어넣어 목적하는 특정 유전자를 증식, 발현시키는 일이 가능해졌다. 이러한 유전자 조작이 가능하게 된 것은 DNA의 특정위치를 가수분해하는 효소들, 즉 제한효소(restriction endonuclease)의 발견과 DNA 염기배열 결정법이 확립되었기 때문이다. 이러한 위대한 발견과 이 기술을 토대로 유전자 조작은 생물 기초 연구와 응용면에서 커다란 혁신을 가져오고 있다.

따라서 생물체를 이용하여 유용한 물질을 생산하는 공정인 생물공업은 생물체 자체의 특성을 개선하여 공정의 효율성이나 생산을 높일 수 있다는 장점이 있다. 때문에 생물체의 특성을 개선하거나 또는 균주를 개량하는 일은 지속적으로 이루어져 왔고, 앞으로도 지속적으로 발전 가능하며 그 속도는 가속화될 것이다.

오늘날에는 많은 유전자를 조작하여 유용한 물질을 생산하고 있고 또한 유전자 조작을 통하여 생물체를 개량할 수 있게 되면서 항암제인 인터페론(interferon)이나 당뇨병 치료에 쓰이는 인슐린(insulin)을 비롯하여 여러 난치병을 치료할 수 있는 백신을 박테리아 유전자에 삽입 발현시켜 생산하고 있으며, 동물의 유전자 조작을 통해 코끼리만큼 큰 신종

육용 돼지의 출현을 기대하고 있다. 또한 유전자공학의 수단으로 종래 대량 생산할 수 없었던 물질을 미생물의 배양으로 값싸게 대량 제조할 수 있도록 하게 되었다. 이외에도 유전자 조작은 의약품뿐만 아니라 식품공업, 화학공업, 농업에너지, 화장품 산업 등 광범위한 산업분야까지 응용하게 되었다.

1. 유전자의 구조

단백질 합성의 조절기구가 원핵생물과 진핵생물(그림 12.1)에 있어서 다른 것은 유전자 구조상의 차이가 있기 때문이다. 즉, 원핵생물과 진핵생물의 유전자는 제놈(genome) 크기, 비유전자 DNA 및 염기조성비에 차이가 난다.

제놈 크기란 기능적으로 완전한 생활을 하기 위한 최소한의 필요 유전자군을 함유하고 있는 염색체의 1조를 말한다. 따라서 하나의 세포가 갖고 있는 DNA의 양을 생각하면 된다. 또한 제놈 크기는 염기쌍(base pair)의 수를 단위로서 나타낸다. 염기쌍은 핵산의 염기 중 정해진 쌍이 서로 수소결합을 통해서 결합되어 있는 것을 말한다. 이와 같은 유전자의 구조는 앞에서 수차례 설명하였다. 이 부분을 참조하기 바란다.

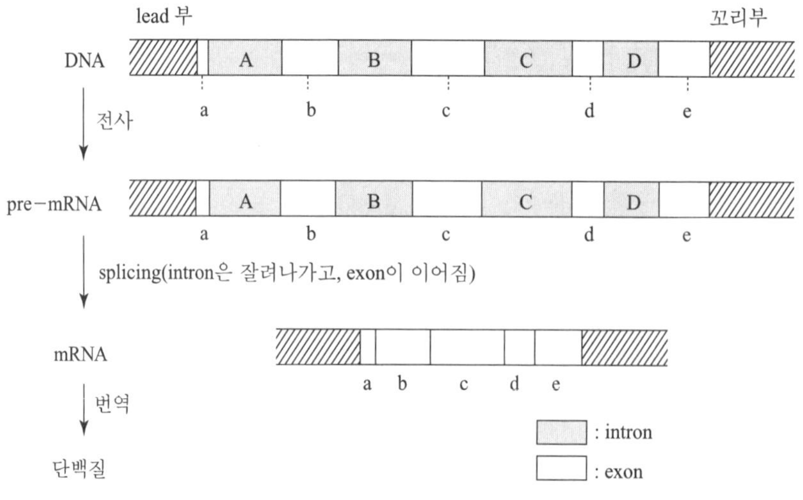

그림 12.1 진핵생물의 유전자 구조

2. 유전자 조작 효소의 종류 및 특성

DNA의 특정위치를 절단하여 재결합하는 것은 화학적으로는 불가능하며, 효소의 반응에 의해서만 가능하다.

1) 제한효소(restriction endonuclease)

미생물세포에는 박테리오파아지(bacteriophage)와 같은 외래의 DNA가 침입하면 이것을 인식하고 분해, 수식하여 자신을 방어하는 기구가 존재한다. 이 방어 작용에서 주된 역할을 하는 것이 제한효소이다. 제한효소는 Ⅰ, Ⅱ, Ⅲ형의 3종류가 알려져 있으나 Ⅱ형이 보편적으로 사용되며, 염기배열에 대한 특이성이 높고, 특정의 6개 염기 중 3개 배열을 인식하여 절단한다. 예를 들어 Hind Ⅲ 제한 효소는 1970년 처음으로 H. O. Smith 등에 의해 *Haemophilus influenzae* Rd라는 세균에서 처음으로 분리되었으며, 표 12.1에서 보는 바와 같이 두 가닥 중 6개 염기쌍을 인식하여 중앙 화살표 부분을 절단한다. 그 후 많은 제한효소들이 여러 미생물들로부터 분리되어 현재 약 70여 종이 알려져 있다.

제한 효소의 명명법은 세균 속(Genus) 중 첫 1문자, 종명(Species)의 첫 2문자를 이탤릭체로 쓴 다음 균주명을 붙인다. 로마숫자 Ⅰ, Ⅱ, Ⅲ은 동일 균주로부터 2종 이상의 효소가 분리된 경우 부기한다. 표 12.1은 10가지의 제한효소 특징을 나타낸 것이며, 화살표 위치가 절단하는 위치이다. 이들 제한효소들은 회문구조(palindrome)를 인식하여 절단하는데 회문이란 오른쪽에서 왼쪽으로 읽을 때나 왼쪽에서 오른쪽으로 읽을 때나 똑같은 문자나 단어 혹은 암호가 나타나는 것이다. 6개 염기쌍 중 중앙의 4개를 인식하여 5′말단에 인산기를, 3′말단에 OH가 남도록 끊는 효소들이다.

또한 EcoRI으로부터 BamHI까지 5종은 절단 부위가 상보적인 점착말단(cohesive end)이며, HaeⅢ 이하 5종은 절단위치가 편평한 평활말단(flush 혹은 blunt end)이다. 6개 염기 배열을 인식하는 효소의 경우 그 배열이 출현할 확률은 $4^6 = 4096$ 염기 당 1개이다. 따라서 제한효소는 DNA를 수천 염기쌍으로 절단하는 셈이 된다.

2) 연결효소(ligase)

제한효소는 유전자 조작에 있어서 가위 역할을 하고 있으나 연결효소는 풀 역할을 하는 효소이다. DNA, 즉 유전자를 점착하는 것은 ligase로 T_4 ligase가 많이 사용된다. 이 효소는 T_4 phage로 감염된 대장균에서 분리되었으며, 분자량은 68,000이다. 이 효소는 점착말단 또는 평활말단의 5′－ 인산과 3′－OH기를 ester 결합으로 연결하며, ATP와 Mg^{2+} 이

표 12.1 대표적인 제한효소와 DNA 절단 위치

효소명	DNA 절단 위치
Eco R1	5′−GAATTC−3′ 3′−CTTAAG−5′ → 5′−G AATTC−3′ 3′−CTTAA G−5′
Hae II	5′−PuGCGCPy−3′ 3′−PyCGCGPu−5′ → 5′−PuGCGC Py−3′ 3′−Py CGCGPu−5′
Pst 1	5′−CTGCAG−3′ 3′−GACGTC−5′ → 5′−CTGCA G−3′ 3′−G ACGTC−5′
Hind III	5′−AAGCTT−3′ 3′−TTCGAA−5′ → 5′−A AGCTT−3′ 3′−TTCGA G−5′
Bam H1	5′−GGATCC−3′ 3′−CCTAGG−5′ → 5′−G GATCC−3′ 3′−CCTAG G−5′
Hae III	5′−GGCC−3′ 3′−CCGG−5′ → 5′−GG CC−3′ 3′−TC GA−5′
Alu 1	5′−AGCT−3′ 3′−TCGA−5′ → 5′−AG CT−3′ 3′−TC GA−5′
Sma 1	5′−CCCGGG−3′ 3′−GGGCCC−5′ → 5′−CCC GGG−3′ 3′−GGG CCC−5′
Bal 1	5′−TGGCCA−3′ 3′−ACCGGT−5′ → 5′−TGG CCA−3′ 3′−ACC GGT−5′
Hpa 1	5′−GTTAAC−3′ 3′−CAATTG−5′ → 5′−GTT AAC−3′ 3′−CAA TTG−5′

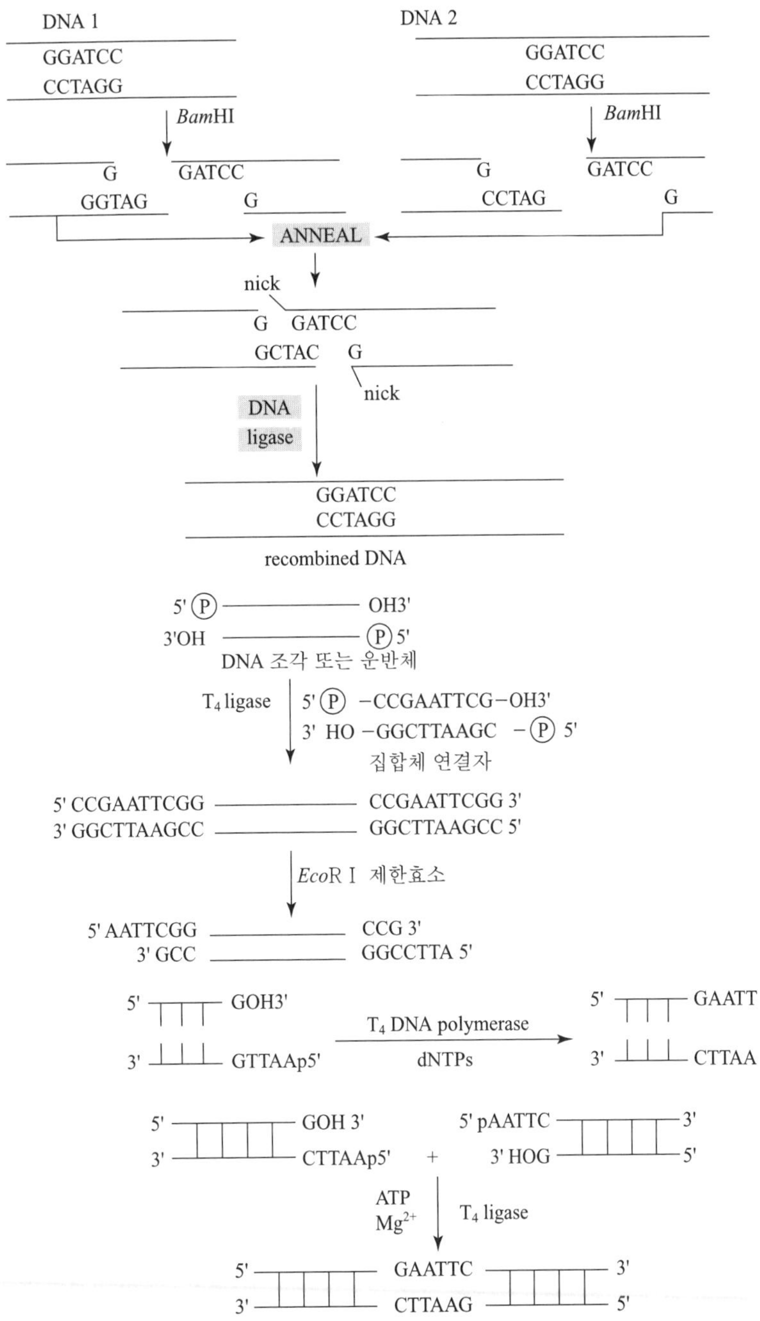

그림 12.2 T_4 ligase에 의한 DNA 단편의 연결

온을 필요로 한다(그림 12.2).

3) S1 nuclease

*Aspergillus oryzae*로부터 분리된 nuclease로 1가닥 DNA에 특이적으로 작용하여 mono−nucleotide와 소량의 dinucleotide를 생성하는 효소이다. 이 효소는 두 가닥의 DNA는 절단할 수 없다.

4) Alkaline phosphatase

대장균으로부터 분리한 것으로 3′ 또는 5′ 말단이 인산 monoester를 하고 있는 경우 인산기를 제거하는 효소이다.

5) T_4 polynucleotide kinase

ATP의 γ−phosphate를 DNA 혹은 RNA의 5′말단 OH에 인산 ester 결합을 일으키는 효소이다. 5′말단을 ^{32}P로 표지하는 경우 많이 이용된다.

6) T_4 polymerase

그림 12.3과 같이 새로운 DNA의 상보가닥(complementary strand)을 합성하는 효소이다.

7) 역전사 효소(reverse transcriptase)

Mouse sarcoma virus 등과 같은 암 유발 바이러스로부터 분리한 효소로서 통상 DNA polymerase와는 달리 RNA를 주형으로 사용하여 DNA를 합성한다. 즉, RNA−의존성 DNA 중합효소이다.

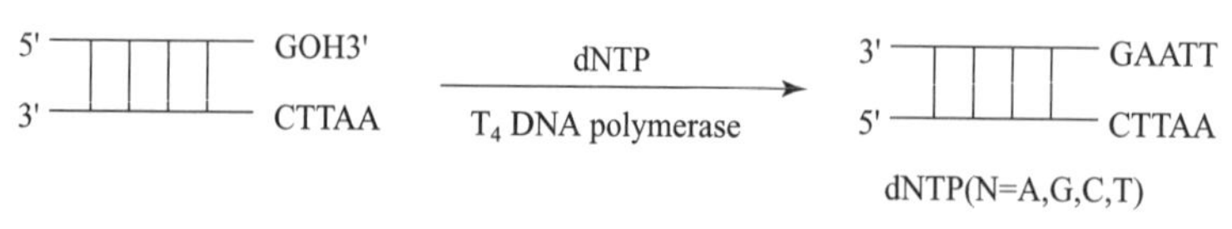

그림 12.3 T_4 DNA polymerase의 작용

3. 유전자 조작 및 재조합

유전자 조작의 전형적인 과정은 그림 12.4에 나타낸 바와 같다. 그림에서는 원핵생물인 *E. coli* DNA에 진핵세포의 DNA를 클로닝(cloning)하는 방법이다.

DNA의 재조합 과정은 그림 12.5에서 보듯이 어느 동물의 mRNA를 만들어 이것을 플라스미드 DNA 내에 도입하고, 그 플라스미드를 세균에 넣고 증식시켜 다량의 DNA를 얻어 합성단백질을 얻는 기술이다. mRNA는 역전사효소에 의해 cDNA가 만들어지면 알칼리처리에 의해 파괴된다. DNA 합성효소에 의해 만들어진 dsDNA 1개의 사슬부분만을 절단하는 것이 S1 뉴클레아제이다. 그 뒤 말단전이효소(terminal transferase)를 작용해서 5′ 말단에 poly C를 붙인다. 한편 세균 플라스미드 DNA의 특정부위를 제한효소(Pst I 등)를 사

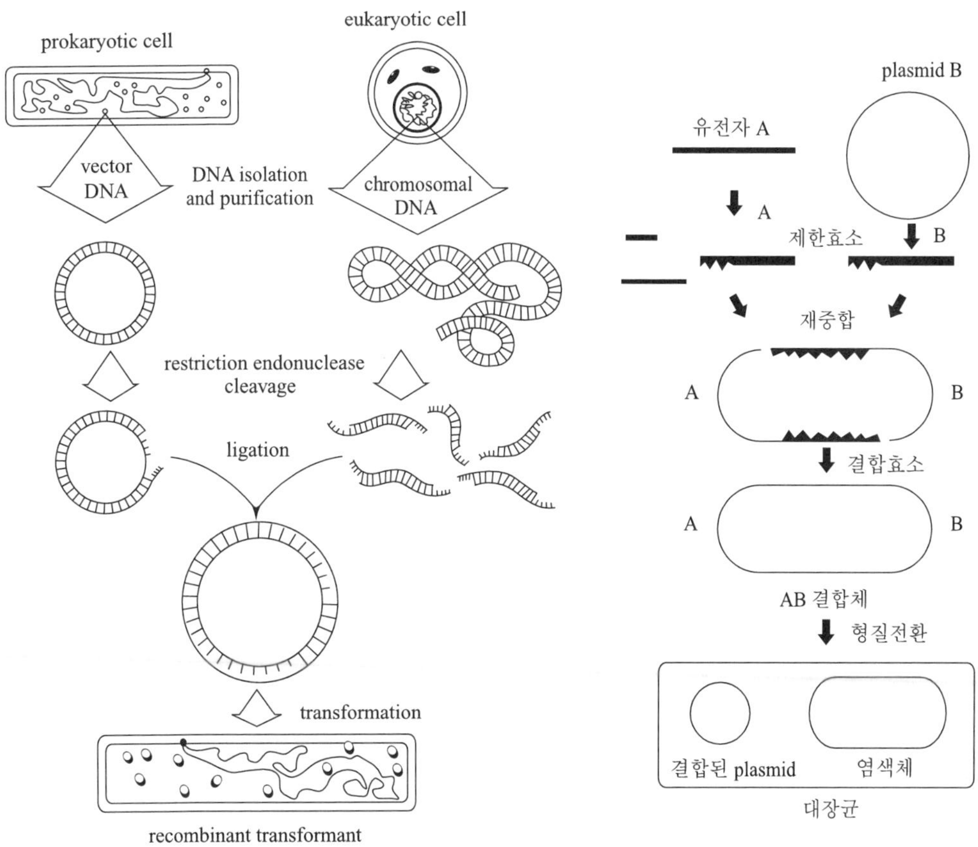

그림 12.4 유전자 cloning 방법

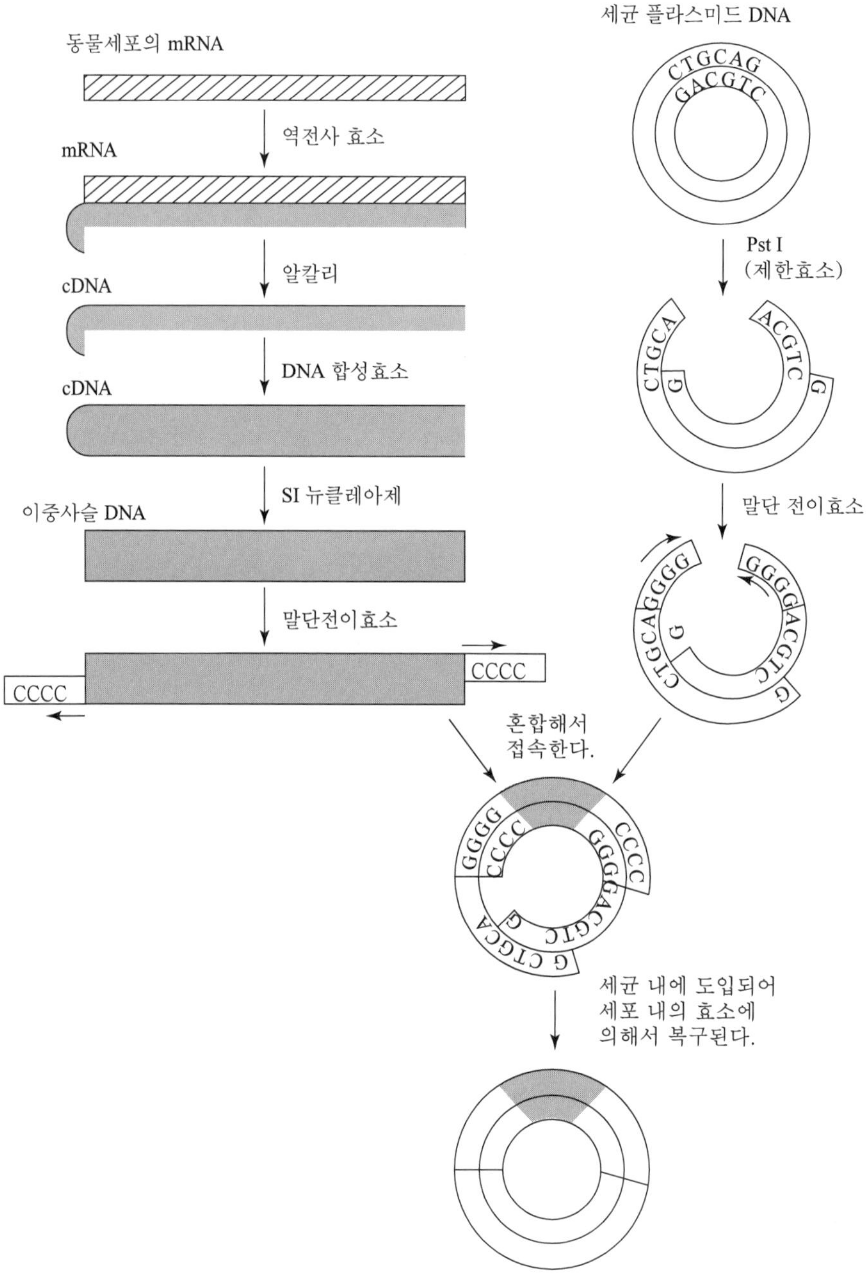

그림 12.5 DNA의 조합 변환

용해서 절단하고, 같은 방식으로 말단전이효소를 작용해서 poly G 부분을 만들고, 다음 삽입하고 싶은 DNA와 혼합하여 환상의 DNA를 만들게 한다. 그 플라스미드를 세균에 넣어 복구 및 증식시킨다.

1) 특정 유전자의 획득

특정한 단백질의 구조유전자를 얻기 위해서는 특정한 목적의 단백질을 구성하고 있는 아미노산의 서열구조를 결정하고 그것에서 유전자 암호에 기인한 염기서열을 결정하여 DNA의 짧은 단편을 화학합성한다. 이렇게 합성된 DNA 단편을 사용하여 상보적으로 목적하는 유전자를 그 mRNA에서 구한다. 즉, mRNA를 정제하고 역전사 효소를 사용해서 mRNA에 상보적인 cDNA를 만들고, 그 cDNA에서 DNA 합성효소에 의한 이중가닥 DNA를 만드는 방법이다. 이 DNA는 자연에 존재하는 인트론을 포함한 DNA와는 다르지만 단백질 합성을 일으키는 데는 좋은 DNA가 된다.

2) 유전자의 도입조건

특정한 유전자를 어느 세포 중의 유전자에 도입함에 있어서 중요한 것은 먼저 도입된 유전자가 복제되어야 하기 때문에 조절유전자가 필요하다. 다음은 이 유전자가 발현하기 위해서 전사개시 및 정지신호가 들어가야 한다. 전자의 조건은 유전자를 세포 내에 도입하기 위해서 운반체(vector)로서 바이러스와 플라스미드 DNA(plasmid DNA)를 사용함으로 해결된다. 후자에 대해서는 유전자 자신에 프로모터 부분을 포함하는 것 또는 벡터 안의 구조유전자 중에 도입하여 해결한다. 이 경우 벡터의 단백질과 도입유전자에 의한 단백질이 혼합된 1개의 단백질로 합성된다.

3) 유전자 도입방법

유전자 조작은 특정부위의 염기배열이나 순서를 인위적으로 바꿔서 유전자의 구조나 기능에 변화를 주는 작업으로 이러한 목적을 달성하기 위해서는 이 유전자를 특정 세포 안으로 도입하는 것이 중요하다. 그 방법은 다음과 같다.

(1) 형질전환(transformation)

원핵세포에서 관찰되는 유전형질의 변화이다. DNA와 세포를 혼합해두면 DNA가 세포 내로 들어가 세포질 내에 독립적으로 존재하거나 또는 염색체 DNA와 합쳐져서 유전형질이 변하게 된다. *B. subtilis*와 같은 균에서는 인위적인 조작 없이도 외래 DNA가 세포 내로 도입될 수 있으나, 경우에 따라서는 세포벽을 제거한 원형질체를 사용하기도 한다.

또한 형질전환 실험에서 외래 DNA를 효율적으로 세포 내에 집어넣는 방법으로는 plasmid vector에 원하는 유전자를 실어서 삽입하는 방법이 주로 사용된다.

(2) 형질감염(transfection)

진핵세포에 외래 DNA를 주입하여 새로운 유전형질이 나타나는 것으로, 그 결과 생긴 세포를 transgenic cell이라고 한다. 정제된 DNA를 직접 수용체 세포와 섞거나 또는 원하는 유전자 DNA를 적당한 플라스미드에 실어 수용체 세포의 핵 내에 직접 주사해 넣어, 외래 DNA가 수용체 세포의 염색체와 합쳐지도록 하는 방법이다.

(3) 형질도입(transduction)

박테리오파아지(bacteriophage)의 특성을 이용한 것으로 파아지 내에 원하는 외래 DNA를 집어넣고 숙주세포에 감염시키면, 파아지 DNA는 숙주세포 내로 들어가 수용체세포 염색체 DNA와 합쳐지게 된다. 여기에서 DNA 공여체는 박테리오파아지이다. 그러나 cosmid의 경우는 염색체 DNA로부터 독립해서 존재한다.

(4) 접합(conjugation)

세포가 서로 성 섬모(sex pili)를 통하여 직접 접촉함으로써 세포와 세포 간에 통로가 만들어지고 그 통로를 통하여 공여체 세포로부터 수용체 세포로 DNA의 전달이 이루어진다. 이때 작은 물리적 충격에 의해서도 연결통로는 끊어지고, 각각의 독립된 세포로 분리된다. 이 방법으로 염색체 DNA 및 플라스미드 DNA의 전달이 가능하다.

(5) 세포융합(fusion)

세포와 세포가 합쳐져서 하나의 새로운 세포가 만들어지는 것으로 염색체 DNA가 합쳐지게 된다. 여기에서 새로이 생겨난 세포는 모세포와 다른 유전형질을 갖게 된다. 통상 세포융합(cell fusion) 또는 원형질체 융합(protoplast fusion)이라고 한다. 세포의 융합을 위해서는 세포벽을 제거하여 원형질체(protoplast)를 만들어야 한다.

(6) 미세주입(microinjection)

목적하는 유전자 DNA를 직접 극소형의 주사기를 이용하여 현미경 아래에서 생세포 내에 주입시키는 방법이다. 동식물 세포의 핵 내로 외래 DNA를 도입시킬 때 주로 사용된다.

4. 유전인자의 클로닝 기술

유전인자의 클로닝을 위해 여러 종류의 플라스미드를 사용하는데 여기에서는 플라스미드 pBR322에 대하여 설명한다. pBR322 플라스미드를 사용할 경우(그림 12.6) 그림 12.5와 같이 제한효소 Pst Ⅰ으로 절단함으로 DNA를 조합시킬 때 pBR 322의 Amp 내성유전자는 파괴되지만 Tet 내성유전자는 남아 있게 된다. 이를 tetracycline이 들어간 배지에서 배양하면 이 플라스미드가 들어간 균만이 생존하여 클론(세포집락)을 형성한다. 다음 특정 유전자의 발현 여부를 조사하기 위해서 동위원소로 표지된 DNA probe가 합성 probe에 상보적으로 결합하는 성질을 이용해서 클론을 선별하고 다시 배양시켜 유전자 분석 또는 특정 단백질을 합성케 한다.

또한 운반체(vector 또는 vehicle)로서 바이러스를 사용해 바이러스의 DNA 안에 특정 유전자를 조합하고 숙주세포에 감염시키는 방법도 넓게 사용되고 있다. 또한 특정 숙주세포 중에 DNA를 물리적으로 주입하는 방법, 또한 특정 물질을 생산하는 세포를 암세포와 융합시켜 증식성을 획득시켜서 세균과 같이 동물세포를 배양하는 방법도 활발히 쓰인다.

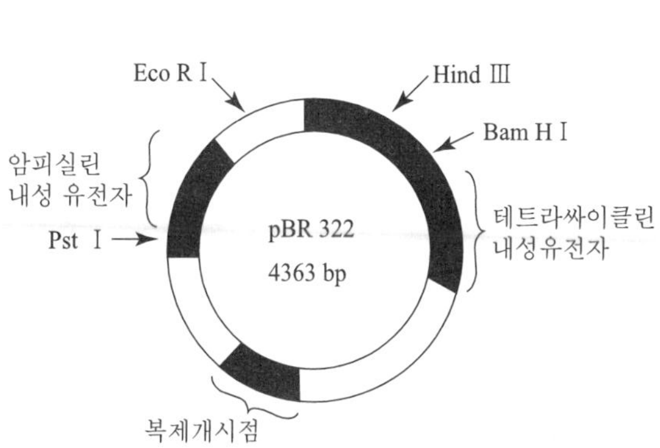

그림 12.6 플라스미드(pBR322)의 유전자 구조

5. DNA 염기 배열의 결정

1970년대 후반에 Maxam−Gilbert법과 Sanger의 dideoxy법이 개발되어 DNA 염기배열에 관한 지식과 기술은 크게 발전하였다.

1) Sanger-Coulson법

미지의 폴리뉴클레오티드의 염기배열 순서를 결정하기 위해서 먼저 시료를 4개로 나눠 각각의 디옥시뉴클레오티드(dATP, dTTP, dGTP, dCTP)를 공통으로 넣은 후(일부 방사성 동위원소로 표지) 디디옥시뉴클레오티드(dideoxynucleotide)를 1종류씩 넣어서 DNA 합성효소가 상보적인 DNA를 만들게 한다. 이때 일정한 확률로 3′ 위에 −OH기가 없어지는 디디옥시뉴크레로티드가 도입됨으로 반응이 정지하고 여러 가지 길이의 폴리뉴클레오티드가 합성된다. 이 4개의 시료를 나열해서 폴리아크릴아미드 겔(polyacrylamide gel, 0.5mm 이하)에서 전기영동하면 길이에 따라서 분리된다. 이 겔로 필름을 감광시킴으로 동위원소의 위치(autoradiography)를 그림 12.7과 같은 영동상의 그림으로 볼 수 있게 된다. 이것을 밑에서부터 순서대로 4종류의 염기 순서를 읽어나감으로 염기배열 순서를 알 수 있다.

2) Maxam-Gilbert법

Maxam−Gilbert법은 DNA를 제한효소로 처리한 다음 얻어진 단편을 단일 가닥으로 만든다. 이 단일 가닥에 alkaline phosphatase를 처리하여 ^{32}P로 표지한 다음 표지된 가닥에 대하여 4가지 화학적 처리에 의해 절단을 행한다.

(1) DNA는 dimethyl sulfate 반응하면 G가 methyl화되며, 피페리딘(piperidine)을 처리하면 methyl화된 G 위치가 절단된다.

(2) DNA를 formic acid−piperidine으로 처리하면 A, G를 유리시키며, 이것을 피페리딘 용액 중에 가열하면 유리된 A와 G 위치가 절단된다.

(3) 히드라진(hydrazine)으로 DNA를 처리할 때 1.5M NaCl이 존재하면 C만 히드라진과 반응하여 나중에 피페리딘으로 처리하면 C 위치가 절단된 DNA가 생긴다.

염기배열을 결정하려는 DNA의 말단을 ^{32}P로 표지하고 상기 조작을 수행하면 절단된 DNA 단편들이 얻어진다. 이 DNA 단편을 polyacrylamide gel 전기영동하면 단편의 길이

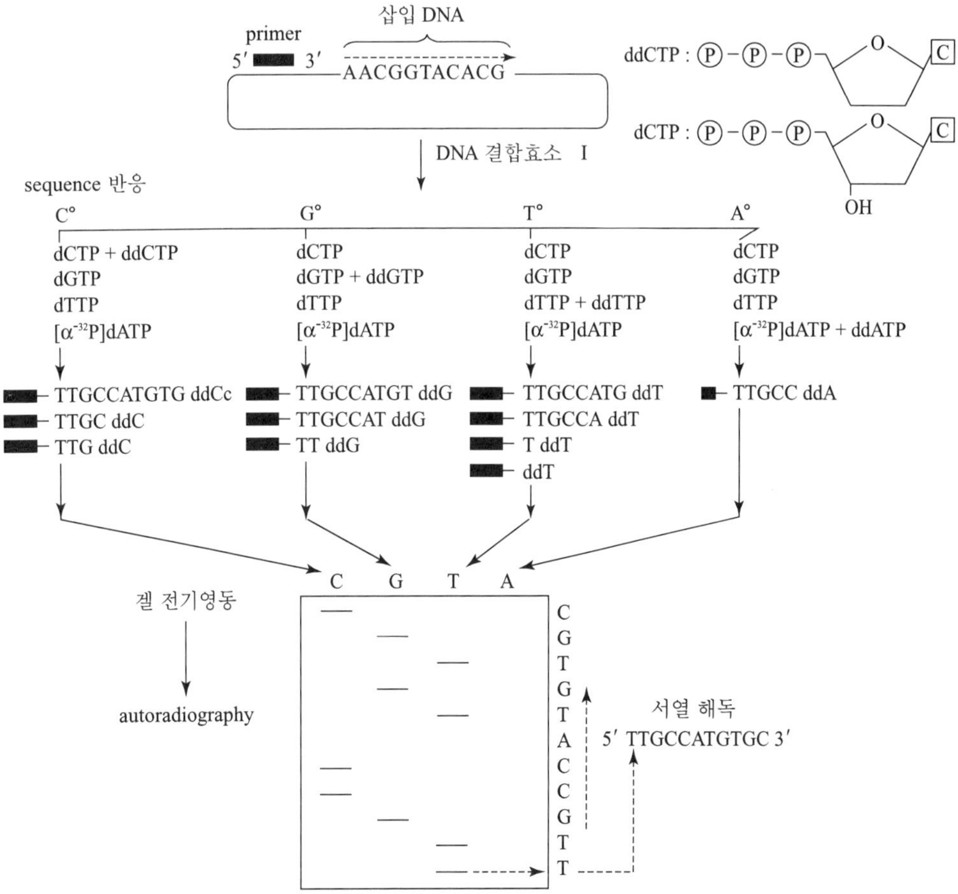

그림 12.7 염기서열 결정법

가 짧을수록 빠르게 양극으로 이동한다. ^{32}P에 의한 autoradiography를 실시하면 band를 형성하여 1개의 핵산길이 차이도 구별할 수 있다. 이의 두 가지 방법을 이용하면 1회 실험으로 약 200~300 염기쌍을 결정할 수 있다.

6. 유전공학(genetic engineering)

앞에서 기술한 바와 같이 유전자 클로닝에 의해 특정 DNA를 대장균을 비롯한 미생물에서 대량으로 얻을 수 있으며, 또한 순수하게 대량으로 얻은 DNA에 의해 그 유전자의 구조와 기능에 관한 연구를 수행할 수 있다. 이와 같은 유전인자 클로닝에 의해 여러 가지, 특히 인체의 생리활성물질 중에서 화학합성이 어려운 물질, 예를 들어 insulin, human growth hormone, interferon, urokinase, somatotatin 등의 단백질을 미생물에 의해 생산할 수 있으며, 이와 같은 일들은 획기적이고 흥미로운 일이 아닐 수 없다. 그러나 이들 목적을 달성하기 위해서는 복잡한 유전자 조작과정이 필요하며 간단하게 이야기하면, 먼저 적절한 유전자를 적당히 절단하여 벡터(운반체)와 재조합한 다음 미생물에 도입시킨다. 사람 유전자의 크기는 대장균보다 100배 이상 커서 목적하는 유전자를 찾는 것은 또한 대단히 어렵고, 진핵생물의 단백질은 여러 개의 유전자로 암호화되어 있어 상당한 어려움이 있다.

때문에 고등생물의 mRNA를 추출하여 역전사 효소(reverse transcriptase)를 처리하여 그 단백질을 암호화하는 DNA, 즉 cDNA(complementary DNA)를 만든다. 그림 12.8에 표시한 바와 같이 진핵생물의 mRNA가 가진 poly A를 이용하여 poly deoxythymidylic acid(poly dT)를 시발체(primer)로 하여 역전사 효소를 작용시키면 mRNA와 상보적인 DNA가 얻어진다. 계속해서 알칼리 처리하면 RNA는 가수분해되어 cDNA만 남는다. cDNA를 DNA−polymerase로 처리하여 2가닥 DNA로 만든 다음 S1−nuclease 처리하면

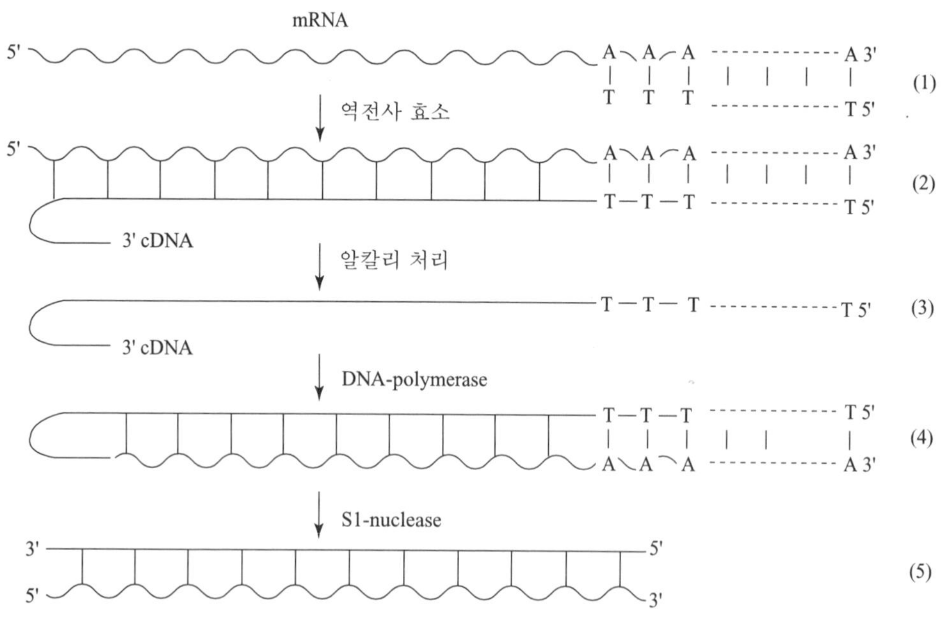

그림 12.8 mRNA로부터 대응하는 DNA 단편의 합성법

목적하는 DNA 단편을 얻을 수 있다. 마지막으로 operator, promoter 및 기타 code를 벡터에 재조합한 다음 미생물에 도입시키면 진핵생물의 단백질 합성이 가능해진다. 그림 12.9는 동물의 췌장에서 인슐린의 mRNA를 정제하여, 이곳으로부터 cDNA를 합성한 다음 세균에 클로닝하는 개요를 나타낸 것이다. 현재까지 알려진 유전병은 수없이 많으며 앞으로도 연구가 계속되면서 그 이상 밝혀질 것으로 예상되며, 그림 12.9는 인슐린의 전구체인 proinsulin을 플라스미드를 이용하여 합성하는 방법을 제시하였다.

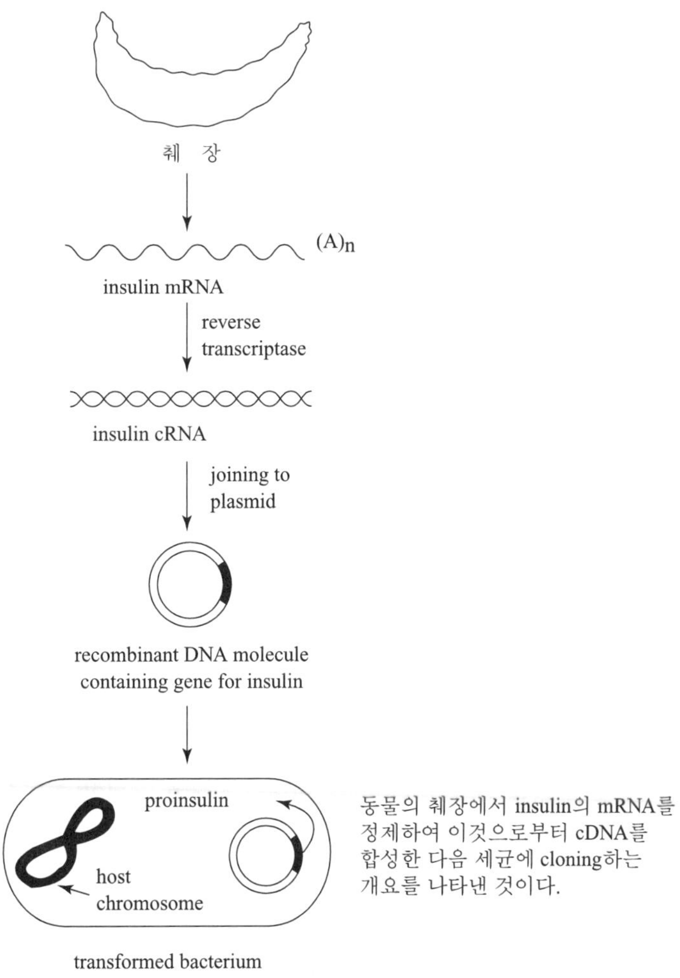

그림 12.9 Insulin의 전구체인 proinsulin을 plasmid를 이용하여 합성하는 방법

7. 유전자 조작의 산업적 이용 및 문제점

유전자의 화학적 본체인 DNA 분자를 세균이나 virus 중에 염색체와는 독립적으로 세포 내에서 증산하는 유전자군의 단위인 플라스미드 또는 벡터에 제한효소(restriction enzyme)와 결합효소(ligase)를 이용하여 인공적으로 결합시켜, 형질전환법으로 숙주세균 세포에 넣으면 삽입한 유전자를 가진 새로운 세균이 생긴다.

이와 같이 인공적으로 서로 다른 유전자를 결합시켜 사자의 머리에 염소의 몸체와 뱀의 꼬리를 가진 것과 같은 생물체를 만들어 내는 것을 유전자의 조작(gene manipulation) 또는 유전자공학(genetic engineering)이라 말하며, 최근에는 단백질공학(protein engineering), 생물공학(biotechnology)으로 발전하여 산업적으로 이용하기에 이르렀다. 몇 가지 예를 들면 다음과 같다.

① 천연에서 쉽게 얻을 수 없는 단백질을 다량 생산할 수 있다. 인슐린, 성장 호르몬(HGH; human growth hormone, bovine growth hormone), 인터페론 등이 있다.
② hepatitis B, influenza, toxic diarrhea 등에 대한 백신(vaccine) 개발이 이루어졌다.
③ 혈액응고인자 또는 그 외에 호르몬의 생산으로 tissue plasminogen activator는 현재 임상 실험중이다.
④ 유전병 환자의 원인규명과 치료제의 개발로 결핍효소 또는 유전자를 주입시키는 방법을 생각할 수 있다.
⑤ 석유자원의 고갈을 대비한 농산폐기물(주로 섬유질)로부터 단백질, 연료용 알코올, glycerol, ethylene oxide, ethylene glycol 등의 유기 화합물을 생성한다.
⑥ 쉽게 얻을 수 없는 효소의 대량생산을 들 수 있다. 예를 들어 urokinase(혈액응고제), calf rennin(응유효소) 등을 생산한다.
⑦ 단클론성 항체(monoclonal antibody)를 생산한다.
⑧ 내병성, 내염성, 내한성, 다수확성 작물의 육종이 가능하다. 여기에는 *Agrobacterium tumefaciens* 및 Ti plasmid의 이용이 기대된다.
⑨ 환경오염물질을 생분해시킬 수 있는 미생물을 육종한다.
⑩ 미생물의 생합성 경로를 변경시켜 새로운 항생물질 등을 생산한다.
⑪ 발효성 생산균주에 catabolic enzyme의 삽입을 통해 발효공정을 개선한다.
⑫ 육종된 균주를 이용하여 발효시간을 단축시키고, 수율을 향상시킨다.

지금까지 유전공학이 인간에게 유익한 여러 가지 예를 들었으나 여기에는 기본적인 문제점을 지적하지 않을 수 없다.

첫째, 유전공학은 자연법칙 질서의 방향과 다르다. 유전자를 혼합하지 않는 것이 자연의 규칙이고, 그 법칙 아래서 거대한 생물군이 다양하게 번식하며 조화를 이루고 살아왔다. 그 자연법칙을 이해하고 그 질서를 체계적으로 연구하는 것이 자연과학이었다.

둘째, 유전자 인공합성이나 재조합 유전자로 생긴 새로운 생물은 인간이나 다른 생물들이나 자연 환경에 해로운 영향을 줄 가능성을 배제할 수 없다. 더구나 유전적으로 조작된 이 생물이 실험실 밖으로 나가서 빠르게 증식할 때 어떤 영향을 미칠지, 자연에는 없던 병원균이 나타날 때 인간이 어떻게 대처할 수 있을지 생각해 보아야 한다. 이것은 핵이나, 식량 · 에너지 부족, 공해나 기타 어떤 것과 비교할 수 없을 만큼 위험한 것임을 인식해야 한다.

셋째, 인간 자체 형질을 수정하려는 의도까지 갖는다면 자연과학의 범위를 넘어서는 문제가 아닐 수 없다.

따라서 새로운 종류의 생명체를 만들거나 종양(tumor) 바이러스, AIDS 바이러스 등의 DNA를 다루는 일은 잠재적인 위험이 따르는 것으로 여겨지고 있다. 각국에서는 유전자 조작에 관한 연구에 있어서 별도의 guideline을 설정하여 취급 규주 및 시설 등을 규제하고 있다. 우리나라에서도 이미 위와 같은 문제점들을 인식하고 유전자 오용을 막기 위한 규제들을 법안화하려 하고 있다.

요 약

유전자 조작에 필요한 효소로는 제한효소(restriction endonuclease), DNA 연결효소(DNA ligase), S1 nuclease, alkaline phosphatase, T_4 polynucleotide kinase, T_4 polymerase, 역전사 효소(reverse transcriptase) 등이 있다.

유전자 도입 방법으로는 형질전환(transformation), 형질감염(transfection), 형질도입(transduction), 접합(conjugation), 세포융합(fusion), 미세주입(microinjection)법 등이 있다.

유전인자의 클로닝을 위해서는 여러 종류의 플라스미드를 사용하는데 여기에서는 플라스미드가 사용된다. 이들 플라스미드는 각각의 제한효소 인식부위와 항생제 내성 유전자 등의 특성을 갖는다. 또한 DNA 염기 배열의 결정법으로는 1970년대 후반에 Maxam-Gilbert법과 Sanger의 dideoxy법이 개발되어 DNA 염기배열에 관한 지식과 기술은 크게 발전하였다.

이와 같은 유전자 조작의 산업적 이용에는 단백질 공학, 생물공학 등에 이용되고 있으며, 문제점으로는 새로운 종류의 생명체를 만들거나 종양(tumor) 바이러스, AIDS 바이러스 등의 DNA를 다루는 일은 잠재적인 위험이 따르는 것으로 여겨지고 있다. 각국에서는 유전자 조작에 관한 연구에 있어서 별도의 guideline을 설정하여 취급 규주 및 시설 등을 규제하고 있다. 우리나라에서도 이미 위와 같은 문제점들을 인식하고 유전자 오용을 막기 위한 규제들을 법안화하려 하고 있다.

참고문헌

기본생화학, 이갑랑, 이갑득, 학문사, 1996.
기본유기화학, 심우민 외, 광문각, 1999.
기초영양학, 김성로, 삼광출판사, 2002.
기초영양학, 이영남 외, 광문각, 2006.
대학화학, 홍익대학교 출판부.
미용과학, 정인경, 정문각, 2005.
생명과학을 위한 생화학, 채기수 외, 지구문화사, 1996.
생화학, 권헌영 외, 정문각, 2002.
생화학, 김명순 외, 형설출판사, 1999.
생화학, 김송전 외, 청구문화사, 2001.
생화학, 김영태 외, 보문서림, 1997.
생화학(최신), 김정숙 외, 광문각, 2005.
생화학, 박인국 외 역, 라이프사이언스, 2002.
생화학, 지의상 외, 광문각, 2000.
식품가공학, 고정삼, 유한문화사, 2006.
식품과 영양, 고무석 외, 효일문화사, 2003.
식품학, 조신호 외, 교문사, 2004.
식품화학, 안승요, 교문사, 2005.
영양 생리학, 한용봉 외, 효일문화사, 1999.
영양 생화학, 황안국, 한올 출판사, 1998.
영양학, 임정교, 신정(도), 2002.
유기화학, Morrison & Boid, 청문각, 1991.
유기화학, 남기대, 보성각, 1998.
일반화학, 이근석 외, 동화기술.
일반화학, 이종수 외, 학문사, 2000.
의학생화학, 구자현 외, 정문각, 2001.
탄수화물 효소반응, 이대실, 한림원(도), 2000.
피부미용과 영양, 이숙경, 정담, 2000.
최신 생화학, 김송전 외, 청구문화사, 1996.
최신 해부생리학, 고재문 외, 정문각, 2006.
Chemistry-Science of Changes, 2nd Ed., by Oxtoby, Nachtrieb and Freeman.
Gene Cloning, 2nd Ed., Brown T. A., by St. Edmundsbury Press Ltd., Bury St. Edmunds, Suffolk, 1990.
Merck index, 14th Ed., John Wiley & Sons Inc. 2006.

Molecular Biology, Freifelder D., Jones and Bartlett Publishers, 1987.

Principles of Biochemistry, Lehninger A. L., Worth publishers Inc. 1982.

Principles of Biochemistry, 3rd Ed., by Nelson and Cox, Freeman, 2000.

Principles of Gene manipulation, Old R. W. and Primrose S. B., Blackwell Scientific Publications, 1981.

The Biochemistry of the Nucleic Acids, Davidson J. N., Academic Press, 1977.

찾아보기

한글 찾아보기

ㄱ

가수분해 • 44
가스트린 • 98
가역적 억제 • 150
각기병 • 154
갈락토오즈 • 46, 52
감미료 • 48
갑상선 기능저하증 • 183
갑상선 기능항진증 • 183
갑상선 호르몬 • 183
거울상체 • 79
경쟁적 억제 • 150
고리화합물 • 27
고혈당 • 49
골지장치 • 39
골지체 • 34, 39
공유결합 • 21
과당 • 48
광학특이성 • 146
광학활성 • 79
괴혈병 • 153
구조유전자 • 208
국제생화학회 • 143
균일 혼합물 • 10
극성 아미노산 • 73
글루카곤 • 45, 187
글루코오즈 • 51
글루탐산 탈수소효소 • 102
글리세라이드 • 66
글리세르알데하이드 • 44
글리코겐 • 43, 46, 47
기질 • 148
기질특이성 • 146
기체 • 13
기화 • 14
끓는점 • 14

ㄴ

나트륨 • 161
나트륨 이온 • 156
낫세포 헤모글로빈 • 97
내막 • 38
내분비 • 177
내분비선 • 177
노르에피네프린 • 184
녹말 • 46, 47
뇌하수체 • 178, 179
뉴클레아제 • 123
뉴클레오시드 • 110
뉴클레오티드 • 43, 45, 110

ㄷ

다가불포화지방산 • 61
다당류 • 43, 46
다량원소 • 159
다세포생물 • 33
단당류 • 43, 44
단백질 • 71
단순지질 • 59

단일불포화지방산 • 61
담즙산 • 50
당뇨병 • 49
당단백질 • 53, 54
당원성 • 99
당지질 • 53
당질 코르티코이드 • 184
동형접합체 • 98
동화작용 • 160
등전점 • 80
디메칠에테르 • 31
디히드록시아세톤 • 44

ㄹ

라피노오즈 • 46
락타아제 • 46
락토오즈 • 52
리보솜 • 36, 39, 212
리보솜 RNA • 113
리보오즈 • 45
리보자임 • 207
리불로오즈 • 45

ㅁ

마그네슘 • 160, 161
만성 대사질환 • 49
말타아제 • 46
망간 • 164
맥아당 • 43, 46
멜라토닌 • 188
멜레지토오즈 • 46
면역글로블린 • 53
무기인산염 • 161
무기질 • 156
무기질의 유용성 • 159
무기화합물 • 26
무코다당 • 53
물리적 변화 • 15
물리적 성질 • 15
물질 • 9
미량원소 • 159
미세주입 • 232
미오글로빈 • 90
미토콘드리아 • 34

ㅂ

반경쟁적 억제 • 150
반보존적 • 193
반응물 • 21
반응특이성 • 146
반추동물 • 47
방향족화합물 • 27
번역 • 191, 192
변성 • 88, 121
보결분자단 • 90, 143
복합지질 • 60
부갑상선 • 160
부갑상선호르몬 • 184
부신수질 • 184
부신피질 • 184
분열중심 • 39
분자 • 17
분자생물학 • 191
불균일 혼합물 • 11
불포화지방산 • 61
불포화탄화수소 • 26
비가역적 억제 • 150
비경쟁적 억제 • 150
비대칭탄소 • 78
비오틴 • 156
비타민 • 153
비타민 A • 153, 155
비타민 B_1 • 156
비타민 B_2 • 156

비타민 B_6 • 156
비타민 B_{12} • 156
비타민 C • 156
비타민 D • 155
비타민 K • 155

ㅅ

사탄당 • 45
산 • 24
산성 아미노산 • 73
산소결합곡선 • 94
산소해리곡선 • 94
산화 환원 반응 • 168
산화적 인산화 • 170
삼당류 • 46
삼요오드타이로닌 • 183
삼탄당 • 44
삼투압 • 41
삼투현상 • 160
생성물 • 21
서열분석기 • 85
선도가닥 • 198
선천성 과당뇨증 • 51
설탕 • 46
섬유상 단백질 • 89
세기성질 • 15
세크레틴 • 98
세포 • 33, 34
세포막 • 34, 37
세포벽 • 40
세포설 • 34
세포외피 • 40
세포융합 • 232
세포의 외막 • 38
세포질 • 34, 38
세포핵 • 37
셀룰라아제 • 47
셀룰로오즈 • 46, 47
소단위체 • 89
소성변형 • 12
소수성 상호작용 • 88
소포체 • 35
소화효소 • 46
송과체 • 188
수소결합 • 88
수소이온 농도지수 • 25
수용성 비타민 • 155
수초 • 45
수크라아제 • 46
순물질 • 10
스테로이드 • 67
승화 • 12
시발체 • 196
시발효소 • 194
식이섬유소 • 49

ㅇ

아미노기 전달효소 • 100
아미노산 • 31, 71
아미드 • 31
아미드 결합 • 61
아민 • 31
아밀로오즈 • 47
아밀로펙틴 • 47
아세틸글루코사민 • 47
아실 글리세롤 • 63
아연 • 164
아포단백질 • 143
아포효소 • 143
안드로젠 • 187
알데히드 • 29
알도라제 • 51
알도스테론 • 185
알도오즈 • 44

알란토인 가수분해효소 • 133
알칸 • 28
알켄 • 28
알코올 • 29
알킨 • 28
액체 • 13
액체상태 • 13
액포 • 35
액화 • 14
야맹증 • 153
양성 협동성 • 95
양성자 • 16
양친매성 화합물 • 64
억제자 • 150
에리스로오즈 • 45
에리스룰로오즈 • 45
에스트로젠 • 187
에테르 • 31
에피네프린 • 184
엑소뉴클레아제 • 124
엔도뉴클레아제 • 124
엔도시토시스 • 36
역전사 효소 • 228, 236
연결효소 • 225
염기 • 24
염기성 아미노산 • 73
염류 코르티코이드 • 186
염소 • 161
엽산 • 154, 156
오탄당 • 45
오페론 • 209, 218
오페론설 • 216
올리고머 • 89
올리고펩티드 • 83
왁스 • 68
요소 가수분해효소 • 143
요소회로 • 104
요오드 • 164
용해 • 121
용해곡선 • 121
용해온도 • 123
운반체 • 233
원소 • 10
원자 • 16
원형질 • 34, 36
원형질분리 • 41
원형질체 • 232
유기산 • 29
유기화합물 • 26
유당 • 43, 46
유당불내증 • 50
유도물질 • 210
유도지질 • 60
유전 • 191
유전 암호 • 208
유전공학 • 235
유체 • 13
육탄당 • 45
융해 • 13
응고 • 13
이당류 • 43, 45
이미노산 • 73
이성질체 • 44
이온결합 • 19, 20
이자 • 187
이형접합체 • 98
이화작용 • 160
이황화결합 • 88
인 • 161
인산칼슘 • 160
인슐린 • 45, 49, 51, 187
인슐린 비의존성 당뇨병 • 49
인슐린 의존성 당뇨병 • 49
인지질 • 64
임계압력 • 14
임계온도 • 14

임신성 당뇨병 • 49
입체이성질체 • 78

ㅈ

자가분비 • 178
자당 • 43, 46
작동유전자 • 208
작은 고랑 • 112
저해제 • 146
전달 RNA • 113
전령 RNA • 113
전분 • 47
전사 • 191, 192, 200
전자 • 16
전자전달계 • 169
전하 • 16
전해질 • 20
접합 • 232
정전기적 인력 • 88
젖당 • 45, 46
제한효소 • 124, 225
조절유전자 • 208
주형 • 192
중성자 • 16
중심소체 • 39
중심체 • 34
지방산 • 60
지연가닥 • 198
지용성 비타민 • 154
지질 • 59
직각쌍곡선 • 94

ㅊ

철 • 162
촉매 • 144
촉진유전자 • 201, 203
췌장 • 49, 187
측분비 • 178

ㅋ

카르복시펩티다아제 • 98
칼륨 • 161
칼슘 • 160
칼슘 이온 • 156
칼슘 인산염 • 156
케톤 • 29
케톤원성 • 99
코르티손 • 185
코르티솔 • 184
크기성질 • 16
큰 고랑 • 112
키모트립신 • 98
키티나제 • 47
키틴 • 46, 47

ㅌ

타이모신 • 188
탄수화물 • 43
테스토스테론 • 187
트립신 • 98
티로시나아제 • 143
티록신 • 183

ㅍ

판토텐산 • 156
펩시노겐 • 98
펩신 • 98, 146
펩티드 결합 • 81
포도당 • 45
포화지방산 • 60
포화탄화수소 • 26
폴리아미드 • 31
폴리펩티드 • 82
표적조직 • 177

표준 아미노산 • 73
퓨라노오즈 고리 • 45
프락토오즈 • 51
프락토키나제 • 51
프로스타글랜딘 • 188
피라노오즈 고리 • 45
피리미딘 이합체 • 199

ㅎ

핵 • 16, 34, 37
핵막 • 37
핵산 • 45, 107
헤모글로빈 • 90, 160
헴 • 90
혈청 • 50
협동성 • 94
형질감염 • 232
형질도입 • 232
형질전환 • 231
혼합물 • 10
홀로효소 • 143
화학 • 9
화학반응 • 15, 21
화학식 • 19
화학적 변화 • 15
화학적 성질 • 15
화합물 • 10, 19
황체호르몬 • 187
회문식 구조 • 202
효소 • 141
후형질 • 36
흉선 • 188

기타

1차 구조 • 84
2차 구조 • 84
3차 구조 • 84, 88
4차 구조 • 84, 89
2,3-비스포스포글리세르산 • 96
β-병풍구조 • 87
β-회전 • 87
C-말단 • 82
N-말단 • 82
RNA 중합효소 • 201, 203
R 상태 • 92
T 상태 • 92

영문 찾아보기

A

acid • 24
acidic amino acids • 73
acyl glycerol • 63
ADP • 45
adrenal cortex • 184
adrenal medulla • 184
aldolase • 51
aldose • 44
aldosterone • 185
alkaline phosphatase • 228
allantoinase • 133
amine • 154
amino terminal • 82
aminotransferase • 100
amylopectin • 47
amylose • 47
androgen • 187
apoenzyme • 143
apoprotein • 143
aromatic compounds • 27
asymmetric carbon • 78
atom • 16
ATP • 45
autocrine • 178

B

base • 24
basic amino acids • 73
bioavailability • 159
BPG • 96

C

Ca • 160
carbohydrates • 43
carboxy terminal • 82
carboxypeptidase • 98
catalyst • 144
cellulase • 47
cellulose • 47
chemical change • 15
chemical reaction • 15, 21
chitin • 47
chitinase • 47
chymotrypsin • 98
Cl • 161
competitive inhibition • 150
compound • 10
conjugation • 232
cooperativity • 94
cortisol • 185
cortisone • 185
covalent bond • 21
cyclic compounds • 27

D

denaturation • 88, 121
dihydroxyacetone • 44
disaccharide • 43, 45
disulfide bond • 88
DNA • 45
DNA gyrase • 194
DNA helicase • 194
DNA polymerase • 196
DNA polymerase Ⅰ • 196
DNA polymerase Ⅲ • 197
dolicholdiphosphate • 54

E

eicosanoid • 62
electrolytes • 20
electron • 16
electron charge • 16
electrostatic force • 88
element • 10
enantiomer • 44, 79
endocrine • 177
endocrine gland • 177
endocytosis • 36
endonuclease • 124
endoplasmic reticulum • 35
enzyme • 141
epinephrine • 184
erythrose • 45
erythrulose • 45
essential fructosulin • 51
estrogen • 187
exonuclease • 124
extensive property • 16

F

fatty acid • 60
Fe • 162
fibrinogen • 53
folic acid • 154
fructokinase • 51
furanose ring • 45
fusion • 232

G

galactose • 52
gastrin • 98
GDP • 45
genetic codon • 208
genetic engineering • 235
glucagon • 45, 187
glucocorticoid • 184
glucogenic • 99
glucose • 51
glutamate dehydrogenase • 102
glyceraldehyde • 44
glycerophospholipid • 64
glycogen • 47
glycolipid • 66

H

heme • 90
hemoglobin • 90
heredity • 191
heterogeneous mixture • 11
heterozygote • 98
hexose • 45
holoenzyme • 143
homogeneous mixture • 10
homozygote • 98
hydrogen bond • 88
hydrophobic interaction • 88
hyperthyroidism • 183
hypothyroidism • 183

I

I • 164
imino acid • 73
inducer • 210
inhibitor • 146, 150
inner membrane • 38
insulin • 45, 51, 187
intensive property • 15
International Union of Biochemistry • 143
ionic bond • 19, 20
irrevesible inhibition • 150

isoelectric point • 80

K

K • 161
ketogenic • 100

L

lactase • 46
lactose • 45, 52
lagging strand • 198
leading strand • 198
ligase • 225
lipid • 59

M

major groove • 112
maltase • 46
massenger RNA • 113
melatonin • 188
melezitose • 46
melting curve • 121
melting temperature • 123
melts • 121
metaplasm • 36
Mg • 161
microinjection • 232
mineralocorticoid • 186
minor groove • 112
mixture • 10
Mn • 164
molecular biology • 191
monosaccharide • 43, 44
monounsaturated fatty acid • 61
mRNA • 113
mucin • 53
myelin • 45

N

N−acetylglucosamine • 47
N−acetylneuraminic acid • 54
Na • 161
neutron • 16
noncompetitive inhibition • 150
nonpolar amino acids • 73
norepinephrine • 184
nuclease • 123
nucleic acid • 107
nucleoside • 54, 110
nucleotide • 45, 110
nucleus • 16

O

O_2−binding curve • 94
O_2−dissociation curve • 94
Okazaki fragment • 198
oligomer • 89
oligopeptide • 83
operator gene • 208
operon • 218
optical activity • 79
optical specificity • 146
outer membrane • 38
oxidation reduction reaction • 168
oxidative phosphorylation • 170

P

P • 161
palindrome • 202
pancreas • 187
paracrine • 178
parathyroid hormone • 184
pentose • 45
pepsin • 98, 146

pepsinogen • 98
peptide bond • 81
pH • 25
phospholipid • 64
physical change • 15
phytate • 159
pI • 80
pineal body • 188
pituitary gland • 178
polar amino acid • 73
polypeptide • 82
polyprenoid • 68
polysaccharide • 43, 46
polyunsaturated fatty acid • 61
positive cooperativity • 95
primary structure • 84
primer • 196
products • 21
progesterone • 187
promoter • 201
prostaglandins • 188
prosthetic group • 90, 143
protein • 71
proton • 16
protoplast • 232
pure substance • 10
pyranose ring • 45
pyrimidine dimer • 199

Q

quaternary structure • 84, 89

R

raffinose • 46
reactants • 21
reaction specificity • 146
rectangular hyperbola • 94
regulatory gene • 208
relaxed state • 92
restriction endonuclease • 225
restriction enzyme • 124
reverse transcriptase • 228, 236
reversible inhibition • 150
ribose • 45
ribosomal RNA • 113
ribosome • 36, 212
ribozyme • 207
ribulose • 45
RNA • 45
RNA polymerase • 201
RNA primase • 194
rRNA • 113, 120

S

S1 nuclease • 228
saturated compounds • 26
saturated fatty acid • 61
secondary structure • 84
secretin • 98
semiconservative • 193
sequenator • 85
sickle-cell hemoglobin • 97
spingoglycolipid • 66
spingolipid • 64
standard amino acid • 73
starch • 47
stereoisomer • 78
steroid • 67
structural gene • 208
substrate • 148
substrate specificity • 146
subunit • 89
sucrase • 46

T

T_4 polymerase • 228
T_4 polynucleotide kinase • 228
target tissue • 177
taut state • 92
template • 192
tertiary structure • 84
testosterone • 187
tetrose • 45
thymosin • 188
thymus gland • 188
thyroxine • 183
transaminase • 100
transcription • 191, 192, 200
transduction • 232
transfection • 232
transfer RNA • 113
transformation • 231
translation • 191, 192
triiodothyronine • 183
triose • 44
trisaccharides • 46
tRNA • 113, 117, 212
trypsin • 98
tyrosinase • 143

U

uncompetitive inhibition • 150
unsaturated compounds • 26
unsaturated fatty acid • 61
urea cycle • 104
urease • 143

V

vector • 233
vitamine • 154

Z

Zn • 164

etc.

2,3−bisphosphoglycerate • 96
β−turn • 87

저자 약력

이근광
· 동국대학교 이학박사
· 이학석사, 미용예술학석사, 미용사
· 현 나주대학 피부미용과 교수

박상진
· 고신대학교 보건학석사
· 현 동주대학 미용계열 교수

이향우
· 충북대학교 공학박사
· 현 거창전문대학 뷰티디자인과 교수

정인경
· 서울대학교 약학박사
· 현 호남대학교 예술대학 뷰티미용학과 교수

미용생화학

2007년 6월 1일 초판 인쇄
2007년 6월 5일 초판 발행

공 저 이근광 · 박상진 · 이향우 · 정인경
발행자 김시동
발행처 **정문각**

서울특별시 마포구 대흥동 210-1 봉화빌딩 4층
TEL. 713-0421~3 FAX. 704-6265
전자우편 jungmunk@unitel.co.kr
홈페이지 www.jungmunkag.co.kr
등 록 1990년 10월 25일 9-246호

정가 **15,000**원

ISBN 978-89-7742-353-4 93590